世界鋼筆
圖鑑

The World's Fountain Pens

世界鋼筆圖鑑
The World's Fountain Pens

世界鋼筆圖鑑

The World's Fountain Pens

世界鋼筆圖鑑
The World's Fountain Pens

Fountain Pens of the World

世界鋼筆圖鑑

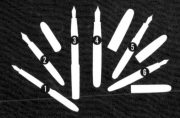

1 CROSS／TOWNSEND CHERRY BLOSSOM　2 MONTBLANC／MEISTERSTUCK149　3 OMAS／ARTE ITALIANA CELLULOID ARCO
4 並木／梟　5 中屋鋼筆／作家筆款 長尺寸 碧溜
6 PLATINUM鋼筆／出雲／赤溜

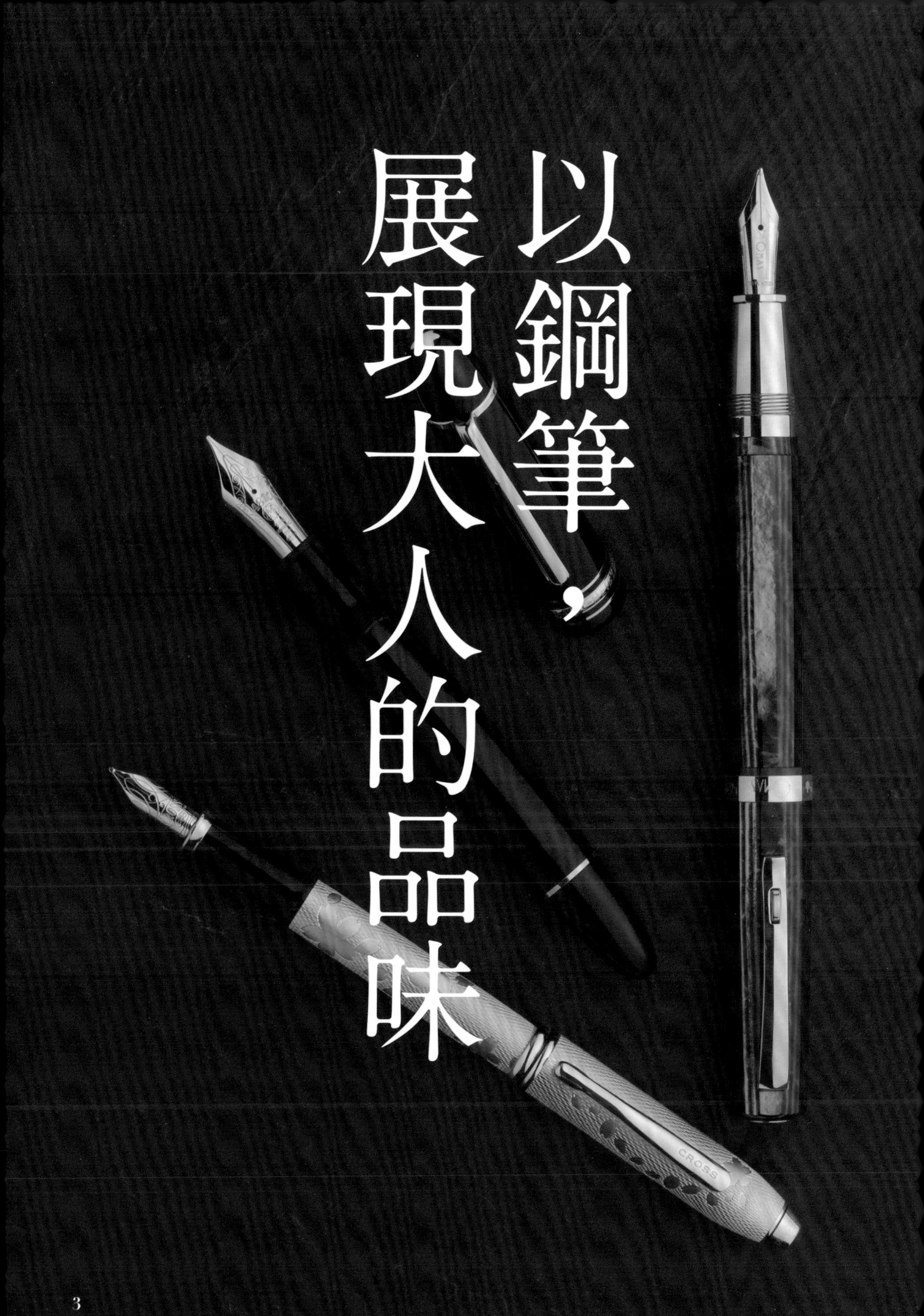
以鋼筆，
展現大人的品味
CROSS

為什麼想要成為大人就要使用鋼筆？

又為什麼，人心會被鋼筆不由自主地吸引？

理由一定是——只要以鋼筆試著寫下一些文字，你就會明白！

鋼筆不僅講究順手服貼，在予人一種與成年人身負的責任相稱的重量感的同時，

一方面也經由在紙上書寫的筆觸令人感受到輕快愉悅的運筆感。

眼見墨水滲入紙中，不論是誰都會這樣想——

現在，文字確實地經由我的手寫出來了啊！

為了令所有人都能確實地品味出這樣的感覺，世界上無數的廠牌和職人，

毫無保留地在每一支鋼筆上投注了熱情與技術。

鋼筆不僅是成人自尊的具體象徵，也是拓展你的世界、提升信用基礎的入場券。

那麼，為了找到適合你自己的一支鋼筆，翻開本書吧！

1 WATERMAN／PERSPECTIVE BLUE CT　2 PARKER／DUOFOLD
3 GRAF VON FABER-CASTELL／CLASSIC COLLECTION PERNAMBUCO・鍍白金

世界鋼筆圖鑑

目錄

CONTENTS

PART 1 何謂鋼筆？

PART 2 世界鋼筆圖鑑

GERMANY

PART 3 挑選&使用鋼筆

PART 4 深入瞭解鋼筆

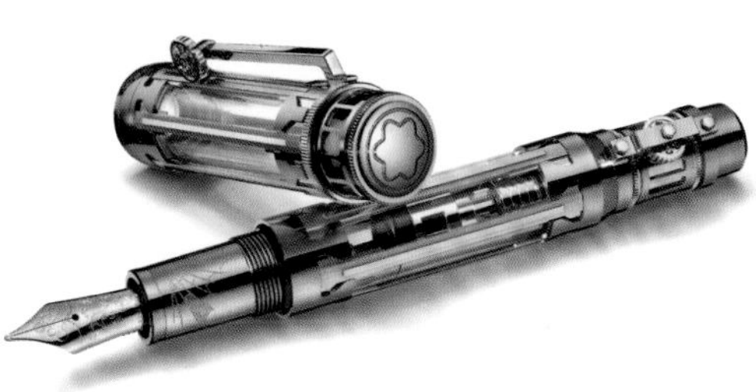

Part 1

何謂鋼筆？

鋼筆，到底是什麼樣的筆？為什麼被稱作「萬年筆」？為了使鋼筆新手清楚瞭解，本章節將一一介紹鋼筆的基礎知識、構造系統。在真正開始閱讀鋼筆圖鑑之前，先瞭解鋼筆的這些基礎知識吧！

鋼筆基礎入門

談到鋼筆，不免有人認為這是一種很難使用的書寫文具。
它雖然是一門深奧的學問，但構造卻很簡單。
一起來認識鋼筆各個零件的名稱和功能吧！
若能充分瞭解鋼筆構造，就開啟了第一步。

Basic Knowledge of Fountain Pen

鋼筆的名稱

請在此記住各個零件的名稱及其功能。

天冠

筆蓋的前端。也稱為筆蓋頭或頂蓋。各品牌會在此處刻上商標。

▲MONTBLANC天冠

筆夾

插在口袋上幫助固定的零件。部分廠牌也會在此處刻上商標。

筆蓋

具有防止墨水乾涸、保護筆尖的功能。套在筆的後端，可使書寫更加輕鬆。

筆桿

材質有玻璃纖維與賽璐璐等。筆桿內裡即為儲墨系統裝置。

握位

用於固定筆尖，亦是握筆的位置。因此使用的材質與形狀造型，皆以適合手握為主要考量。

筆尖

被稱為「鋼筆的大腦」的重要零件。根據筆尖的材質與形狀差異，文字的粗細和筆觸也會從而變化。

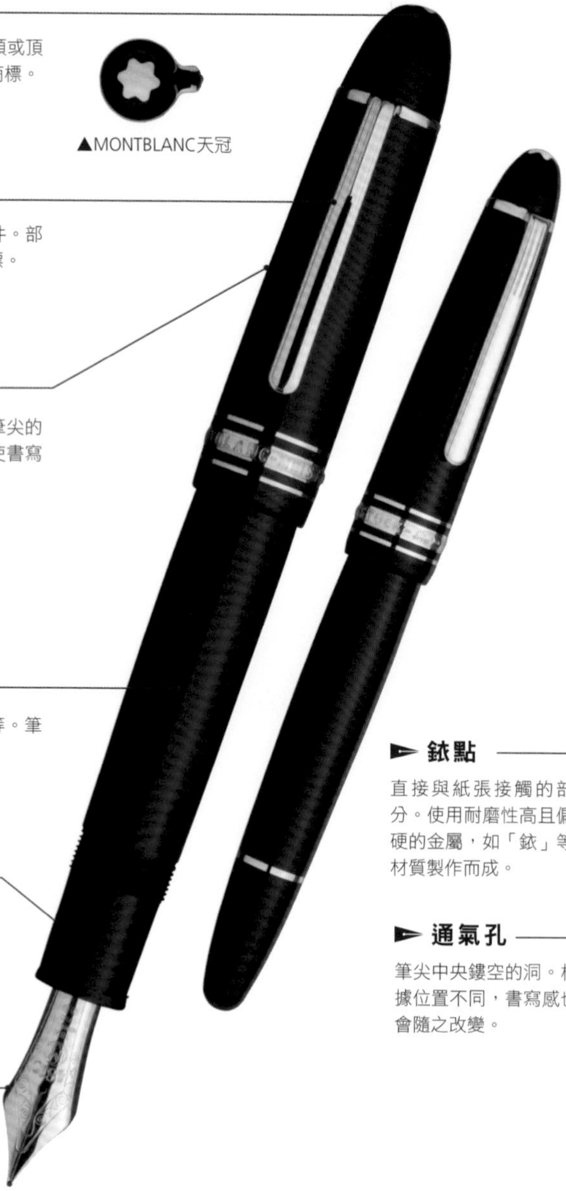

▲MONTBLANC Meisterstück 146

筆舌

藉由「毛細作用」（P.12），將墨水輸送至筆尖。根據各式各樣的筆款而有不同的雕刻溝槽。

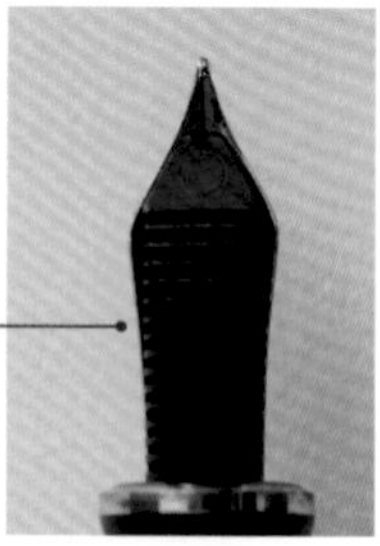

▲PELIKAN Souverän M400

中縫

墨水通過的切口。從筆舌流往通氣孔的墨水，將因毛細作用引流至筆尖。根據筆壓的輕重，會產生微妙的寬度變化。

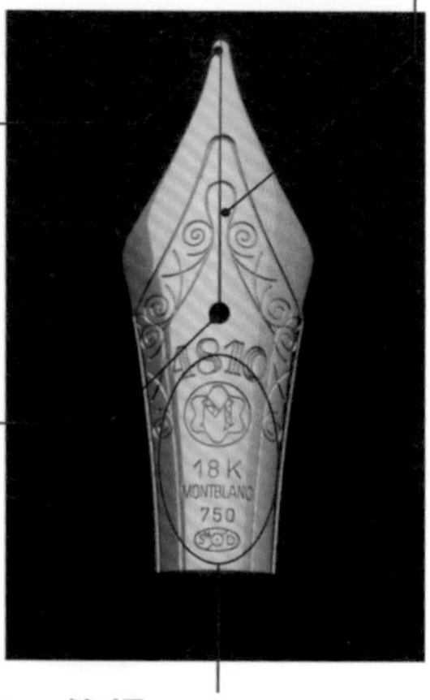

銥點

直接與紙張接觸的部分。使用耐磨性高且偏硬的金屬，如「銥」等材質製作而成。

通氣孔

筆尖中央鏤空的洞。根據位置不同，書寫感也會隨之改變。

筆標

刻有廠牌名稱、品牌商標、筆尖粗細或尺寸等標示。

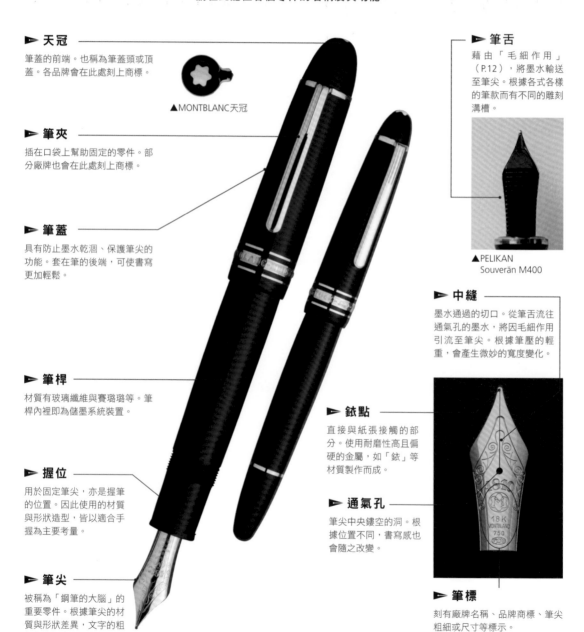

鋼筆的構造

在此以分解圖介紹鋼筆的組合裝置。
根據墨水補充方式不同，構造亦不相同。

卡水／吸墨器兩用式　　**吸入式**

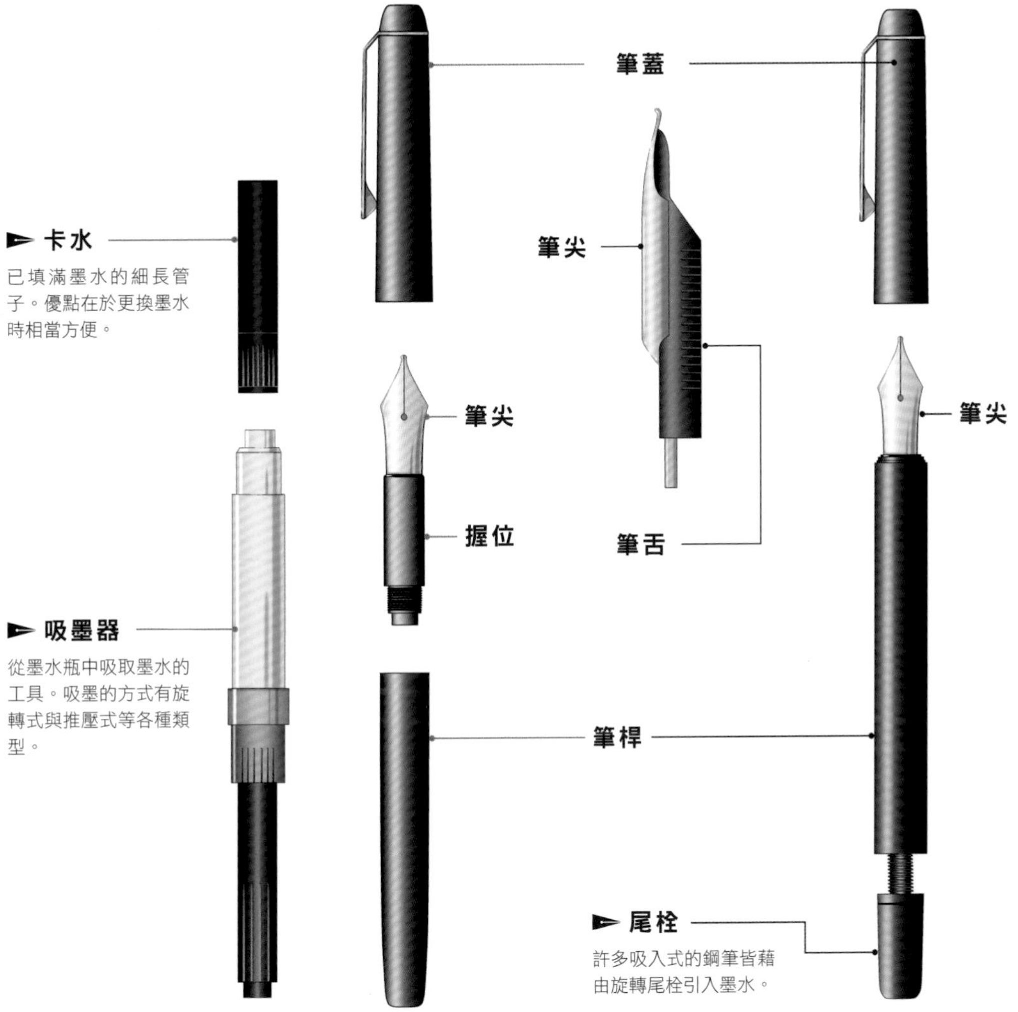
筆蓋
卡水
已填滿墨水的細長管子。優點在於更換墨水時相當方便。
筆尖
筆尖
握位
筆舌
筆尖
吸墨器
從墨水瓶中吸取墨水的工具。吸墨的方式有旋轉式與推壓式等各種類型。
筆桿
尾栓
許多吸入式的鋼筆皆藉由旋轉尾栓引入墨水。

若論能長久使用的王道書寫工具
最終還是非歷史深遠的鋼筆莫屬

被稱為文具之王的鋼筆，是一種使用墨水書寫文字的筆。英語名稱為Fountain Pen，意指提供源源不絕墨水的筆。

自鋼筆的系統構造面世後，成為鋼筆的基礎組成至今已有200年的歷史。一直以來不斷改良零件，使設計更加洗練，鋼筆至今仍持續進化當中。

從「萬年」的稱呼可見，只要珍惜地使用鋼筆，使用壽命將很有可能相當地長。

親子兩代，或從祖父傳到父親、再從父親傳到兒子，三代使用同一支鋼筆的情況也時而可見。鋼筆的耐用程度非同小可。

鋼筆的魅力不僅於高度的耐用性，還有能寫出如毛筆「勒」、「鈎」的筆畫個性，及運用一支筆就能寫出不同粗細線條的靈活變化。此外，根據不同的廠牌，設計風格隨之不同亦是特色之一。

鋼筆的筆尖種類

原子筆無法寫出表情豐富的文字，但若藉由鋼筆的筆尖書寫卻能達成。筆尖有各式各樣的字幅粗細和種類。在此，先瞭解一些基本的筆尖吧！

基本的筆尖粗細

極細	**EF/XF**	Extra Fine	適合手帳等。
細字	**F**	Fine	適合筆記本或一般文件等。
中字	**M**	Medium	適合書寫收件人姓名等。
太字	**B**	Bold	適合書寫明信片的收件人姓名等。

極細的EF、細字的F、中字的M、粗字的B，此四種為基本的粗細規格。除此之外，依廠牌不同，也有特殊的名稱，如：極粗的BB，以O（Oblique）表示的傾斜筆尖，OB、MO等。此外，歐美品牌的鋼筆筆尖通常也較日系筆尖略粗。

筆尖的種類

筆尖的種類大致可分成黃金製（金尖）和不鏽鋼製（鋼尖）兩種。黃金製的筆尖，價格會稍微高一點；不鏽鋼製的筆尖則以堅硬且便宜為主要特色。

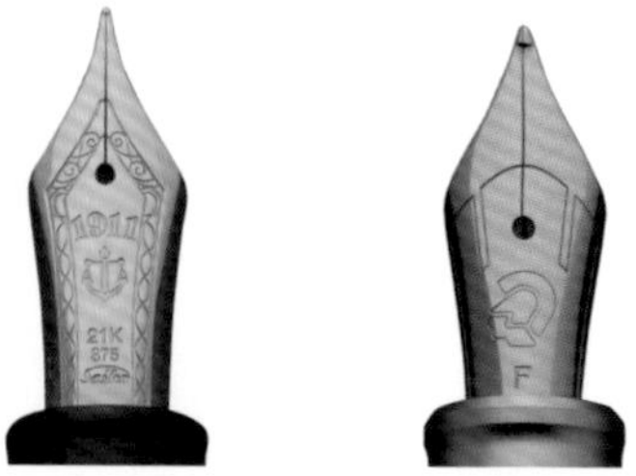

金尖（18K／14K等）　鋼尖

Basic Knowledge of Fountain Pen

鋼筆的構造&出墨系統

接著認識鋼筆的構造和出墨系統吧！鋼筆的儲墨裝置是如何運作？墨水是如何引流，寫出文字的呢？在此將以圖解說明。

從筆尖中央的通氣孔打入空氣，就能使墨水流出。此原理如同有兩個洞的醬油瓶，若其中一個洞被堵住，醬油就無法流出。

空氣的流動

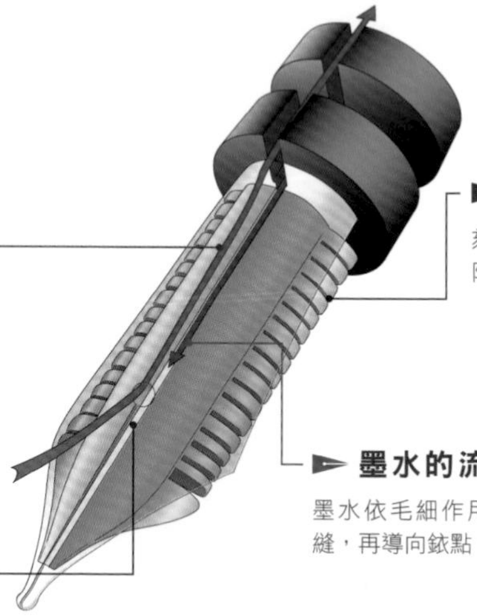
空氣的流動
筆舌的溝槽
刻有無數的溝槽，以防止中途墨水外洩（漏墨）。
墨水依毛細作用通過中縫，再導向銥點。
中縫

以毛細作用使墨水保持穩定出墨

總而言之，鋼筆就是使墨水吸附於紙上，用以書寫文字的工具。

鋼筆的墨水存放於筆身內部儲墨裝置的管子中。此處的墨水，是由筆尖上的通氣孔洞推入空氣，繼而使墨水通過中縫，引流至鋼筆的最前端。

墨水從通氣孔往筆尖順暢地流動的現象，即為毛細作用。

毛細作用亦可稱為細管作用——在細縫處藉由液體的重力作用，使其上升或下降的現象。而細管中的液體，則根據表面張力和液體的附著力，引導液體上升、下降。

將此原理應用於鋼筆構造時，即可在筆尖的中縫處引起毛細作用，並從內部不斷地供給新的墨水，以保持流暢的書寫。墨水出墨的情況，也會根據中縫的幅寬，而產生極大的變化。

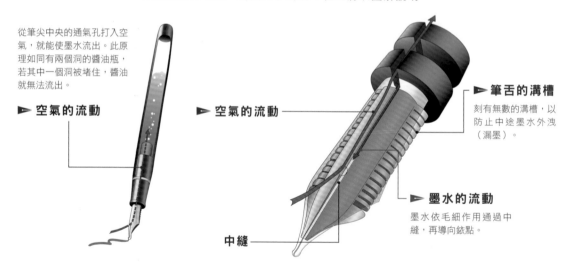

鋼筆墨水的填充方式

墨水減少時，一定要記得補充喔！
現今的鋼筆大多使用吸入式＆卡水／吸墨器兩用式等兩種系統。

卡水／吸墨器兩用式　　**吸入式**

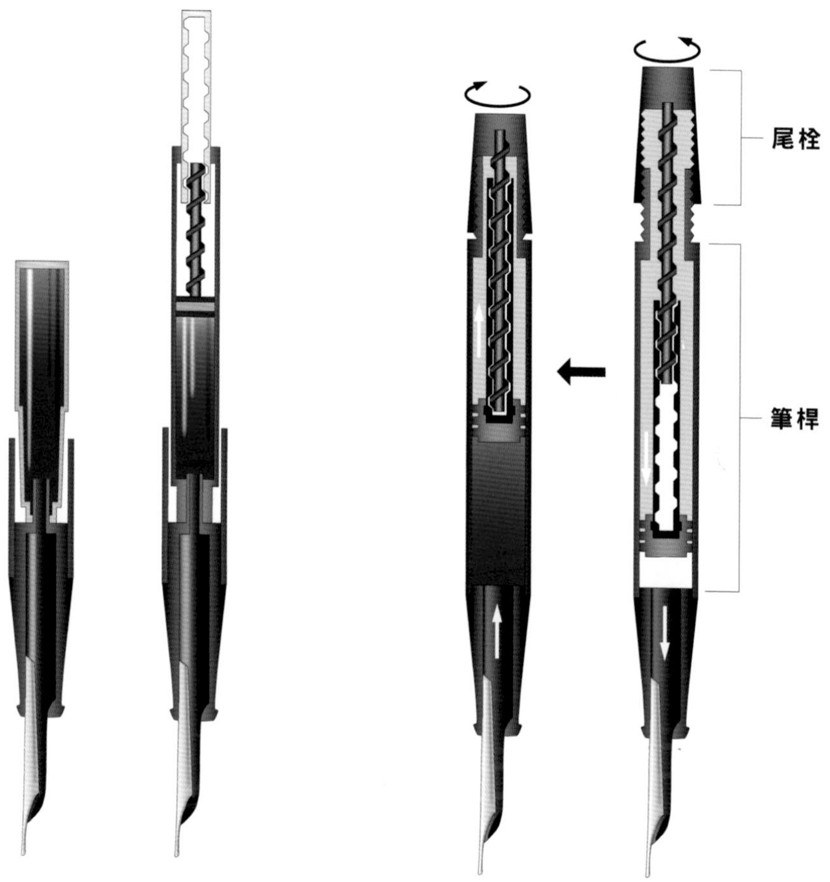

誕生於1950年的墨水吸入構造。可以使用卡水替換，或以吸墨器吸入墨水。可輕易地替換墨水為其特色。

此亦稱為「活塞上墨」。可吸入較多的墨水，且因具有優良的穩定度和耐久性，許多廠牌皆採用此系統。此外，也有負壓式或直液式等各式各樣的吸入方式。

過去有各式各樣的方式 現今則以此二規格為主流

談到鋼筆的入墨方式，從前是採用從筆桿後端上下推拉的幫浦式，或按壓內部板金的壓囊上墨等各種方式。

但演變至今，則以吸入式、卡水／吸墨器兩用式為主流。

吸入式——是將筆尖放入瓶裝墨水中，藉由旋轉鋼筆尾栓，使筆桿內的活塞上下運動，吸入墨水的方式。因為筆內殘留的墨水可以回流至瓶裝墨水中，適合想以一支鋼筆輕鬆更換各種顏色墨水的人使用。

卡水／吸墨器兩用式——卡水是方便替換的拋棄式墨管，吸墨器可視作能重複使用的卡水管，是可以從墨水瓶中吸入墨水的工具。

卡水／吸墨器式的鋼筆，可以兼用此兩種方式。

圖鑑參閱讀法

Commentary of Fountain pens Gallery

在此解說次頁起的「世界鋼筆圖鑑」參閱讀法。

國別索引

筆款名稱

品牌

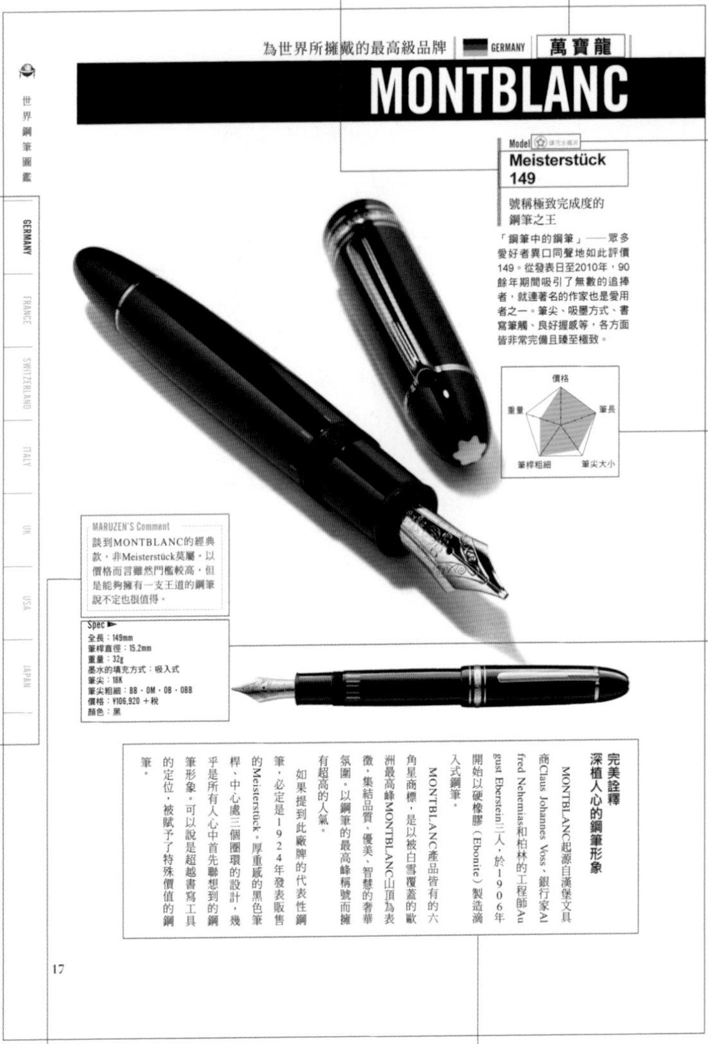

標誌

有「鋼筆新手」、「選購第二支鋼筆」、「講究主義派」、「適合女性」四個標誌，分別表示此筆款適合的對象。

- 鋼筆新手
- 選購第二支鋼筆
- 講究主義派
- 適合女性

五角圖表

將規格製成圖表。依價格、重量、筆長、筆桿粗細、筆尖大小，從五個面向以五角形進行圖表分析。愈外側代表價格愈高、愈重、愈粗、愈長、筆尖愈大。

※根據品牌差異，筆尖大小等資訊亦有「未公開」的情況。請將圖表視為參考即可。

規格

鋼筆蓋上筆蓋時的全長、筆桿直徑、重量、筆尖材質等，在此詳細標示各個細節。

丸善日本橋店評說

日本最先販售鋼筆的老店──丸善日本橋店，其鋼筆賣場經理將在此介紹該筆款的特色和推薦重點。

本文

在此將解說品牌的歷史和特色。

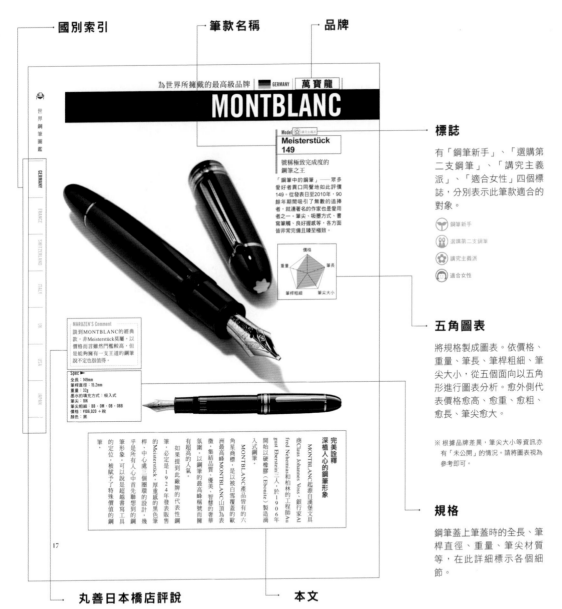

Part 2

世界鋼筆圖鑑

世界上諸多的鋼筆品牌＆製造商，皆各有其特色與個性。本單元收錄的世界鋼筆皆有專業的鋼筆賣場經理提供解說介紹。希望你能從中找到適合自己的愛筆。

世界鋼筆圖鑑
The World's Fountain Pens

德國鋼筆
German
Fountain Pens

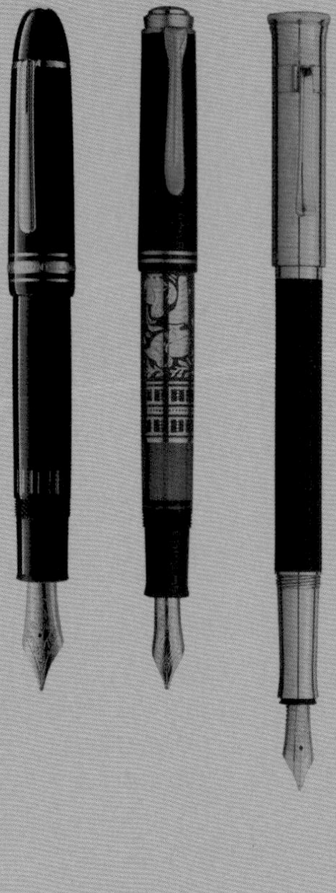

擁有以日本為首，來自世界各國的鋼筆粉絲。以知名的兩大廠牌MontBlanc、Pelikan聞名國際的德國，是引領鋼筆業界的重要國家。以責任感強烈的民族性及精確的技術為基礎，製作出優良品質的鋼筆並出口至全世界。

MONTBLANC
PELIKAN
LAMY
FABER-CASTELL
GRAF VON FABER-CASTELL
STAEDTLAR Premium
PORSCHE DESIGN
WALDMANN
KAWECO

為世界所擁戴的最高級品牌 | GERMANY | 萬寶龍

MONTBLANC

Model 講究主義派

Meisterstück 149

號稱極致完成度的鋼筆之王

「鋼筆中的鋼筆」——眾多愛好者異口同聲地如此評價149。從發表日至2010年，90餘年期間吸引了無數的追捧者，就連著名的作家也是愛用者之一。筆尖、吸墨方式、書寫筆觸、良好握感等，各方面皆非常完備且臻至極致。

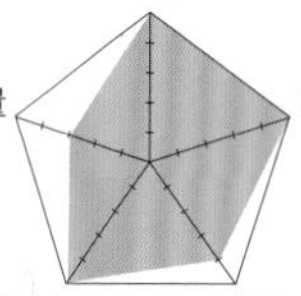

MARUZEN'S Comment

談到MONTBLANC的經典款，非Meisterstück莫屬。以價格而言雖然門檻較高，但是能夠擁有一支王道的鋼筆說不定也很值得。

Spec

全長：149mm
筆桿直徑：15.2mm
重量：32g
墨水的填充方式：吸入式
筆尖：18K
筆尖粗細：BB・OM・OB・OBB
價格：¥106,920 ＋稅
顏色：黑

完美詮釋 深植人心的鋼筆形象

MONTBLANC起源自漢堡文具商Claus Johannes Voss、銀行家Alfred Nehemias和柏林的工程師August Eberstein三人，於1906年開始以硬橡膠（Ebonite）製造滴入式鋼筆。

MONTBLANC產品皆有的六角星商標，是以被白雪覆蓋的歐洲最高峰MONTBLANC山頂為表徵，集結品質、優美、智慧的奢華氛圍。以鋼筆的最高峰稱號而擁有超高的人氣。

如果提到此廠牌的代表性鋼筆，必定是1924年發表販售的Meisterstück。厚重感的黑色筆桿、中心處三個圈環的設計，幾乎是所有人心中首先聯想到的鋼筆形象。可以說是超越書寫工具的定位，被賦予了特殊價值的鋼筆。

Model 講究主義派 適合女性

Bohème Collection

融合現代設計
&老廠牌的傳統

因筆夾前端鑲有彩色寶石，將鋼筆插於胸前口袋時，可營造出高級感。承襲MONTBLANC一貫品質，14K的筆尖具有優秀的書寫筆觸。

MARUZEN'S Comment

因為筆身很輕，不會造成負擔，就設計而言也是一支適合女性的可愛型鋼筆。旋轉尾栓，可伸縮收納筆尖。

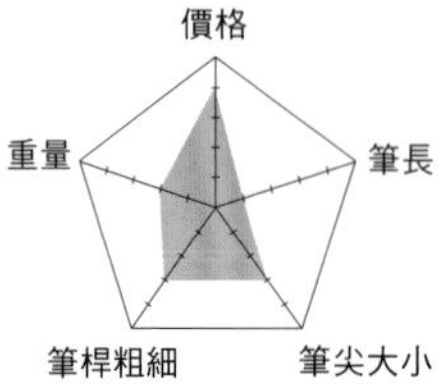

Spec

全長：110mm　筆桿直徑：13mm
重量：25g
墨水的填充方式：卡水式
筆尖：14K
筆尖粗細：EF・F・M
顏色、價格：
紅寶石、棕寶石／¥73,000＋稅
藍寶石、黑寶石／¥76,000＋稅

Model 鋼筆新手 選購第二支鋼筆

StarWalker Extreme 鋼筆

注重設計感的
年輕人筆款

以年輕人為主客群的精心設計之作。除了個性鮮明的獨特外觀，整體也保持MONTBLANC出品的水準，以人體工學為基礎，筆身的握感亦相當出色。

MARUZEN'S Comment

專為年輕世代設計製作的鋼筆。除了保有MONTBLANC的風格，也為外觀設計添入特殊元素的系列。

Spec

全長：未公開
筆桿直徑：未公開
重量：未公開
墨水的填充方式：卡水式
筆尖：AU585 金尖
筆尖粗細：F・M
價格：¥75,600＋稅
顏色：黑

Model 講究主義派

Patron Series 2014

Henry E. Steinway 4810

宛如可以聽到旋律般的優質設計

以鋼琴廠牌STEINWAY&SONS的創辦人Henry E. Steinway為主題的4810支限量筆。將鋼琴融入筆蓋的視覺設計，為高級精品注入了趣味性。

MARUZEN'S Comment

以支持藝術家的贊助概念，定期發表的系列。因為是限定筆款，往往推出後短時間內就會售罄。

Spec

全長：未公開
筆桿直徑：未公開
重量：未公開
墨水的填充方式：吸入式
筆尖：18K
筆尖粗細：F・M
價格：¥321,840＋稅
顏色：黑

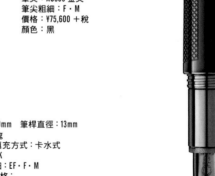

Model 選購第二支鋼筆

Meisterstück Le Grand 146

略小於149的人氣筆款

這也是Meisterstück系列之一的人氣筆款，簡稱146。尺寸比149稍微小一些。149、146等數字，是鋼筆收納狀態時的尺寸（單位為mm）。筆尖為14K，比18K的149略硬。

MARUZEN'S Comment

價格比149實惠，正適合中階的筆友使用。是非常多粉絲視為名品收藏的筆款。

Spec ►

全長：146mm　筆桿直徑：13mm
重量：26g
墨水的填充方式：吸入式
筆尖：14K
筆尖粗細：
EF・F・M・B・BB・OM・OB・OBB
價格：¥79,920＋稅
顏色：黑

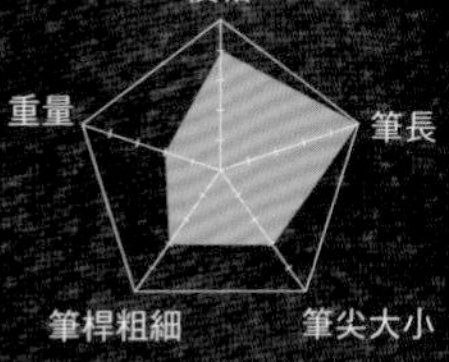

Model

Meisterstück 149

149號稱為鋼筆中的鋼筆，以筆尖的優美造型廣受盛讚。

PELIKAN

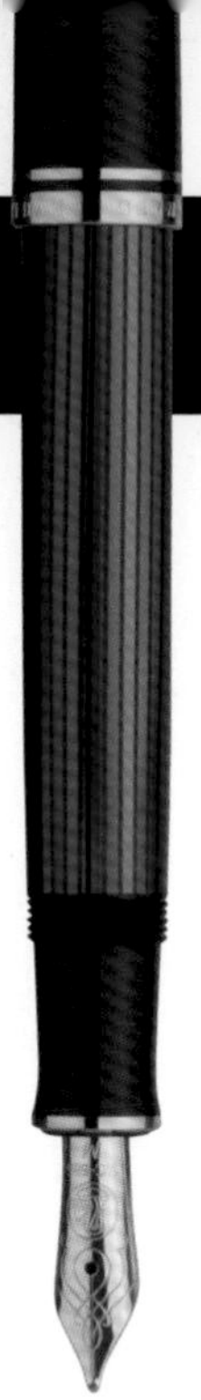

Model 選購第二支鋼筆 講究主義派

Souverän M600

Souverän系列的
中階筆款

介於M400和M800的之間的中階筆款。對於覺得M800的筆尖過於柔軟，M400的筆尖又太硬的人而言，使用此筆應該能享受最適中的書寫感。

MARUZEN'S Comment

尺寸恰好介於M400和M800之間，很適合日本男性的手。因為是PELIKAN的主推筆款，不定時會推出限定色。

Spec

全長：134mm
筆桿直徑：12.5mm
重量：16.5g
墨水的填充方式：吸入式
筆尖：14K 鍍銠
筆尖粗細：EF・F・M・B
價格：¥40,000＋稅
顏色：黑・綠・藍・紅

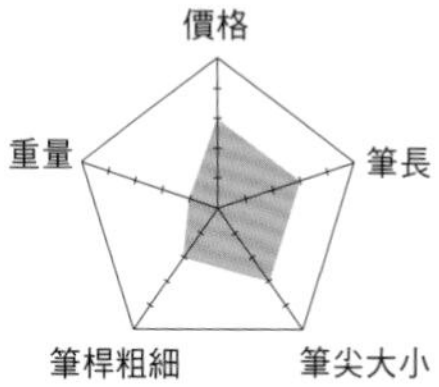

Model 講究主義派

Toledo M700

筆身熠熠生輝
金雕的PELIKAN

PELIKAN以金雕的筆身設計留下深刻的品牌印象，這也是PELIKAM的高級筆款。筆桿的裝飾以925銀和24K金完成，筆尖則為18K金。是即便售價12萬日圓，也令人想要擁有的豪華鋼筆。

MARUZEN'S Comment

本體以黃金雕刻裝飾，極致精細的作工為其特色，是一款高級的經典鋼筆。

Spec

全長：127mm
筆桿直徑：12mm
重量：22g
墨水的填充方式：吸入式
筆尖：18K 鍍銠
筆尖粗細：EF・F・M・B
價格：¥120,000＋稅
顏色：黑

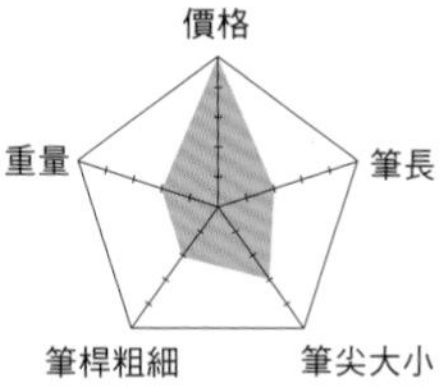

Model 鋼筆新手 選購第二支鋼筆 適合女性

Classic M200

可作為日常用筆的
PELIKAN鋼筆

因為小且輕量、方便攜帶，可以每天在任何場合輕鬆愉快地使用。汲取自Souverän系列的設計，除了具有高級感，相較之下價格也比較便宜。

MARUZEN'S Comment

M400的售價高於3萬日圓，因此遇到認為此價格偏高的筆友時——「也有平衡感相同且稍微便宜一點的M200筆款喔！」我會如此推薦。

Spec

全長：127mm
筆桿直徑：12mm
重量：14g
墨水的填充方式：吸入式
筆尖：24K 鍍金不鏽鋼
筆尖粗細：EF・F・M・B
價格：¥13,000＋稅
顏色：黑

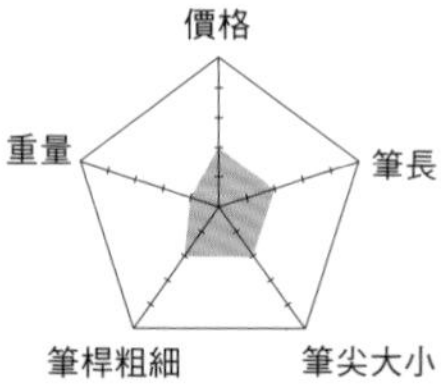

廣受文豪與藝文人士愛用的高品質

1832年，德國化學專家Carl Homemann以獨特的製法開始生產繪畫顏料，即為PELIKAN的起源。

鵜鶘鳥的親子圖像，在歐洲自古以來被視為母愛的象徵。自Guenter Wagner於1863年加入經營起，即以其家徽中的鵜鶘鳥為其品牌商標，並在筆夾上放入象徵鵜鶘鳥嘴巴的設計。PELIKAN在日本以鋼筆品牌形象深植人心，在歐洲則以高品質的綜合文具廠牌廣為人知。

創業以來，PELIKAN被世界評價為墨水廠牌，直至1929年方才投入鋼筆的製作。代表筆款Souverän，因筆身和筆尖的種類相當豐富，書寫感也很流暢，廣受從初學者到資深筆迷的愛用。

Model 講究主義派
Souverän M400

廣受愛用60年以上 PELIKAN的代表性筆款

自1950年發表販售以來，即被當作PELIKAN的代表性鋼筆，持續受到喜愛。以樹脂和透明醋酸纖維（Cellulose）組合製作出貼合手形，且粗細適中的條紋筆身。此外，吸墨的設計也是趣味之處。

MARUZEN'S Comment

這無異是PELIKAN最標準的筆款。輕量、筆尖柔軟、良好握感方便書寫，出墨狀態也十分完美。

Spec

全長：127mm
筆桿直徑：12mm
重量：15g
墨水的填充方式：吸入式
筆尖：14K 鍍銠
筆尖粗細：EF・F・M・B
價格：¥32,000 +稅
顏色：黑 ・ 綠 ・ 藍
紅 ・ 白烏龜

價格
重量
筆長
筆桿粗細
筆尖大小

Model 講究主義派
Souverän M800

手不易疲勞 平衡感絕佳

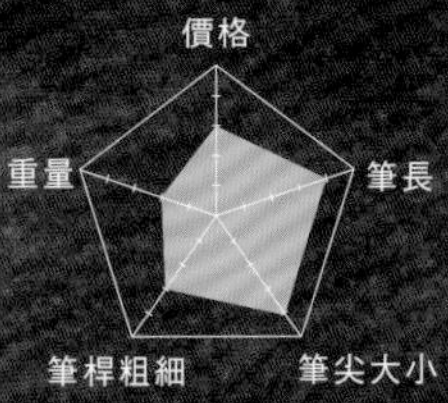

1987年發表販售的Souverän系列代表性筆款，以精密計算的絕佳握感擁有許多粉絲。重心的平衡廣受一致好評，即使長時間書寫也不會疲勞。

MARUZEN'S Comment

若想挑選一支一輩子的鋼筆，M800被認為是最佳選擇。此筆款萃集了PELIKAN的知識和技術，可謂經典暢銷商品。

Spec

全長：142mm　筆桿直徑：13mm
重量：28g
墨水的填充方式：吸入式
筆尖：18K 鍍銠
筆尖粗細：EF・F・M・B・BB
價格：¥52,000 +稅
顏色：黑 ・ 綠 ・ 藍

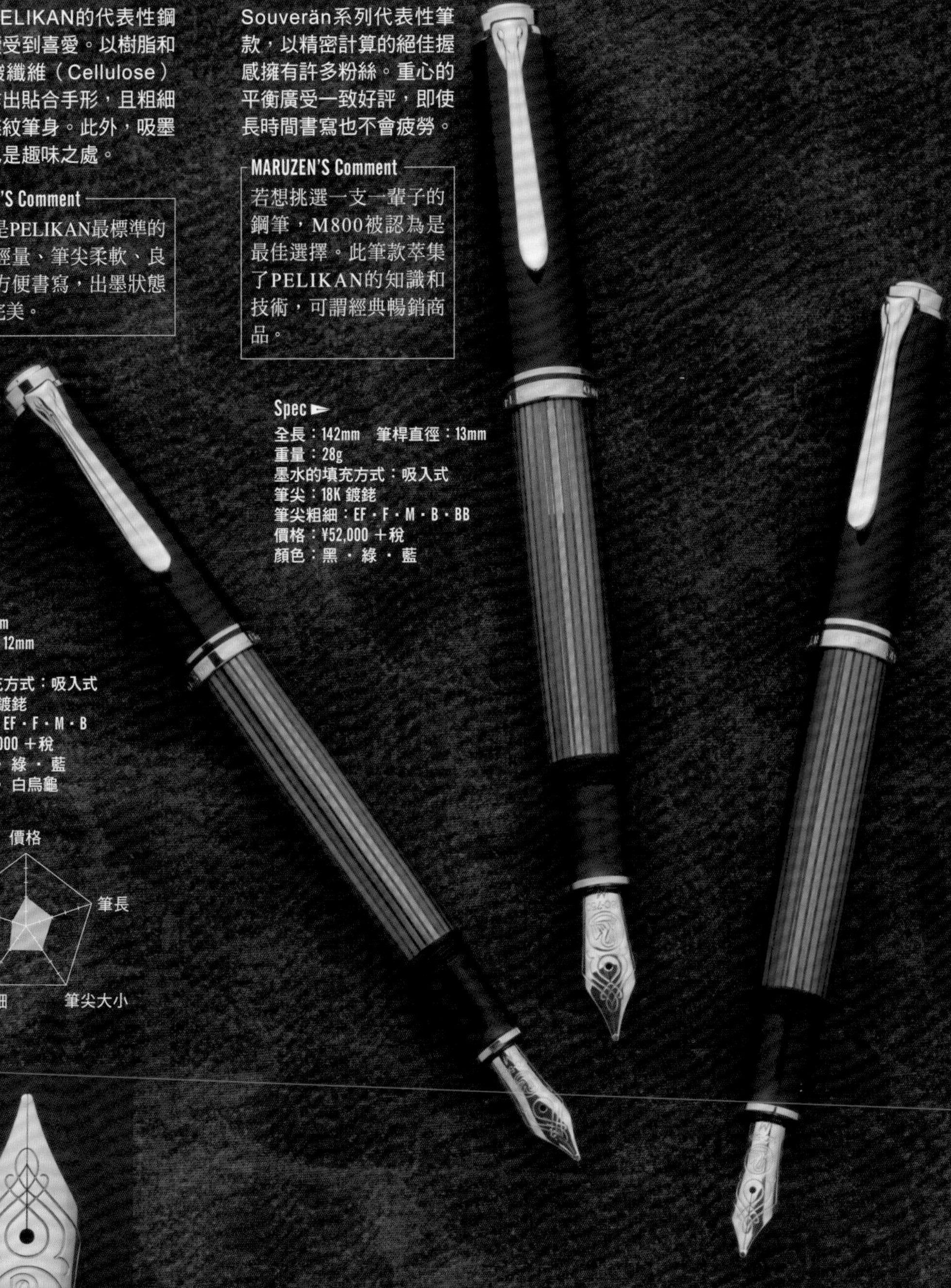

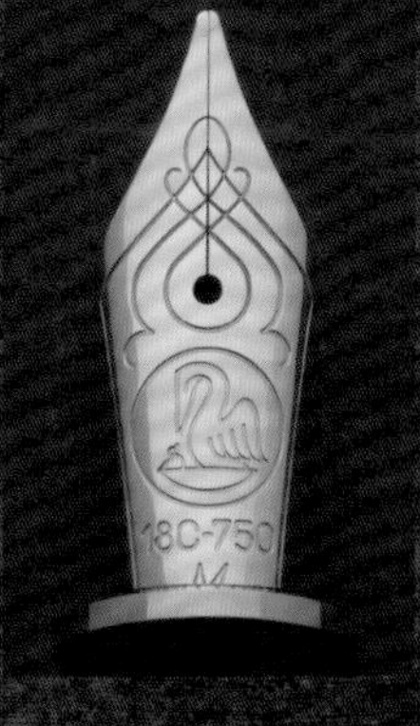

以左右對稱的雕刻線條，呈現高貴質感的精品筆尖。

Model
Souverän M600

LAMY

Model　鋼筆新手　選購第二支鋼筆

Lamy Scala

浮華＝不美
追求簡約的極致

以鈦金屬製作的筆身捨去了一切不必要的設計，無疑是簡約的極致表現。實心不鏽鋼筆夾側面的品牌字，也讓這款鋼筆更有個性。

MARUZEN'S Comment

在LAMY的筆款中屬於比較細長的鋼筆。因細節的設計提高了攜帶性，最適合作為手帳書寫工具等隨身用筆。

Spec

全長：168mm
筆桿直徑：12mm
重量：37g
墨水的填充方式：兩用式
筆尖：鋼
筆尖粗細：EF・F・M・B
顏色、價格：鈦金／¥30,000＋稅
　磨砂黑／¥20,000＋稅

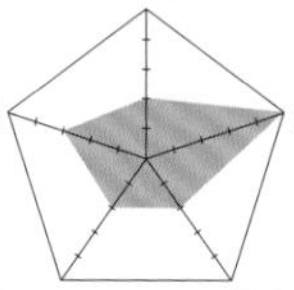

Model　鋼筆新手　選購第二支鋼筆

Lamy 2000

不曾改變的設計
LAMY的永恆經典

自1966年發表以來，其精密的工藝和優良的品質，獲得眾多鋼筆迷的肯定。最大的特色為——世界首例，以不鏽鋼的實心材製作而成的彈簧筆夾。

MARUZEN'S Comment

LAMY的代表筆款當屬LAMY2000。除了以輕量、握感良好的玻璃纖維製作，時尚的設計也相當適合年輕人。

Spec

全長：150mm
筆桿直徑：13mm
重量：20g
墨水的填充方式：吸入式
筆尖：14K
筆尖粗細：EF・F・M・B
價格：¥30,000＋稅
顏色：黑

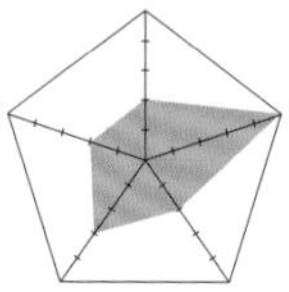

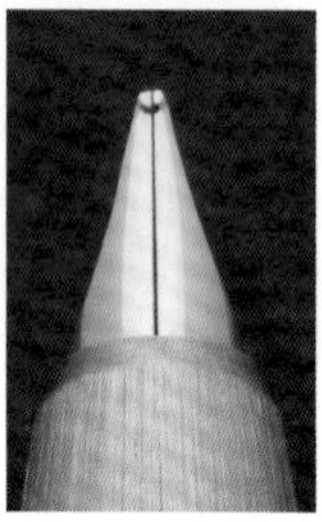

筆尖雖為14K金，但為了呈現雅緻的質感，而施以鍍鉑改成銀色。

創新求變的設計精品

LAMY於1930年創立於德國古城海德堡（Heidelberg）。

自包浩斯（Bauhaus）學校創立以來，對工藝、建築與美術等領域引發了強大的影響力，使得德國發展成一個持續發表最前端產品設計訊息的國家，且擁有為數眾多的文具品牌。在這樣的國情中，LAMY獨特且原創的文具，被公認為優質的存在。

LAMY不侷限於聘用專屬的設計師，而是由遍佈在世界各國、出自包浩斯學校的設計師們合作完成。

秉持著對於產品設計的高度要求，1966年發表販售的名作Lamy 2000獲得了空前的好評。極致簡樸的設計、以手工作業拋磨出看不見接縫的完美筆身，自發表販售以來，歷經50年至今，仍閃耀光芒毫不褪色。

Model 鋼筆新手 適合女性

Lamy Safari

「將文具當成隨身物品」
因此想法誕生的設計

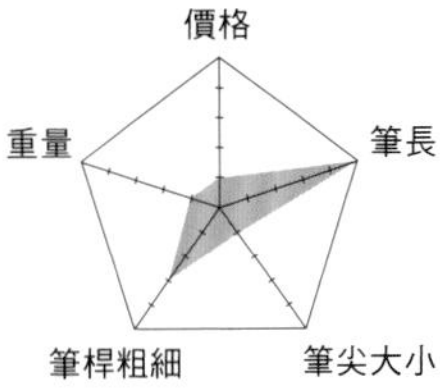

樹脂製的筆身堅固且輕巧，三角握位則提供舒適的握感體驗。此外，可以插進厚一點的服裝布料口袋的大型鐵絲設計筆夾也是特色之一。這是鋼筆初學者也能簡單上手的一款鋼筆。

MARUZEN'S Comment

談到初學者的筆款，當屬Safari系列。價格大約在4,000日圓左右，每年固定推出限定顏色，具有很高的人氣。

Spec ►

全長：139mm　筆桿直徑：13mm
重量：15g
墨水的填充方式：兩用式
筆尖：鋼
筆尖粗細：EF・F・M
價格：¥4,000 ＋稅
顏色：黑・藍・紅・黃・白
　　　亮黑・透明（自信）

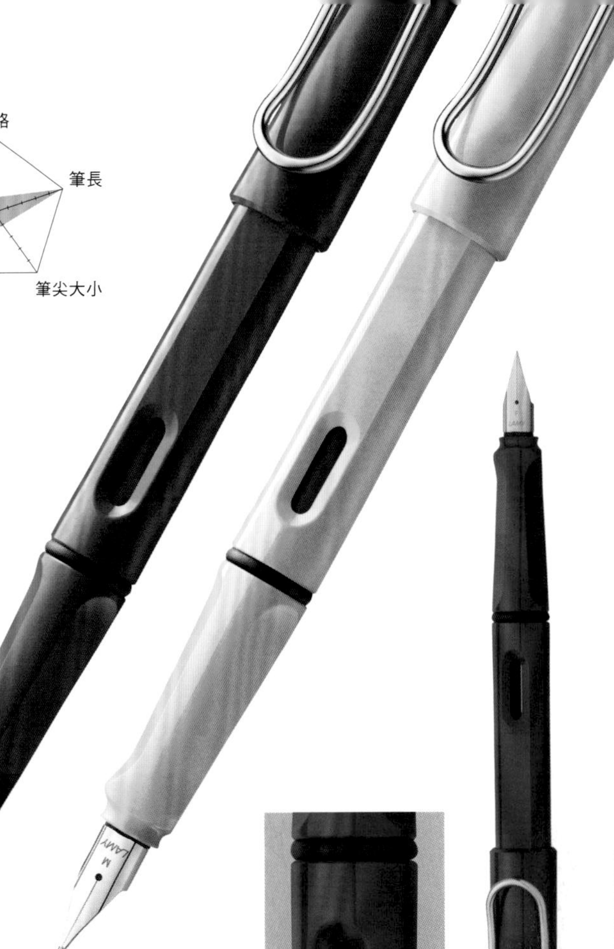

Safari的外觀特色為「觀墨窗」，可從中欣賞內裝的墨水顏色。

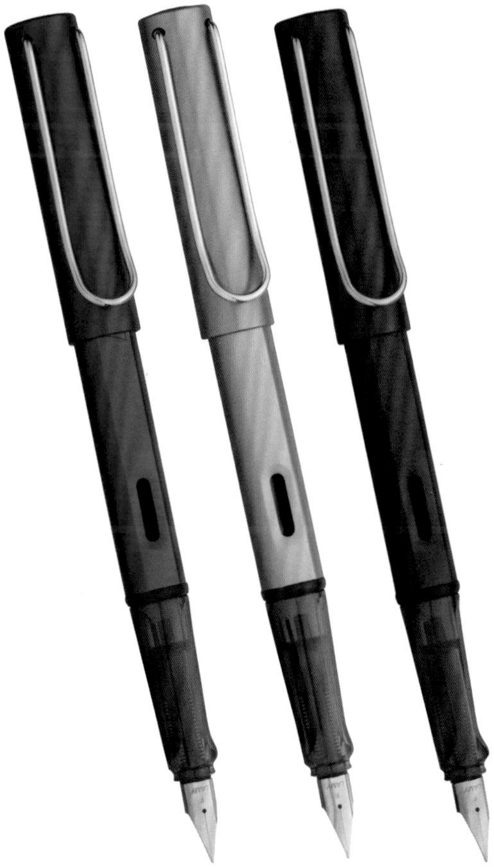

Model 鋼筆新手 適合女性

Lamy Al-Star

以透明握位
表現時尚的格調

鋁製的筆身除了輕量不易疲勞，也有助提升耐久性，使人可以愉悅地享受書寫樂趣。可以看見內部的透明握位和低價位的特點，更是廣獲年輕族群的喜愛與支持。

MARUZEN'S Comment

Al-Star的筆尖與Safari相同，外觀則更加洗練。也與Safari系列同步，每年會推出一款限定色。

Spec ◄

全長：143mm　筆桿直徑：12mm
重量：37g
墨水的填充方式：兩用式
筆尖：鋼
筆尖粗細：EF・F・M
價格：¥5,000 ＋稅
顏色：靚紫・鐵灰・海洋藍

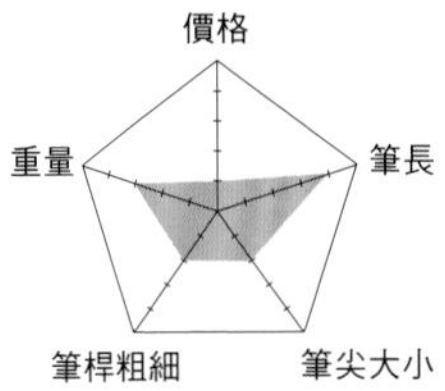

FABER-CASTELL / GRAF VON FABER-CASTELL

前端為銀色，從中央到根部則是金色。在精良的平衡中，可以窺見一流廠牌的品味。

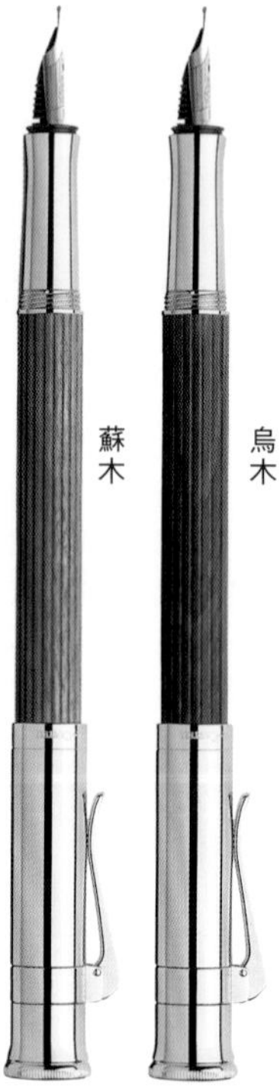

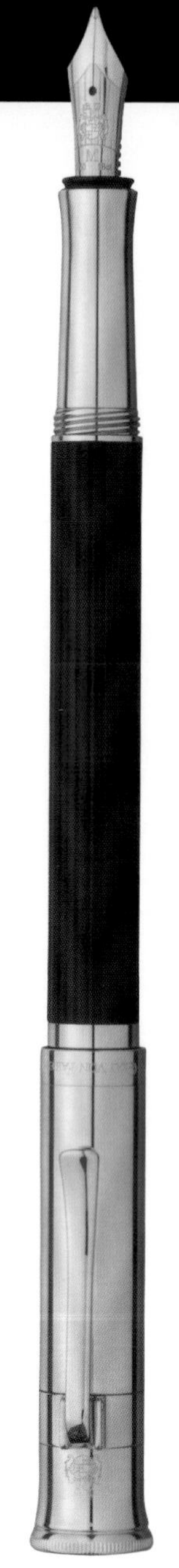

黑檀

Model 選購第二支鋼筆 講究主義派

Classic Collection

黑檀・鍍白金

手握溫柔觸感的
高質感木材

由職人仔細完成堂皇大氣的18K雙色筆尖。筆身有非洲原產的烏木（Grenadilla）、弦樂器弓部使用的蘇木（Pernambuco）、黑檀（Ebony）三種類的木材。

MARUZEN'S Comment

木製的鋼筆，愈使用愈能在書寫中品味出蘊涵其中的深度。此款筆尖較為柔軟，整體是以特別高級的素材，加上精細的工藝製作而成。

Spec

全長：138mm
筆桿直徑：11mm
重量：40g
墨水的填充方式：兩用式
筆尖：18K
筆尖粗細：EF・F・M・B
價格：¥80,000＋稅

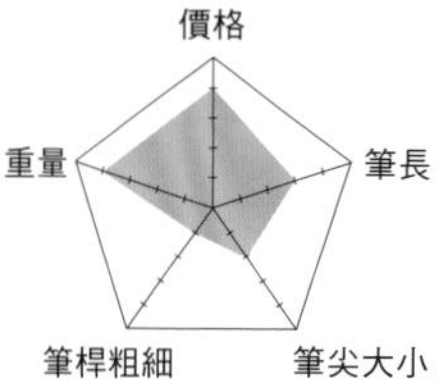

Model 鋼筆新手 選購第二支鋼筆

Guilloche Cisele

2015新作
展現時尚質感

刻有人字紋的筆身經過數層的塗裝，展現出高雅的層次感。銠金屬塗裝的筆蓋，也使人印象深刻。

MARUZEN'S Comment

筆身的雕刻必須經過非常繁複的工序，因此成品非常漂亮。柔軟的筆尖＆流暢的書寫性能也是其特色。

Spec

全長：130mm
筆桿直徑：10mm
重量：29g
墨水的填充方式：兩用式
筆尖：18K 鍍銠
筆尖粗細：F
價格：¥50,000＋稅
顏色：Light Grey・Brown・Anthracite
Chevron・Rhodium・Cognac
Coral・Indigo・Black

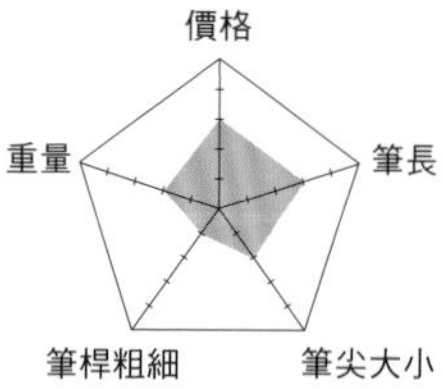

融合最頂尖的技術與優雅的傳統

被譽為歷史最悠久的鉛筆廠牌，FABER-CASTELL是世界上最早開始製造與販售鉛筆的大廠。自1761年起，即立基於德國對世界上120個以上的國家販售畫材和文具。著名的畫家和作家，甚至是建築師與設計師等專業人士，都予以極高的評價。

1993年，FABER-CASTELL投入全力技術，「頂級伯爵系列」於焉誕生。以木材和925銀（Sterling Silver）等多樣性的素材製作筆身，並運用職人精湛的技術將天冠刻上FABER-CASTELL的家徽，且在握位上鍍銠，以打造出最高級的完美鋼筆。

FABER-CASTELL秉持著「把自己分內的工作做好，就能創造出特別的產品」的精神，並將其放入企業理念中，融合頂尖技術和傳統製作出了為數眾多的優秀鋼筆。

Model 選購第二支鋼筆 講究主義派

Classic Collection
Anello Ebony

原木黑&銀的光澤 相互增色

伯爵系列是以罕見的高級木材製作筆身。系列之一的Anello Ebony在黑色原木上搭配光澤感的白金圈環，製作出高貴感。

MARUZEN'S Comment
伯爵系列以頂級質感著稱。在其代表作中，Classic Collection也是超高級的逸品。

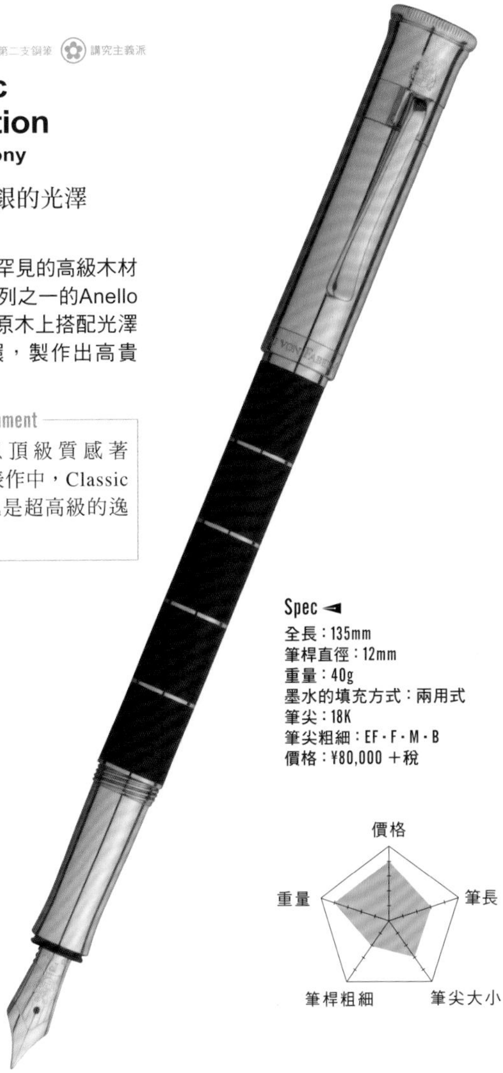

Spec ◄
全長：135mm
筆桿直徑：12mm
重量：40g
墨水的填充方式：兩用式
筆尖：18K
筆尖粗細：EF・F・M・B
價格：¥80,000＋稅

Model 鋼筆新手 選購第二支鋼筆

E-Motion
Pure Black

絕佳的握感 與成熟的調性並存

從筆尖到筆身、筆蓋，以純黑的調性散發出成熟氣息的鋼筆。筆身以人體工學為基礎，設計出圓滑的弧線，實現絕佳的握感。

MARUZEN'S Comment
E-Motion是FABER-CASTELL設計系列最重要的主力筆款。不僅於鋼筆，原子筆、自動鉛筆也擁有極高的人氣。

Spec ▲
全長：140mm
筆桿直徑：14.5mm
重量：56g
墨水的填充方式：兩用式
筆尖：PVD 不鏽鋼鍍金
筆尖粗細：M
顏色、價格：
Pure Black／¥20,000＋稅
Wood&Chrome／¥14,000＋稅
Precious Resin／¥18,000＋稅

Model 鋼筆新手 選購第二支鋼筆

Intuition Fluted

隨著角度變化表情 賞玩性十足的鋼筆

MARUZEN'S Comment
伯爵系列筆款之一。筆身的平衡感極佳，且兼具良好握感與高級質感。

隨著光線角度變化表情的直紋筆身，為其增添了視覺賞玩的樂趣。筆尖以富含彈力的18K金製作。筆身上直向雕刻的溝槽，則是長笛的象徵表現。

Spec ▼
全長：125mm　筆桿直徑：12mm　重量：29g
墨水的填充方式：兩用式
筆尖：18K　筆尖粗細：EF・F・M・B
價格：¥55,000＋稅
顏色：黑・象牙白

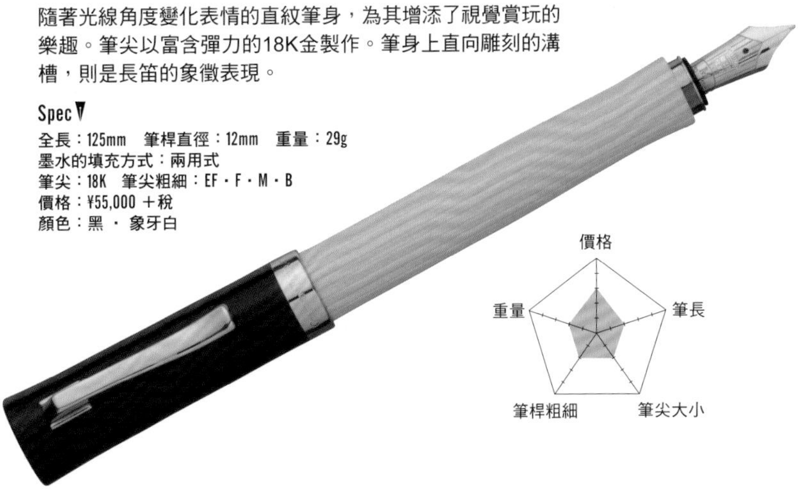

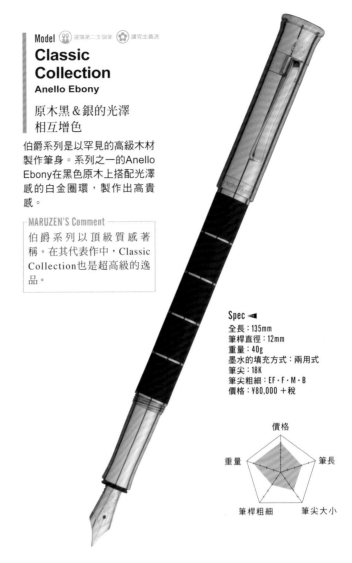

STAEDTLER Premium

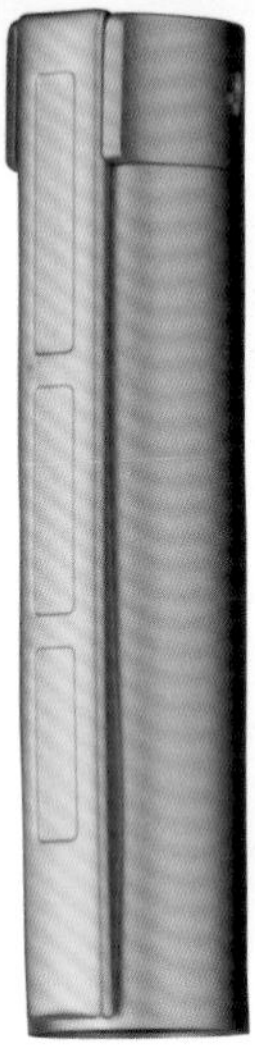

Model 鋼筆新手

Lignum

感受木材的溫柔觸感
最適合作為贈禮

筆尖為不鏽鋼。筆身因使用木材製作，其特色在於每支筆的紋路皆各不相同。木紋的美與溫柔的觸感很容易受大眾喜愛，作為禮物也很適合。

Spec

全長：137mm　筆桿直徑：12.5mm
重量：49g
墨水的填充方式：兩用式
筆尖：鋼
筆尖粗細：EF・F・M・B
價格：¥20,000＋稅
顏色：癒創木・楓木

MARUZEN'S Comment

STAEDTLER Premium是近年新興的鋼筆品牌。由於使用木材製作為其特色，Lignum相當知名。

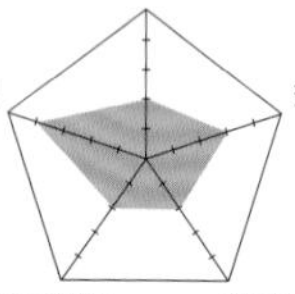

▲STAEDTLER Premium Initium Collection的鋼筆收納盒

Model 鋼筆新手 適合女性

Resina

適合日常使用
初學者取向的鋼筆

共有白、黑、藍三種顏色。即使是女性或年輕族群皆可輕易上手，平易近人的設計為其特色。因作工精細，也是一支適合初學者的鋼筆。

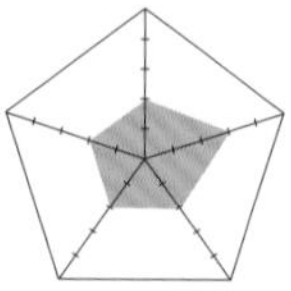

Spec

全長：137mm　筆桿直徑：12mm
重量：29g
墨水的填充方式：兩用式
筆尖：鋼
筆尖粗細：F・M・B
價格：¥12,000＋稅
顏色：藍・黑・白

以鉛筆起家的老字號文具廠牌

1835年，STAEDTLER家族傳至Johann Sebastian Staedtler時，於德國的紐倫堡（Nuremberg）設立鉛筆製造工廠。自此，STAEDTLER被視為文具、製圖用具的廠牌，致力生產高品質的德國製品。

在鉛筆和製圖用具取得成就的STAEDTLER，在鋼筆製作領域也產出了精巧的作品。冠上創辦者大名J・S・STAEDTLER，裝飾上48顆鑽石的高級系列Bavaria是收藏家讚賞不絕的逸品。

2013年STAEDTLER生產了自己所屬的高級鋼筆STAEDTLER Premium。而價格合理的Initium Collection，休閒設計的Resina，與具有厚重感的木製筆身的Lignum等系列也陸續發表販售中。

由PORSCHE 911的設計師設立 | GERMANY | 保時捷設計

PORSCHE DESIGN

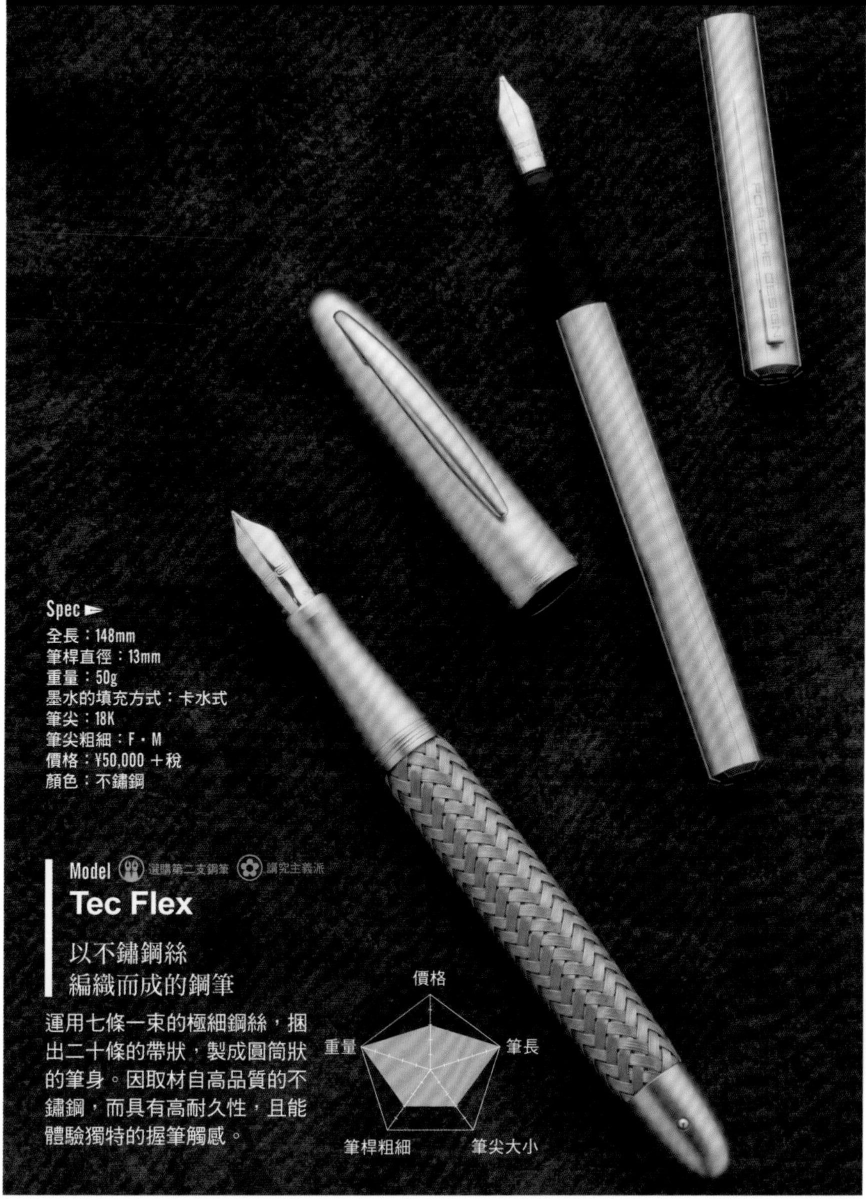

Model 選購第二支鋼筆

Slim Line

筆身纖細
卻不失舒適的握感

正如其名，細長的筆身為其特色。僅刻上直線條的外觀設計十分簡約，完全體現出PORSCHE的風格。雖然是細筆身，握感仍廣受好評。

Spec
全長：145mm
筆桿直徑：10mm
重量：38g
墨水的填充方式：卡水式
筆尖：18K
筆尖粗細：F・M
價格：¥40,000＋稅
顏色：銀・墨黑

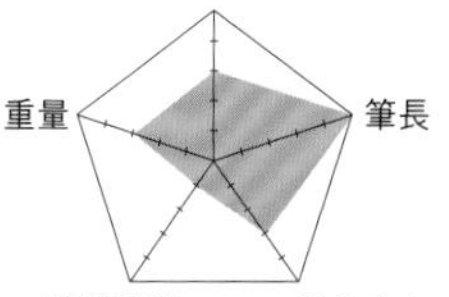

Spec
全長：148mm
筆桿直徑：13mm
重量：50g
墨水的填充方式：卡水式
筆尖：18K
筆尖粗細：F・M
價格：¥50,000＋稅
顏色：不鏽鋼

Model 選購第二支鋼筆 講究主義派

Tec Flex

以不鏽鋼絲
編織而成的鋼筆

運用七條一束的極細鋼絲，捆出二十條的帶狀，製成圓筒狀的筆身。因取材自高品質的不鏽鋼，而具有高耐久性，且能體驗獨特的握筆觸感。

以保時捷汽車邊緣般的輪廓，完成具有創新精神的設計。

將名車的概念注入鋼筆設計

PORSCHE DESIGN是PORSCHE創辦者的兒子Ferdinand Alexander Porsche於1972年在德國的Stuttgart（斯圖加特）設立的的流行品牌。在世界各國進行衣服、飾品、包包、手錶、太陽眼鏡、汽車用品、文具、小物等商品的販售。

鋼筆延續PORSCHE風格，以智慧簡約的設計概念為開發基礎，並自2011年起由PELIKAN公司經手販售文具系列，融合了PORSCHE的設計性和PELIKAN的實用性。

即使是Slim Line，也是散發著PORSCHE魅力的鋼筆。僅管是細長筆身，因表面以具有光澤的PVD塗裝加工，握感亦為上佳。此外，也以運動風的形象感、握筆觸感，及具有重量的筆觸取勝。

WALDMANN

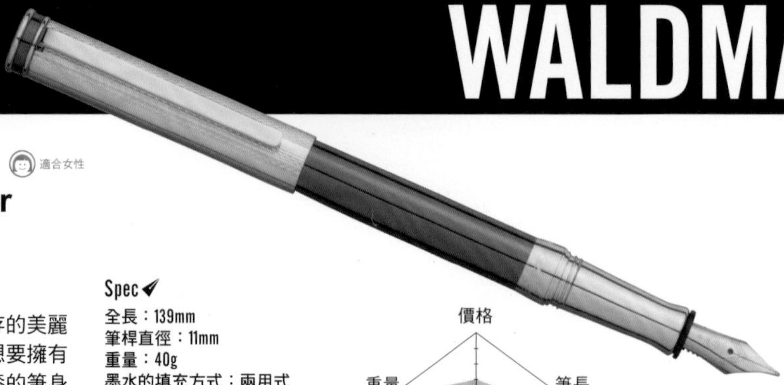

Model 鋼筆新手 適合女性

Edelfeder

散發魅力的
銀色光芒

高雅與沉穩感並存的美麗系列，是女性會想要擁有的筆款，施以烤漆的筆身更能襯托出持筆者的魅力。筆尖為不鏽鋼，字幅為中字。

Spec

全長：139mm
筆桿直徑：11mm
重量：40g
墨水的填充方式：兩用式
筆尖：鋼
筆尖粗細：M
價格：¥25,000＋稅
顏色：黑・香檳白・可可

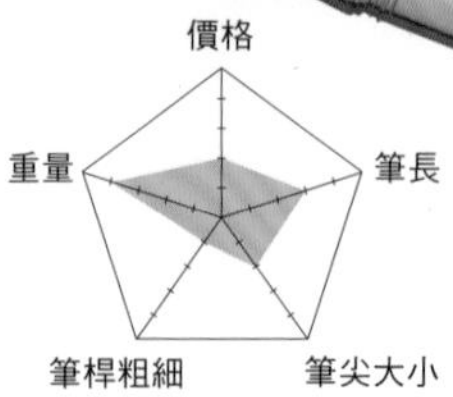

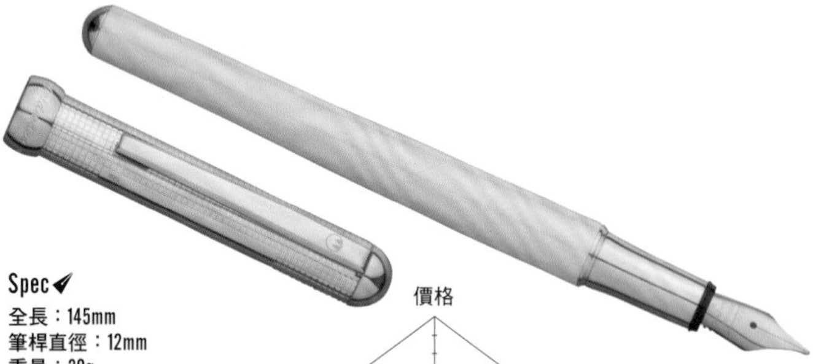

Model 鋼筆新手

Chess

使人聯想到貴婦的
典雅精品

圓弧形的優美輪廓，隱約透露出貴婦般的氛圍。筆身帶有珠光的質感，中央的圈環閃亮耀眼，不經意地吸引著目光。共有黑、珍珠白兩色。

Spec

全長：145mm
筆桿直徑：12mm
重量：29g
墨水的填充方式：兩用式
筆尖：鋼
筆尖粗細：M
價格：¥18,000＋稅
顏色：黑・珍珠白

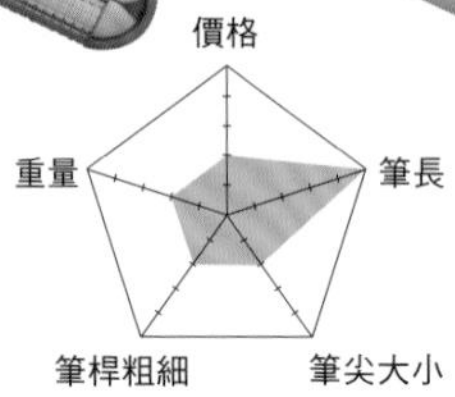

技術精密 展現職人工藝的逸品

Adolf Waldmann於1918年創立品牌。德國黑森林以屈指可數的精密儀器、貴重金屬製作廣為人知，此地區自古以來卓越的職人輩出。

WALDMANN即創建於此，以925銀（Sterling Silver）製的推進式鉛筆製造成立公司。自此藉由資深職人精湛的手藝，傳承製筆的傳統。

WALDMANN鋼筆的特色是只以925銀（Sterling Silver）進行製作。將純銀含有率92.5%的優質銀用於製筆，一支一支十分講究地刻上「925」標示。925銀素材因不會有雜質剝落的情形，銀獨特的光芒和手感可持久閃耀。

1972年，以原子筆與鋼筆的二合一書寫工具取得世界專利，蔚為佳話。

Model 鋼筆新手

Pocket

可收納於口袋的
攜帶用鋼筆

可以收納在口袋中的小型鋼筆，方便攜帶使用。短小卻具有平滑線條輪廓的優美鋼筆。

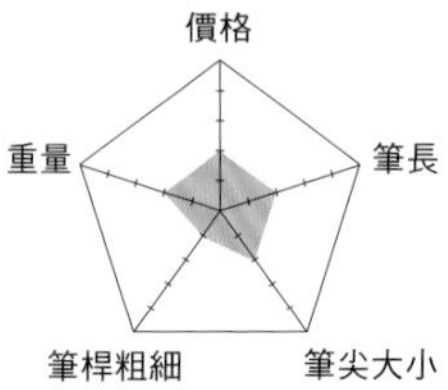

Spec

全長：127mm
筆桿直徑：9mm
重量：25g
墨水的填充方式：卡水式
筆尖：鋼
筆尖粗細：M
價格：¥15,000＋稅
顏色：黑

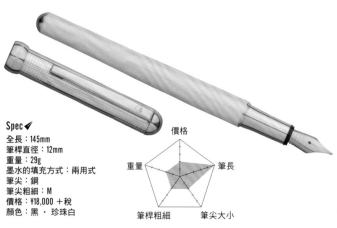

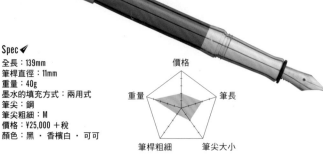

KAWECO

攜帶性&機能性兼優 德國自豪的名品

KAWECO是由兩名創業家（Heinrich Koch & Rudolph Weber）在1883年創辦的品牌。

各取其名字的Koch和Weber結合成KAWECO的品牌名稱。雖然在德國是老字號的知名文具廠牌，但是該企業卻在1976年走入歷史。之後為回應許多愛好者的期盼，Gutberler GmbH公司於1995年發表販售復刻版，直到現今。

在散發著復古懷舊氣息的KAWECO鋼筆中，於1935年發表販售的Kaweco Sport，因在1972年的慕尼黑奧運被採用為官方指定用筆而聞名。比起一般鋼筆的長度稍微短一點，但簡單的設計和機能性使其成為長期受到愛用的一款鋼筆。

Model 鋼筆新手

Dia

經過80年的時間
名筆再現

1930年發表筆款的復刻版。Dia是希臘語「透明」的意思，初代筆具有可以看見墨水的觀墨窗。復刻版雖然沒有觀墨窗，但仍表現出傳統的藝術裝飾設計。

Spec ◄
全長：134mm
筆桿直徑：13mm
重量：26g
墨水的填充方式：兩用式
筆尖：鋼
筆尖粗細：M
顏色、價格：
銀／¥12,000＋稅
金／¥13,000＋稅

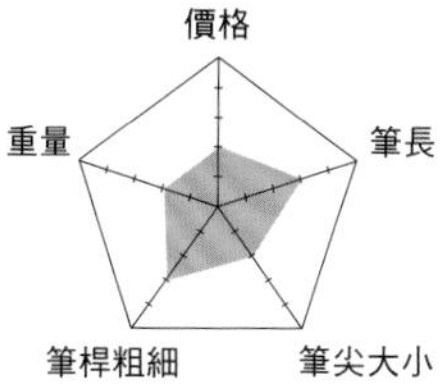

Model 鋼筆新手 適合女性

Liliput

減去非必要設計
實現極致的小型化

1910年發表筆款的復刻版。初代使用硬橡膠（Ebonite）製作，復刻版則改以鋁和黃銅製作而成。因盡可能地捨去不必要的構造，故以卡水式的短鋼筆來設計。

Spec ◄
全長：97mm　筆桿直徑：9.5mm　重量：10g
墨水的填充方式：卡水式
筆尖：鋼　筆尖粗細：M
價格：¥5,400＋稅
顏色：黑・銀・黃銅

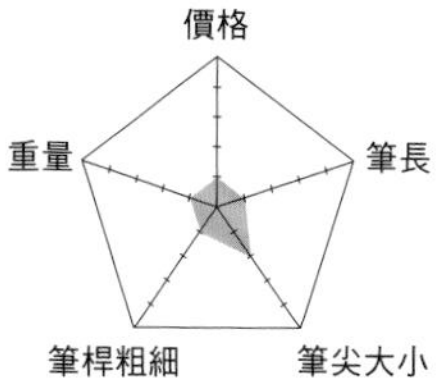

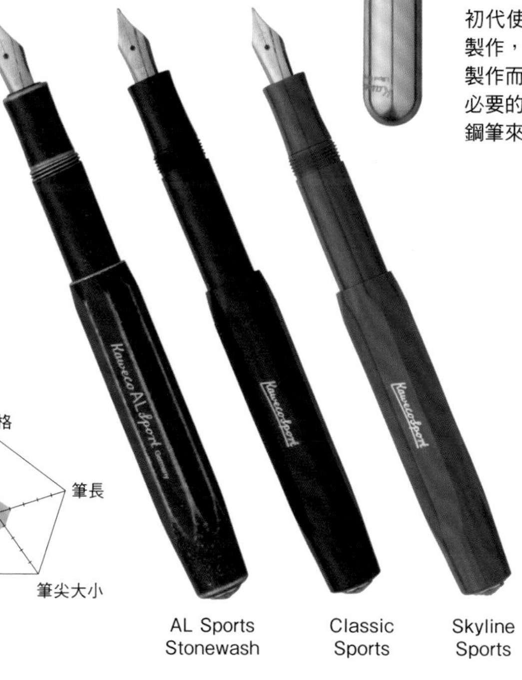

AL Sports Stonewash　Classic Sports　Skyline Sports

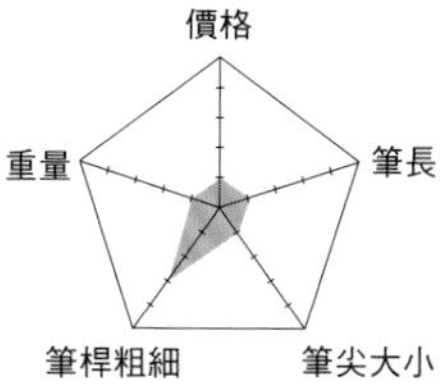

Model 鋼筆新手

Sports Serues

方便攜帶的
奧運官方指定用筆

於1972年慕尼黑奧運，被認定為官方指定用筆的名筆復刻版。因為尺寸大約是手掌大小且輕量，攜帶相當方便。此筆款也有很多不同顏色的選擇。

Spec ◄
全長：106mm　筆桿直徑：13mm
重量：11g／Skyline Sports・Classic Sports
　22g／AL Sports Stonewash
墨水的填充方式：卡水式　筆尖：鋼
筆尖粗細：M
價格：Skyline Sports・Classic Sports／¥3,000＋稅
　AL Sports Stonewash／¥9,000＋稅
顏色：Classic Sports／綠・透明・黑・藍・白・赭紅

世界鋼筆圖鑑
The World's Fountain Pens

法國／瑞士鋼筆

French/ Swiss Fountain Pens

法國WATERMAN、S.T.DUPONT，瑞士CARAN d' ACHE。擁有世界上廣為人知的鋼筆廠牌的法國和瑞士，創造出大量的精品鋼筆，因而時有所聞「藝術性的法國」與「精密的瑞士」的讚稱。

WATERMAN
CARTIER
RECIFE
S.T.DUPONT
CARAN d'ACHE
DAVIDOFF

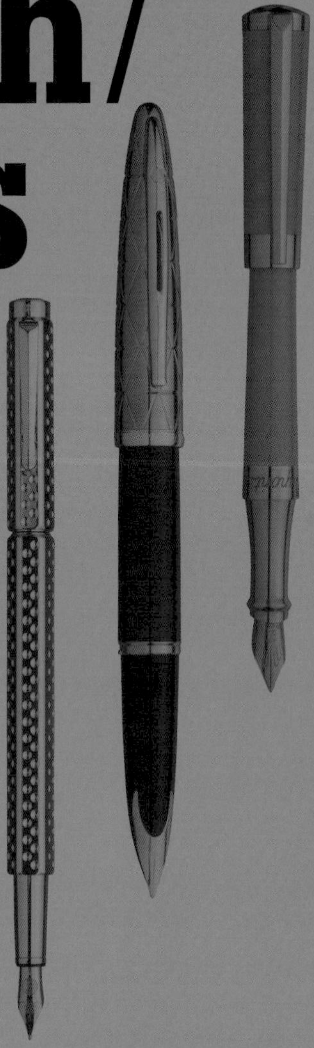

WATERMAN

Model 選購第二支鋼筆 講究主義派

WATERMAN Elegance

因為職人的技術 使鋼筆成為珍貴飾品

如珍貴飾品般華麗的外觀和高貴的配色，優雅動人。由30年經驗以上的老師傅職人以卓越的技術進行加工的零件，就好像寶石一樣散發著光芒。不管是筆身的觸感，還是18K筆尖的書寫筆觸，皆屬一級精品。

MARUZEN'S Comment

這是一款名副其實的高級鋼筆，設計非常漂亮。筆尖以18K製作。兼具質感和設計感，在同品牌的鋼筆中也是等級相當高的筆款。

Spec

全長 161mm
筆桿直徑：10.5mm
重量：52g
墨水的填充方式：兩用式
筆尖：18K
筆尖粗細：F・M
價格：¥60,000 +稅
顏色：Ivory GT・Black ST

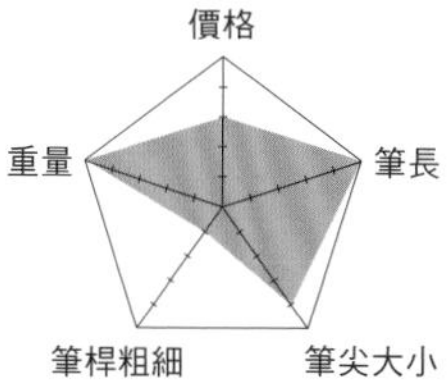

Model 鋼筆新手

Perspective

散發知性感的 圓筒形鋼筆

個性鮮明、圓筒輪廓的Perspectiv是以高樓建築為靈感設計而成。筆身刻有幾何圖形的圖案，是以都市為主題的筆款。處處可見精細的作工，果然是來自藝術之國——法國。共有Blue CT、Champagne CT等全部6種顏色可供選擇。

MARUZEN'S Comment

圓筒般的筆身十分具有個性，深具設計感。是獲得許多年輕族群支持的人氣系列。

Spec

全長：162mm
筆桿直徑：10mm
重量：36g
墨水的填充方式：兩用式
筆尖：不鏽鋼
筆尖粗細：F・M
價格：¥20,000 +稅
顏色：Decoration Blue CT
Decoration Champagne CT
Black GT・Black CT
White CT・Blue CT

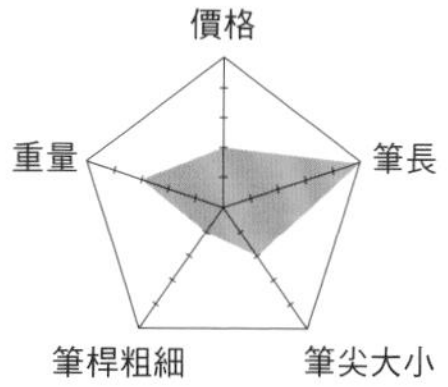

致力美型與技術兼具 鋼筆業界的先鋒

1883年世界首支應用毛細作用（P.12）的鋼筆The Regular，即由WATERMAN生產。創辦者Luis Edson Waterman原本是一名保險業務，因為曾在簽立大筆契約時，鋼筆漏墨弄髒簽名的位置，等到重新遞交新的契約時，客戶已經和其他公司簽約——從這個痛苦的經驗中，致使他下定決心開發不會漏墨的構造。

之後，WATERMAN以毛細作用製作的筆尖成為我們現在所認識的鋼筆基礎；並陸續開發出如世界上最早的夾式筆蓋、卡水、墨水防漏構造等設計，確實地建立了鋼筆業界的先鋒地位。將總部和全部的工廠從美國移轉至巴黎後，以「璀燦珠寶」般的洗練設計，深受使用者的愛戴。

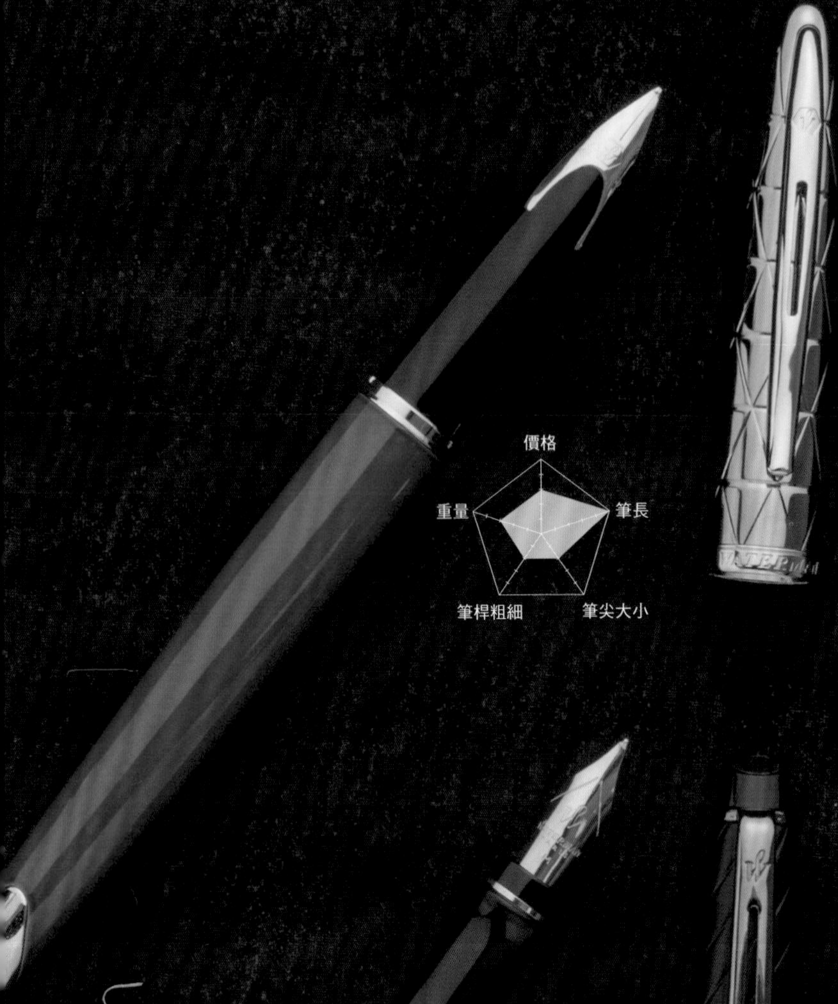

Model 選購第二支鋼筆

Blue Obsession

Carène Deluxe

以書寫的樂趣為訴求

形象設計取自航行中船隻的流線感，設計概念則以享受筆記的樂趣為主軸。獨特形狀的18K筆尖，適度的彈力會在書寫文字時帶來令人愉快的反饋感。

MARUZEN'S Comment

WATERMAN中等筆款非Carène莫屬，其筆尖和筆身一體化的流線輪廓設計更是深受歡迎。

Spec

全長：148mm
筆桿直徑：12mm
重量：33g
墨水的填充方式：兩用式
筆尖：18K
筆尖粗細：F・M
價格：¥50,000 ＋稅
顏色：Essential Silver Teasel ST
Essential Black GT
Contemporary Blue ST
Contemporary Gunmetal Teasel ST
Contemporary Black ST
Contemporary White ST
Black ＆ Silver GT

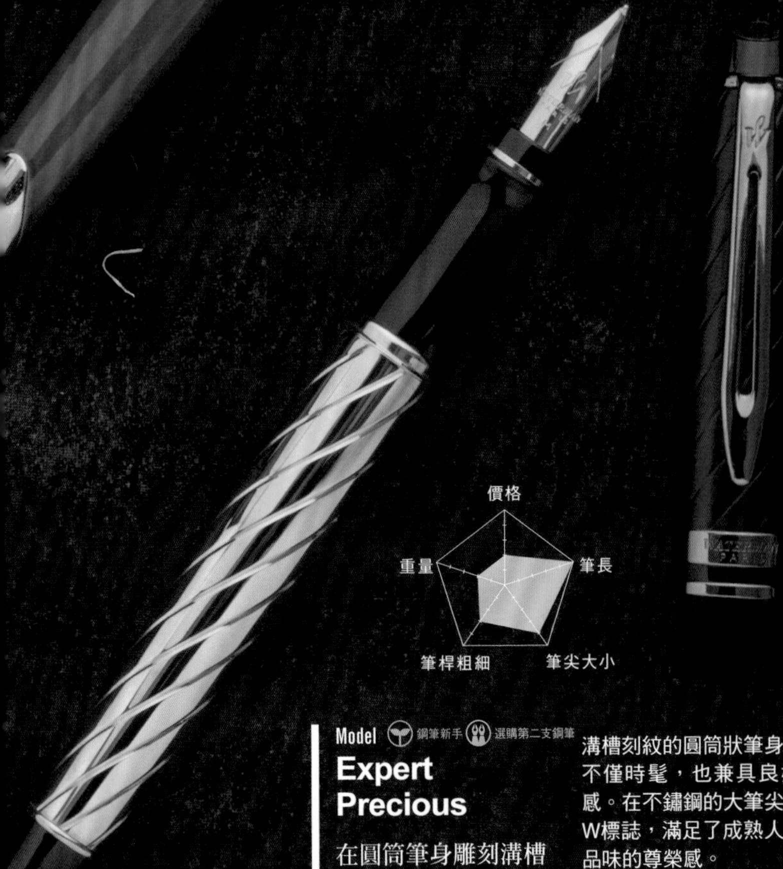

Spec

全長：153mm
筆桿直徑：13mm
重量：29g
墨水的填充方式：兩用式
筆尖：不鏽鋼
筆尖粗細：F・M
價格：¥20,000 ＋稅

Model 鋼筆新手 選購第二支鋼筆

Expert Precious

在圓筒筆身雕刻溝槽前衛的設計

溝槽刻紋的圓筒狀筆身使外觀不僅時髦，也兼具良好的握感。在不鏽鋼的大筆尖上刻有W標誌，滿足了成熟人士彰顯品味的尊榮感。

MARUZEN'S Comment

同屬Expert系列作的Precious和Essential，Precious因設計上的精致工藝而相對較為高級。

Model 鋼筆新手 適合女性

Hémisphère Essential

外觀也很高級的
外國鋼筆入門推薦款

在美麗波浪紋的鈀（Palladium）上，加上典雅的烤漆光澤，是休閒與正式場合皆適用的一支鋼筆。價格也很便宜，適合初次挑戰歐規鋼筆的使用者。

MARUZEN'S Comment

若說Expert適合男性使用，Hémisphère則推薦給女性筆友。其略小的尺寸設計使女性也能夠輕鬆掌控。

Spec

全長：150mm
筆桿直徑：10mm
重量：22g
墨水的填充方式：兩用式
筆尖：不鏽鋼
筆尖粗細：F・M
顏色、價格：
Black CT・White CT・Matte Black GT
Metallic BlueCT・Comet Red CT
Rose Wood CT・Purple CT ／ ¥12,000 ＋稅
Black GT ／ ¥13,000 ＋稅
Matte Black CT・Stainless Steel GT ／ ¥10,000 ＋稅
Stainless Steel CT ／ ¥8,000 日圓＋稅

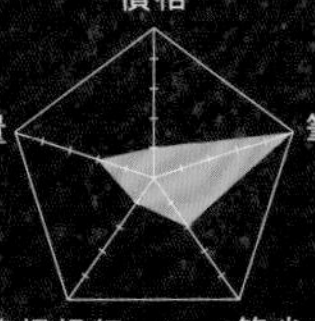

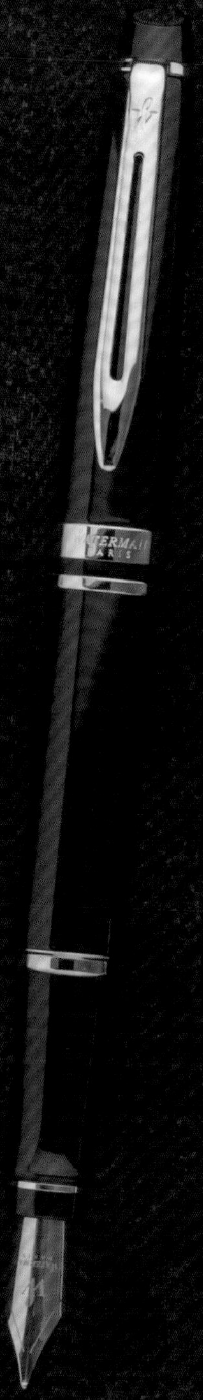

Model 鋼筆新手

Expert Essential

擁有這一款鋼筆
就能進階成熟人士

以成熟的黑色烤漆筆身呈現出穩重的形象。不鏽鋼的筆尖既可畫出柔和的弧線，書寫文字時也極具彈性。

MARUZEN'S Comment

Essential為經典的單色系筆款。因為上手容易，價格也控制在合理的區間，特別推薦給初次使用鋼筆的新手。買來當成禮物的客人也很多。

Spec

全長：153mm
筆桿直徑：13mm
重量：29g
墨水的填充方式：兩用式
筆尖：不鏽鋼
筆尖粗細：EF・F・M
價格：¥16,000 日圓＋稅

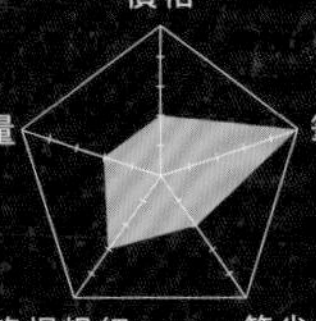

CARTIER

Model 講究主義派

Roadster de Cartier
ST240001

雋永洗鍊的設計

黑色複合材質的筆身、沉穩的手感，與銀色的光澤完美搭配。筆蓋處的細緻工藝，也是讓使用者永不膩煩的設計。

Spec
全長：151mm　筆桿直徑：15mm
重量：42g
墨水的填充方式：兩用式
筆尖：18K 赤金（部分銠加工）
筆尖粗細：M
價格：¥74,000 +稅

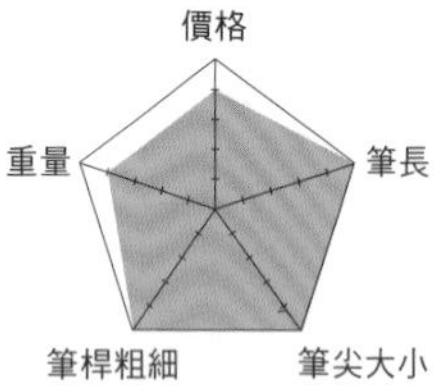

© Cartier

Model 講究主義派

Roadster de Cartier
ST240015

融合CARTIER的美感＆良好的筆觸

從高貴氣息的黑色複合材質筆身，到天冠處使人聯想到蔚藍海洋的藍色裝飾等，在設計上延續CARTIER的高級感。18K的筆尖書寫觸感也甚為柔軟。

Spec
全長：151mm　筆桿直徑：15mm
重量：47g
墨水的填充方式：兩用式
筆尖：18K 赤金（部分銠加工）
筆尖粗細：M
價格：¥101,000 +稅

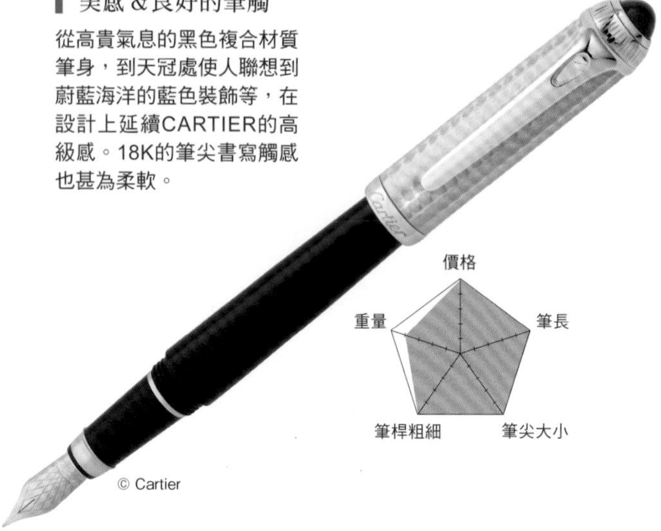

© Cartier

Model 講究主義派

Louis Cartier Collection
ST170151

使人聯想到船隻甲板木頭雕刻的鋼筆

Spec
全長：143mm 筆桿直徑：15.5mm
重量：44g
墨水的填充方式：兩用式
筆尖：18K 赤金（部分銠加工）
筆尖粗細：M
價格：¥191,000 +稅

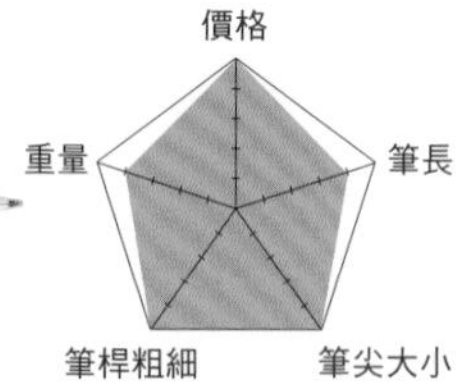

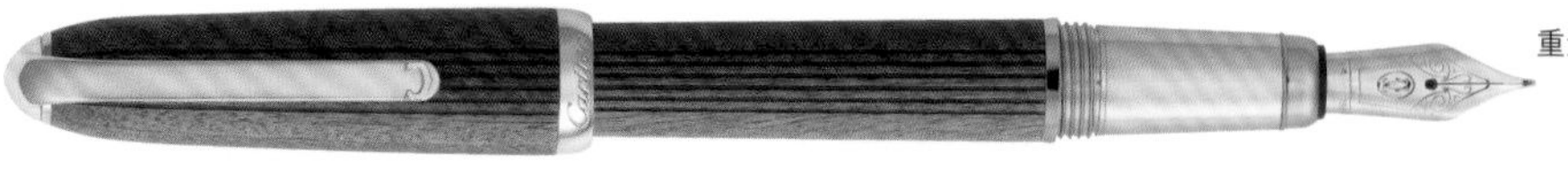

以「20世紀初的橫越大西洋之旅」為靈感誕生的筆款。筆身以櫸木雕刻製作而成。

Vincent Wulveryck © Cartier 2012

承續世界珠寶品牌格調 散發高雅氣質的鋼筆

法國的CARTIER以珠寶飾品、高級鐘錶品牌享譽國際。品牌歷史可回溯至1847年，巴黎珠寶工藝商Louis-François Cartier成立工作室起。CARTIER奢華優雅的珠寶深受上流社會人士的注目，亦是很多王室御用的品牌。

1900年代成為世界名品的CARTIER，自1976年開始販售文具。首發筆款為橢圓形的鋼筆——Oval Pen，延續珠寶精品的水平，是使人感受到高度藝術性和高雅質感的逸品，贏得極高的人氣。

CARTIER的代表筆款為Roadster de Cartier系列，以雋永的設計、線條完美的筆身受眾多愛好者的支持，是就連筆蓋也能傳遞出洗練品味的一支鋼筆。

RECIFE

Model 鋼筆新手

Baby Press

方便攜帶 輕量小型筆身

短小的筆身可以夾在口袋或手帳隨身攜帶。雖然設計簡單，筆蓋上大片的銀製飾片卻提升了整體的質感。

Spec

全長：122mm
筆桿直徑：10.5mm
重量：20g
墨水的填充方式：卡水式
筆尖：不鏽鋼
筆尖粗細：M
價格：¥5,600 +稅
顏色：橘・天藍・藏青
粉紅・白・紫羅蘭
黑・碳灰

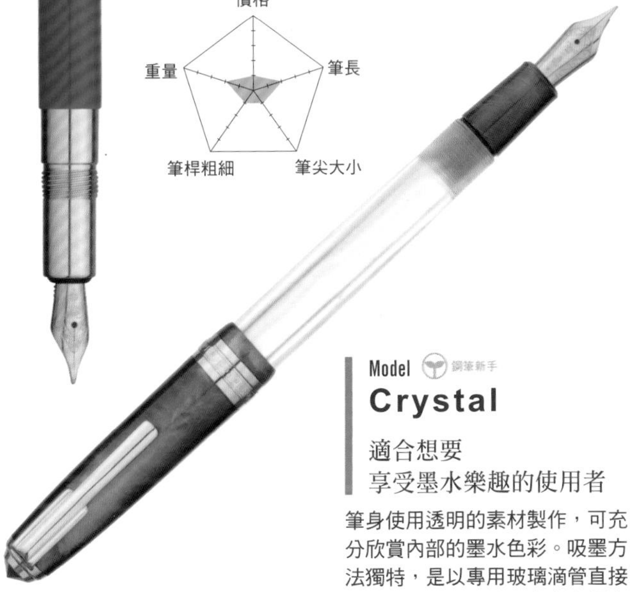

Model 鋼筆新手

Crystal

適合想要 享受墨水樂趣的使用者

筆身使用透明的素材製作，可充分欣賞內部的墨水色彩。吸墨方法獨特，是以專用玻璃滴管直接注入墨水的滴入式。色彩選擇也相當豐富。

Spec

全長：150mm　筆桿直徑：11mm
重量：22g
墨水的填充方式：滴入式
筆尖：不鏽鋼
筆尖粗細：M　價格：¥8,400 +稅
顏色：黑・綠・紅
藍・金・灰・咖啡

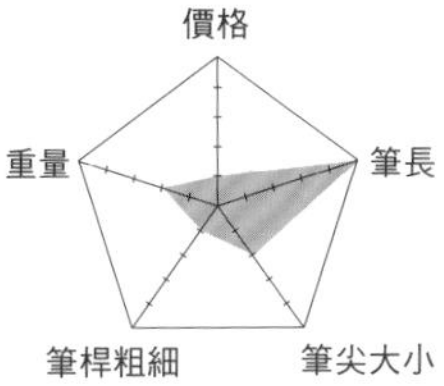

Model 鋼筆新手

Traveler

擁有美麗大理石紋的 入門筆款

筆身可見等同RECIFE代名詞的大理石紋裝飾。因完全經由職人手工製作，每一支不會有相同的紋路是其特色。重量適中、價格也很便宜，是適合初學者的鋼筆。

Spec

全長：140mm
筆桿直徑：10mm
重量：15g
墨水的填充方式：卡水式
筆尖：不鏽鋼
筆尖粗細：M
價格：¥4,300 +稅
顏色：紅・金・綠・藍
咖啡・灰・黑

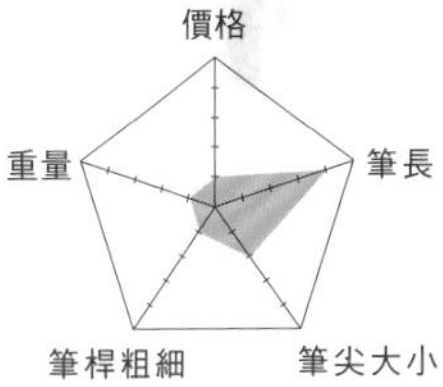

以現代感的鋼筆在世界上引發熱潮

嶄新、獨特且價格合理的鋼筆，RECIFE正受到廣大的矚目。此新興品牌創立於1987年，以兩名法國設計師（Stephan Arnal和Leo Smaga）創立者所經手的鋼筆，捲起業界歷史的新風潮。

以流行藝術的巨匠Andy Warhol的作品為主題，結合雪茄用的鋁製收納盒，創造出新世代潮流的鋼筆風格，成功地贏得了許多新入門筆友的心。

RECIFE廣為世界周知的代表筆款Mystique，是經由老經驗的職人以獨家的技法，削出獨一無二的大理石紋路。Traveler等筆款亦承襲這樣的製作精神。

RECIFE的文具不只是單純的書寫工具，也可以當成為時尚感加分的單品。

S.T.DUPONT

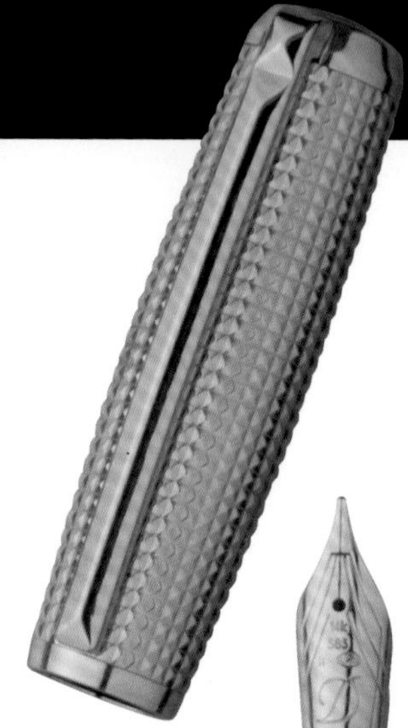

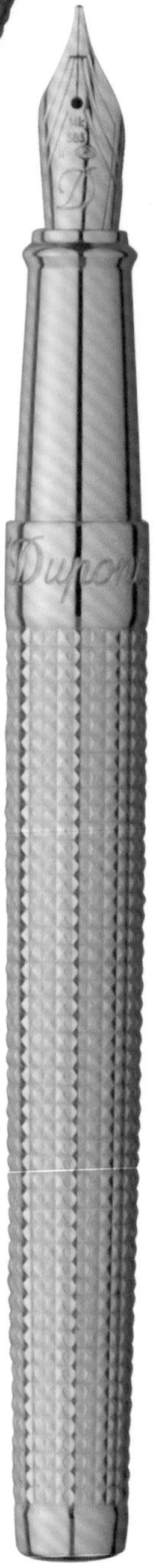

Model 講究主義派

Line D Diamond Head Palladium

充滿男性魅力
官方指定文具

為S.T.DUPONT的代表系列筆款，亦是法國的總統官邸愛麗舍宮殿採用的指定文具。以傳統為基礎，重視優雅感和品質，握筆時適當的重量感也恰到好處。

Spec
全長：約147mm
筆桿直徑：約19mm
重量：約65g
墨水的填充方式：兩用式
筆尖：14K
筆尖粗細：EF・F・M
價格：¥85,000＋稅

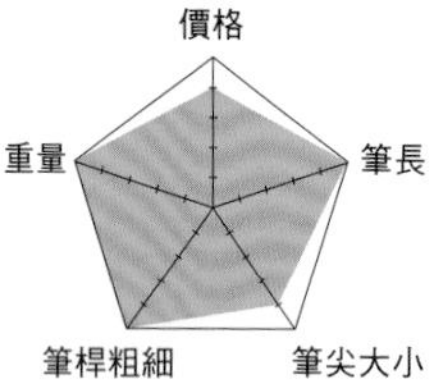

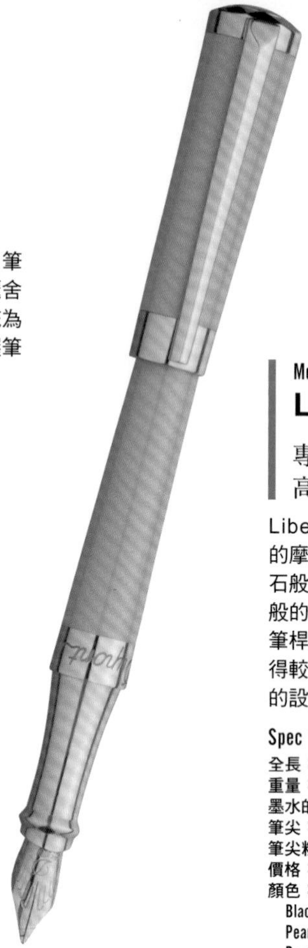

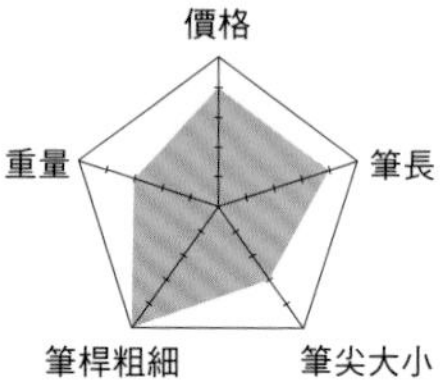

Model 講究主義派 適合女性

Liberte

專為女性製作的
高貴鋼筆

Liberte是以女性為對象製作的摩登系列。在筆蓋頭施以鑽石般的斜角切割，綻放出寶石般的光芒。因為筆蓋較粗，與筆桿的最大直徑相比，握位顯得較為纖細，是方便女性握筆的設計。

Spec
全長：約141mm　筆桿直徑：約17.5mm
重量：約40g
墨水的填充方式：兩用式
筆尖：14K
筆尖粗細：EF・F・M
價格：¥65,000＋稅
顏色：Pearlescent Nude Lacquer&Gold
Black Lacquer & Palladium
Pearlescent White Lacquer & Palladium
Pearlescent Blue Lacquer & PinkGold
Red Lacquer&Gold
Purple Lacquer & Palladium

Model 講究主義派

Streamline-R Ceramium A.C.T & Palladium

流暢的筆身線條
魅力十足的創新筆款

以陶瓷和鋁合成、獨家開發的革命新素材——Ceramium ACT製作出完美的流線形筆身，實現了驚人的輕量化和高耐損性。與車子造型的底座成組販售。

Spec
全長：約150mm
筆桿直徑：約13mm
重量：約45g
墨水的填充方式：兩用式
筆尖：14K
筆尖粗細：F・M
價格：¥91,000＋稅
顏色：Matte Black・Brush

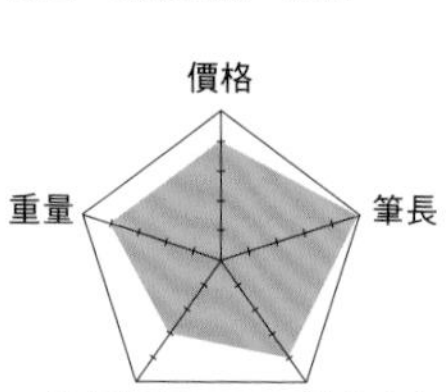

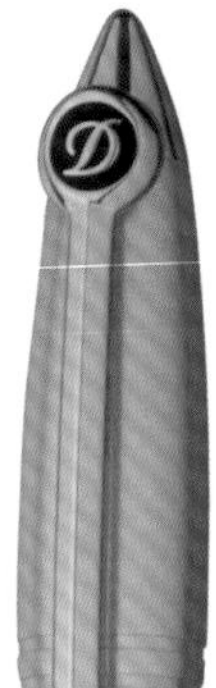

將洗鍊的設計濃縮於一支鋼筆散發出卓越職人技術的光芒

1872年，Simon Tissot Dupont以高級皮件品牌於法國創辦S.T.Dupont。設立以旅行箱和皮夾為主的皮件工作室，以上流階級為目標消費者，販售客製化的製品。現今被當成S.T.Dupont代名詞的打火機，則發表於1941年。

鋼筆的製作可追溯自1973年，起因為受到愛用S.T.DUPONT打火機的賈桂琳甘迺迪「想要製作搭配打火機的筆」的請託。從那時起，受製作打火機使用高級素材的經驗啟發，也採用黃金、銀、純正漆等素材研發製作文具。筆身是以金屬塊挖空製作而成，在金屬上塗漆的作法更是S.T.DUPONT獨家的技術。

Model 講究主義派

Line D Blazon 純正黑漆＆Palladium

絕豔的塗漆
成熟人士的性感

結合DUPONT的傳統與和風氣息的漆器塗裝的搭配，完成高雅質感的逸品。為了讓使用時順手，將上漆的筆身塗得更厚一些，使14K的筆尖能夠順暢地運筆。

MARUZEN'S Comment

「Line D」是DUPONT的代表作。優異的平滑筆觸是其特色，對於喜歡這種觸感的人最適合了。

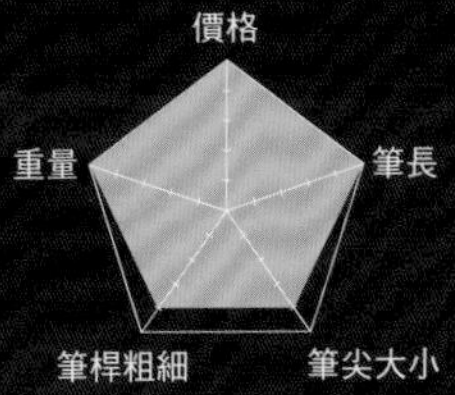

Spec

全長：約145mm
筆桿直徑：約14mm
重量：約60g
墨水的填充方式：兩用式
筆尖：14K
筆尖粗細：EF・F・M
（B為法國限定）
價格：¥106,000＋稅

在筆尖的中央刻上大大的「D」標誌，彰顯品牌格調。

CARAN d'ACHE

2015年6月已調整價格，目前標示的價格為2015年4月的價格。

無數個圓形凹槽的雕刻，不僅造型獨特，也造就安定的握筆觸感。

Model 鋼筆新手 適合女性

Ecridor
Golf

持續守護 60餘年的傳統

從1947年至今，堅守延續洗練的輪廓。從Golf、Kubrick、Urban等各式筆款筆身的美麗雕刻圖案，可以窺見瑞士職人的精湛技術。

Spec

全長：134mm　筆桿直徑：9mm
重量：38g
墨水的填充方式：兩用式
筆尖：鋼
筆尖粗細：F・M・B
價格：¥42,000＋稅
顏色：銀

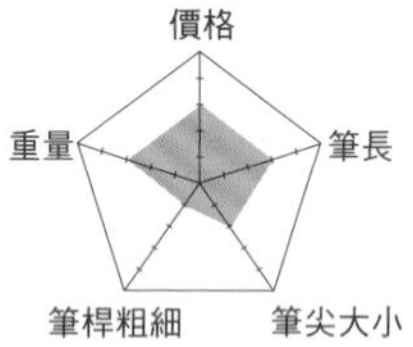

Model 講究主義派 適合女性

Leman
Bi-color Saffron

講究色彩與 良好握感的一支鋼筆

以力曼湖的美麗風景印象製作而成的系列筆款，柔和圓潤的筆身相當稱手。就像同廠牌的畫具一樣，筆桿顏色選擇相當豐富。

MARUZEN'S Comment

若要舉出高階筆款，非LEMAN系列莫屬。大尺寸的筆尖非常具有存在感，整體卻不會太重，保有良好的平衡感。

Spec

全長：138mm　筆桿直徑：13mm
重量：47g
墨水的填充方式：兩用式
筆尖：18K
筆尖粗細：F・M・B・BB
價格：¥80,000＋稅
顏色：黑・白・Cashmere 土耳其藍・其他

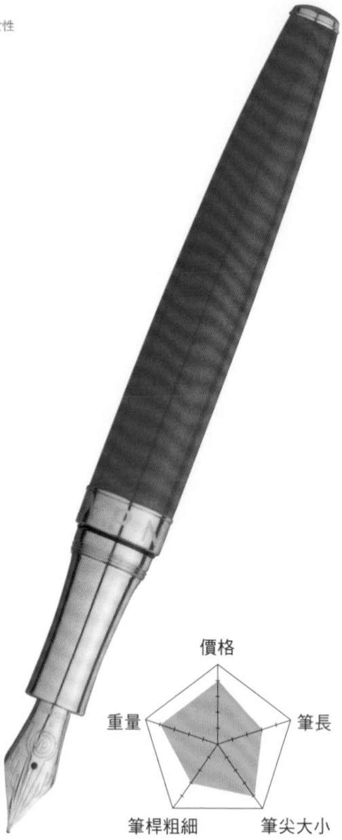

Model 講究主義派

VARIUS
Rubracer

銀色筆身 與天然橡膠的結合

筆身以天然橡膠製作，不只能強化磨耗度和減少損壞，也能體現良好的觸感。筆尖以18K金製作。銀和橡膠的手感既可增加外觀的樂趣，也有助於熟練運筆。

Spec

全長：136mm　筆桿直徑：11.5mm
重量：44g
墨水的填充方式：兩用式
筆尖：18K
筆尖粗細：EF・F・M・B BB・OM・OB
價格：¥100,000＋稅
顏色：黑

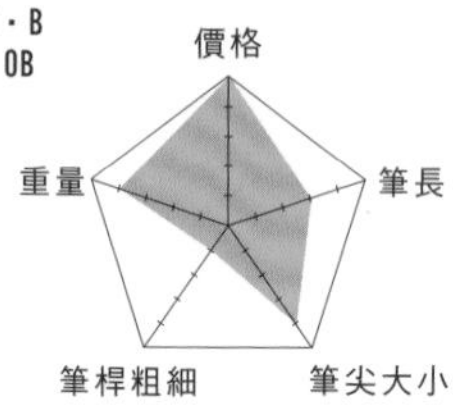

散發精品格調與優雅氣息 瑞士的傳統品牌

1915年在瑞士的日內瓦以鉛筆工廠起家。1924年正式將公司名稱更名為CARAN d'ACHE，2015年已屆創辦100週年。

CARAN d'ACHE雖然是俄羅斯語「鉛筆」的意思，但是現今已發展出無數產品；從高級文具、畫具到飾品，甚至皮革製品應有盡有。

從鉛筆工廠發跡的CARAN d'ACHE，鋼筆亦以會使人聯想到鉛筆的六角形形象為其特色。從1947年發表販售以來，Ecridor Collection美麗的六角形輪廓就持續深受喜愛。筆身美麗的紋路、平滑曲線的筆夾，共演出優雅的品味。

在瑞士已成為教育部指定的文具廠牌，學生皆使用該廠的彩色鉛筆進行學習。

日本新進的生活風格品牌 | Switzerland | 大衛杜夫

DAVIDOFF

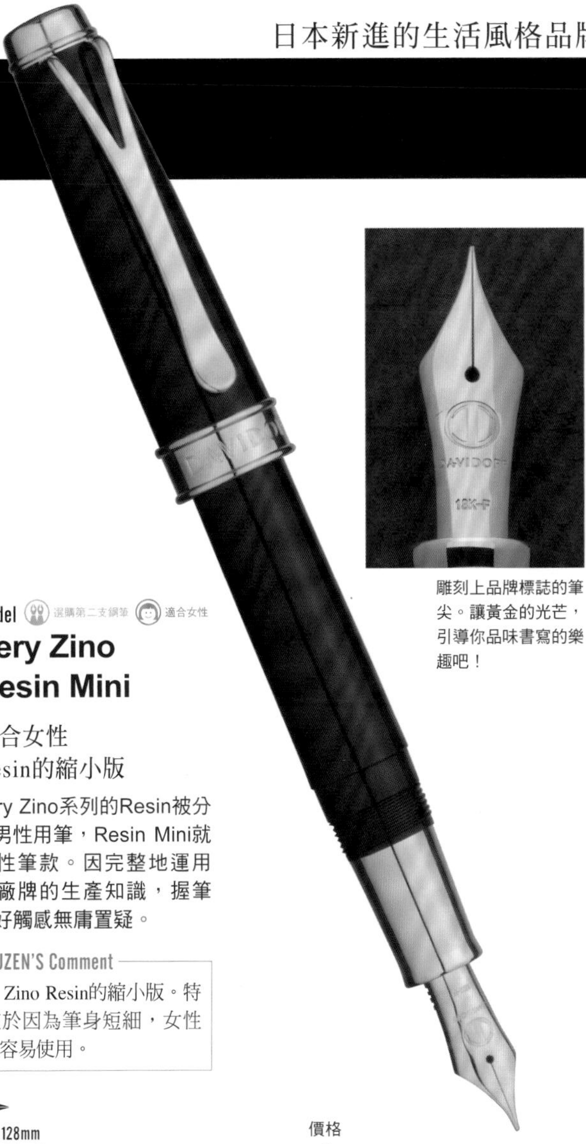

雕刻上品牌標誌的筆尖。讓黃金的光芒，引導你品味書寫的樂趣吧！

Model 選購第二支鋼筆 適合女性

Very Zino Resin Mini

適合女性 Resin的縮小版

若Very Zino系列的Resin被分屬為男性用筆，Resin Mini就是女性筆款。因完整地運用了同廠牌的生產知識，握筆的良好觸感無庸置疑。

MARUZEN'S Comment

Very Zino Resin的縮小版。特色在於因為筆身短細，女性也很容易使用。

Spec

全長：128mm
筆桿直徑：10mm
重量：29g
墨水的填充方式：兩用式
筆尖：18K
筆尖粗細：EF・F・M・B
價格：¥28,000＋稅
顏色：黑桿金夾・紅桿金夾
黑桿銀夾・紅桿銀夾

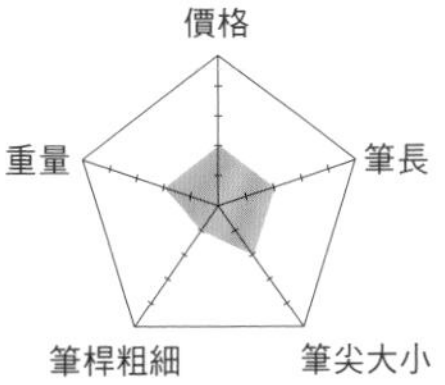

Model

Very Zino Resin

日本首發時的自信之作

以皮包和皮夾的高級廠牌之姿進入日本市場時，同步以高品質低價格的概念發表鋼筆。18K的筆尖，超越售價期望地容易書寫，設計和質感也都獲得極高的評價。

MARUZEN'S Comment

不只是外觀漂亮、平衡感佳，書寫也十分流暢。雖然是新興的品牌，在2至3萬日圓同等級的筆款中，卻擁有相對柔軟的筆尖。

Spec

全長：132mm
筆桿直徑：13mm
重量：39g
墨水的填充方式：兩用式
筆尖：18K
筆尖粗細：FE・F・M・B
價格：¥30,000＋稅
顏色：黑桿金夾・紅桿金夾
黑桿銀夾・紅桿銀夾

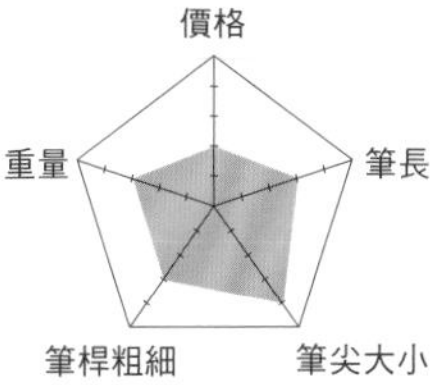

上流紳士的精品品牌 不過度講究的經典鋼筆

DAVIDOFF是Zino Davidoff在1967年創辦的品牌。1906年在帝政俄羅斯的基輔出生的Davidoff，跟著家人移居瑞士後，在南非和古巴學習菸草的栽種和貿易，回到瑞士後，開設雪茄商店。

雖然DAVIDOFF是以雪茄的高級品牌確立其地位，實際上卻是一個鐘錶、香水、領帶、文具等皆有涉獵的生活風格品牌。1991年，講究的DAVIDOFF開始涉足鋼筆的生產，提供高品質的製品。

DAVIDOFF鋼筆的特色在於外型精美又兼具實用性。以樹脂和金屬零件的結合，創造出豔麗、且具有持久舒適書寫性的筆款。2015年6月，自瑞士正式引進日本後，今後將會有更多機會看到這個品牌的鋼筆。

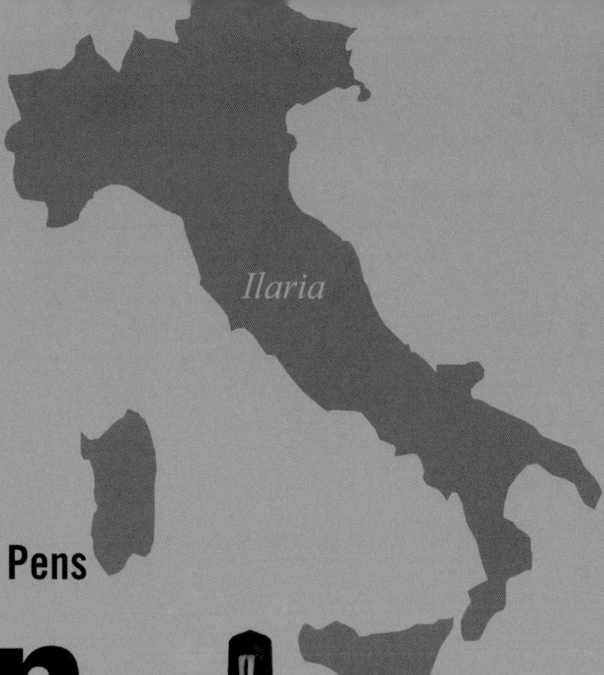

世界鋼筆圖鑑
The World's Fountain Pens

義大利鋼筆
Italian
Fountain Pens

許多鋼筆愛好者異口同聲說：「只有義大利獨樹一格。」在設計上發展出特殊風格的義大利，從代表廠牌OMAS起，以義大利除外無法構思出的獨特品味，持續驚艷全世界。

OMAS
DELTA
AURORA
VISCONTI
MONTEGRAPPA
STIPULA
BORGHINI

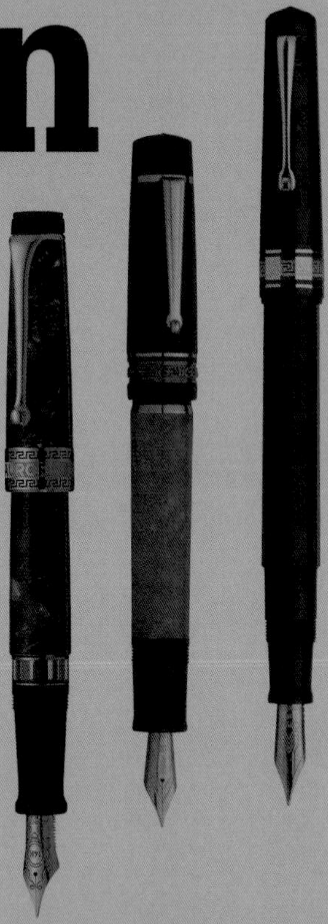

OMAS

Model 選購第二支鋼筆 講究主義派

Arte Italiana Collection

奠基於創立者的
OMAS鋼筆「經典造型」

由OMAS的創辦人Armando Simoni親自設計，1930年發表販售的筆款。特色為其12面體的筆身。使用植物性樹脂的棉樹脂為素材製作。

MARUZEN'S Comment

OMAS代表性系列筆款。尺寸雖大卻很輕，握感極好。筆尖長且柔軟，書寫時十分流暢。

Spec ►

全長：145mm　筆桿直徑：13.5mm
重量：27g
墨水的填充方式：兩用式
筆尖：18K
筆尖粗細：EF・F・M・B・BB・OM・OMD・OBD・OBBD・STUB
價格：¥55,000＋稅
顏色：黑・紫褐色

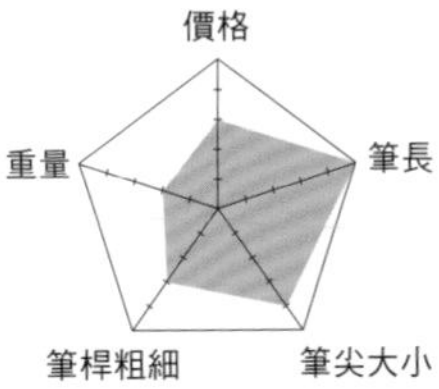

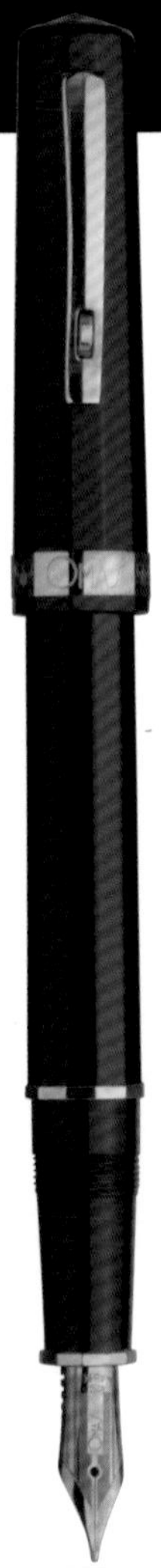

◀Milord Maroon Rose Gold finish

◀Art Déco Certified Edition

Spec ◄

全長：142mm
筆桿直徑：13.5mm
重量：18g
墨水的填充方式：吸入式
筆尖：鈦
筆尖粗細：F・M
價格：¥48,000＋稅
顏色：黑・黃・紅

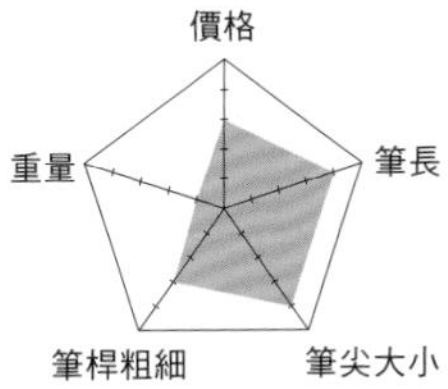

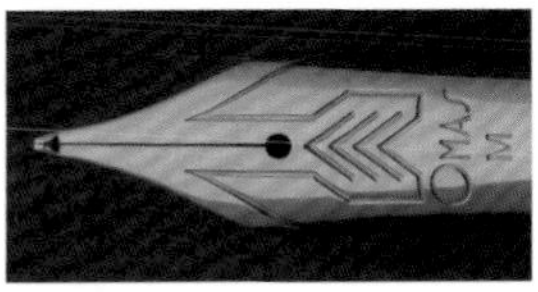

▶OMAS的鈦筆尖具有獨特的質感。

Model 鋼筆新手 選購第二支鋼筆

Bologna

連筆尖也臻至完美
日本限定復刻的經典名筆

2013年令人惋惜、結束生產的Bologna，已重新在日本限定生產。象徵波隆那城市雕刻廊柱的筆尖極其完美，14K金製作的筆尖也帶來優秀的書寫觸感。

Spec ►

全長：138mm　筆桿直徑：13mm
重量：29g
墨水的填充方式：兩用式
筆尖：14K
筆尖粗細：F・M
價格：¥42,000＋稅
顏色：綠松色・珠光灰・玫瑰焦糖・英國綠・宇宙藍

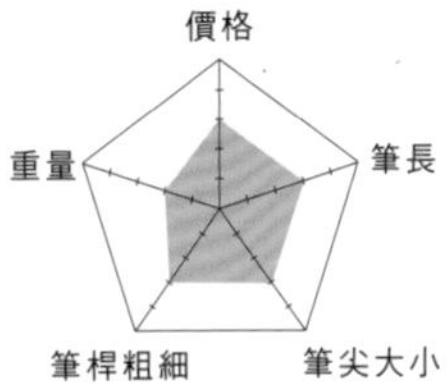

MARUZEN'S Comment

獨特又漂亮的設計，配合筆桿適當的平衡感，在這兩點上皆具備極高的水準。為OMAS的經典系列。

以一天才之力 建構出鋼筆的金字塔

OMAS創始於1925年在義大利的波隆那設立Armando Simoni技術工作室（Officina Meccanica Armando Simoni「OMAS」）。創辦人Armando Simoni既是一位藝術家，身懷精湛技術的工匠，同時也是狂熱的鋼筆達人。

他陸續開發出12面體筆身的鋼筆、內藏醫療用溫度計的醫生用筆、鋼筆與自動鉛筆……從小小的工作室起家，OMAS的名聲終於響譽世界，Simoni亦獲得義大利王室頒王室騎士勳章的榮耀。

OMAS至今仍持續傳承創始人對鋼筆傾注的熱情，並以其為品牌精神。精細的工序經常以手工製作，賽璐璐鋼筆甚至須耗時100個工作日才能完成。如此生產出來的鋼筆，實為高級工藝的傑作。

DELTA

Model 選購第二支鋼筆 講究主義派

Dolce Vita Medium Original

以鮮豔的橘色
吸引無數愛好者

在全世界擁有追捧者的DELTA旗艦筆款。筆身的顏色是取自沐浴於盛陽下的南義大利的橘色，再以傳承傳統技術的職人手作完成。

MARUZEN'S Comment

提到DELTA，一定會提到Dolce Vita，人氣非常地高。DELTA的鋼筆愛好者，腦海裡立即就會浮現出這個橘色的美麗筆身。

Spec

全長：135mm
筆桿直徑：16mm
重量：33g
墨水的填充方式：兩用式
筆尖：14K
筆尖粗細：EF・F・M・B
價格：¥80,000＋稅

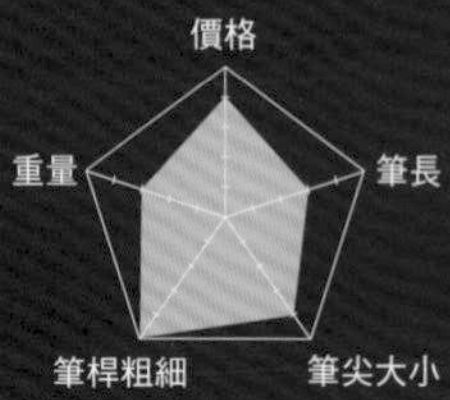

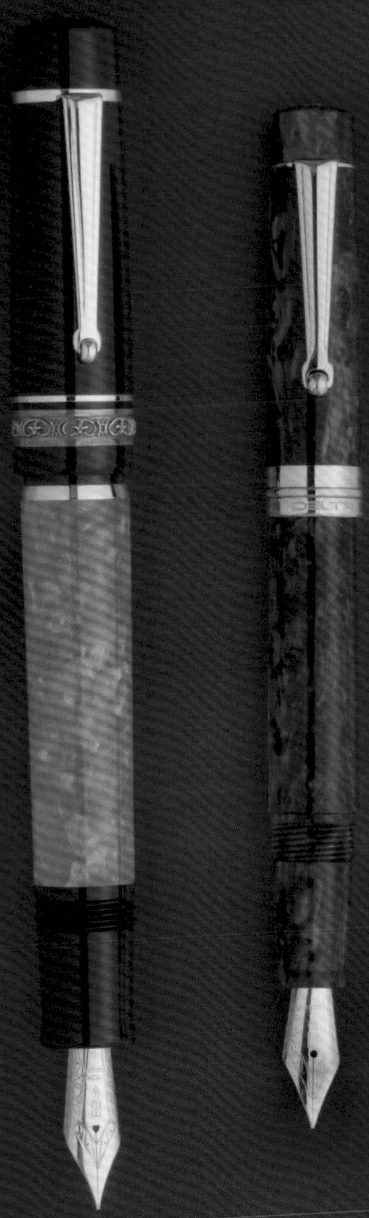

Model 鋼筆新手 適合女性

Vintage

傳遞書寫的喜悅
古老優良的風格

「想要向更多人傳遞書寫的喜悅」——依公司的期望，以舊式的經典設計為基礎，在細節上下功夫製作而成。義大利廠牌的風格顯著，顏色變化鮮豔且豐富。

MARUZEN'S Comment

DELTA中的Vintage適合初學者使用。筆尖為鋼製，是不論女性或男性皆可感受良好握感的尺寸。

Spec

全長：125mm
筆桿直徑：13mm
重量：19g
墨水的填充方式：卡水式
筆尖：鋼
筆尖粗細：F・M・B
價格：¥20,000＋稅
顏色：青綠・黑・粉紅
藍・白・紅

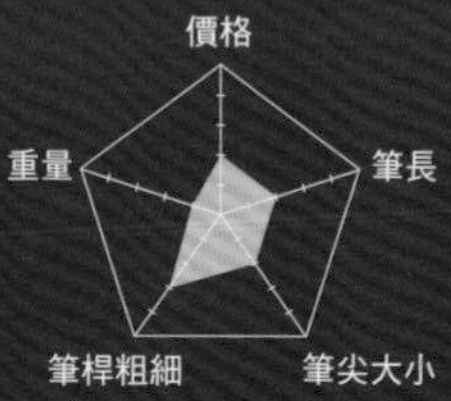

講究品味的義大利風格

DELAT是1982年由Nino Marino和Ciro Matrone兩人設立於南義大利帕雷泰的高級文具品牌。

除了復興1900年代西華開發的拉桿上墨方式，為了不弄壞衣服的口袋，也開發出滾輪式的設計夾；或以金、銀、賽璐璐、硬橡膠或特殊樹脂等講究的素材，完成最高水準的製品品質。

暢銷世界的Dolce Vita以鮮豔的橘色使人印象深刻，特殊樹脂的紋路是南義大利的傳統職人，一支一支手工削出完成。

此外，每年發表的限定品項「少數民族」系列，以全世界的原住民族歷史和傳統為主題，吸引全世界收藏家的注目。

Model 講究主義派

Bribri

以青蛙為主題的
少數民族系列

設計性無可匹敵的一支極致鋼筆。筆尖刻有青蛙的手形，筆夾處也飾以青蛙的設計。特別推薦給想要個性鋼筆的使用者。

MARUZEN'S Comment
以青蛙為主題，是其他國家做不到的。不愧是義大利廠牌，設計性非常出眾呢！因為個性獨特的設計受到歡迎，賣得相當好。

Spec
全長：150mm　筆桿直徑：15mm
重量：47g
墨水的填充方式：吸入式
筆尖：18K
筆尖粗細：F・M・B
價格：¥170,000 ＋稅

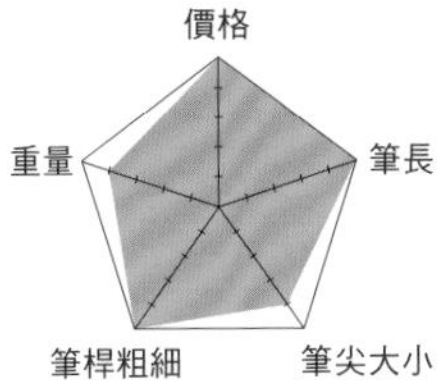

Model 鋼筆新手 選購第二支鋼筆

MOMO Design Tork

MOMO Design
聯名鋼筆

與人氣時尚飾品品牌MOMO Design跨界合作的系列。具有疾馳感的輪廓線條極為稱手，斜紋雕刻的圈環則滿溢著男人的冒險精神。

Spec
全長：144mm
筆桿直徑：15mm
重量：32g
墨水的填充方式：兩用式
筆尖：鋼
筆尖粗細：F・M・B
價格：¥25,000 ＋稅
顏色：Black Rose Gold
Black Silver
Black Gunmetal

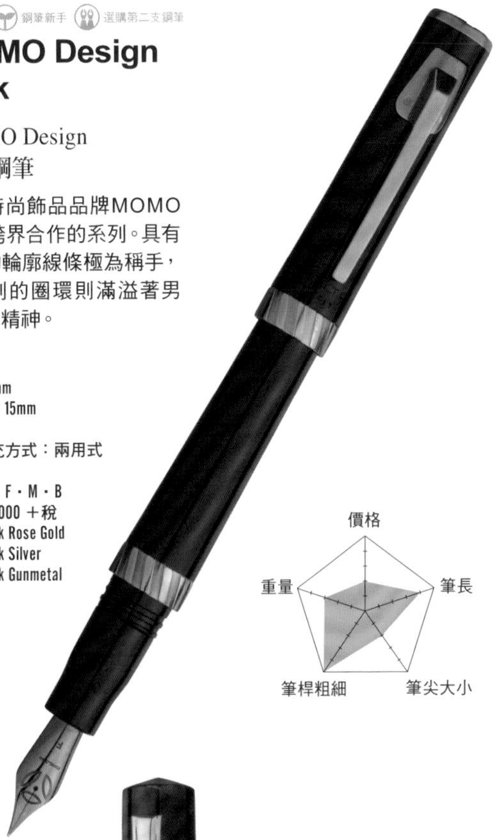

Model 鋼筆新手 選購第二支鋼筆

Journal

融入探險家精神的
致敬之作

屬於DELTA中等級的系列筆款。近似迷彩圖案的設計是以遠赴海外或戰地的記者為主題，採用活塞吸入式吸墨器的新技術。

MARUZEN'S Comment
在DELTA的筆款中屬於價格比較好入手的系列。因為設計很有個性，很適合自己留用喔！

Spec
全長：138mm
筆桿直徑：14.5mm
重量：24g
墨水的填充方式：兩用式
筆尖：鋼
筆尖粗細：F・M・B
價格：¥38,000 ＋稅
顏色：紅・藍・黑・象牙白

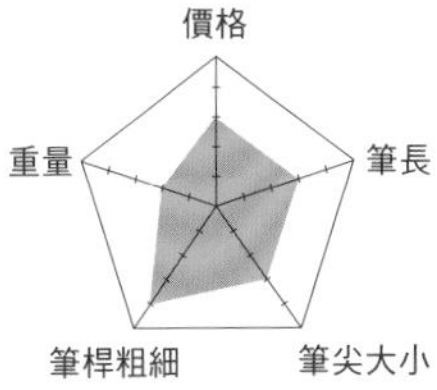

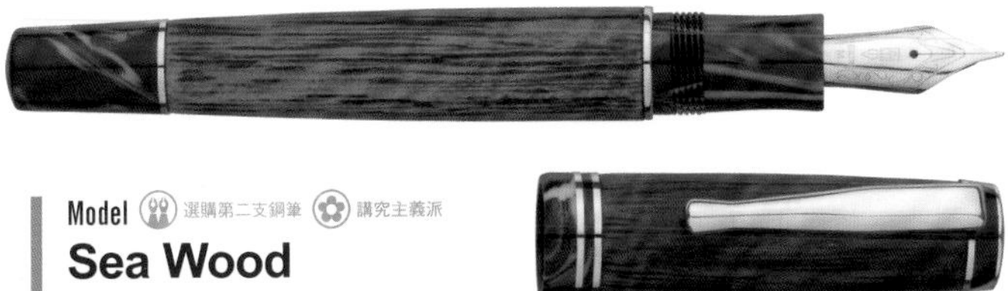

Model 選購第二支鋼筆 講究主義派

Sea Wood

以綠柄桑木為筆身
堅固且耐用

使用屬於硬質木材的綠柄桑木，經職人精心製作的新系列。除了堅固之外，同時具有耐濕、耐潮的優點，也是以綠柄桑木為素材的獨特魅力。適合喜歡木製柔和握感的使用者。

Spec
全長：135mm
筆桿直徑：14.7mm
重量：22g
墨水的填充方式：兩用式
筆尖：鋼
筆尖粗細：F・M・B
價格：¥45,000 ＋稅
顏色：深咖啡・原木色

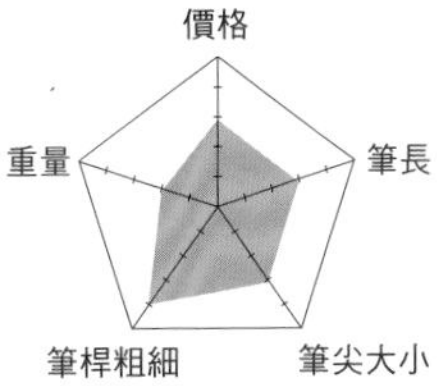

MARUZEN'S Comment
以木材製作而成，是DELTA鋼筆中比較少見的類型。設計面相當優秀，即使使用木材也能表現出DELTA的風格。

AURORA

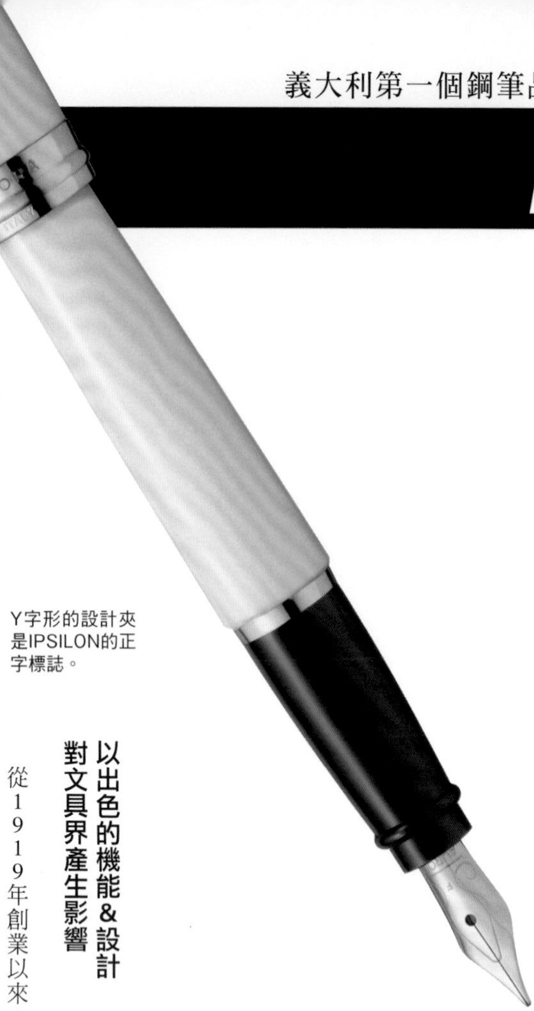

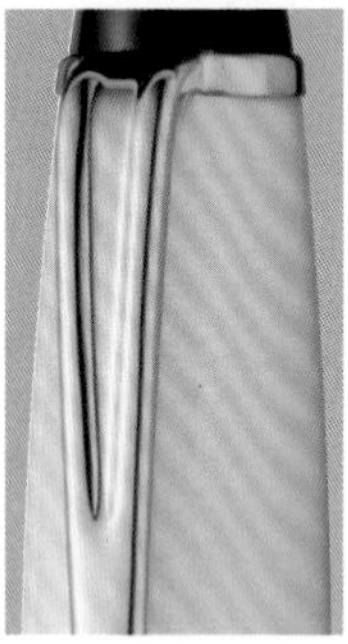

Y字形的設計夾是IPSILON的正字標誌。

以出色的機能＆設計對文具界產生影響

從1919年創業以來，經常追求「機能」和「設計」融合的品牌AURORA，在義大利最初是以製筆廠所廣為人知。是從筆尖至筆身，全部皆為自營工廠生產的少數廠牌之一，被視為義大利文具界的傳統頂尖廠牌。

1930年發表販售的Optima及1950年的「88」等系列，時至今日仍是經典筆款。以色彩豐富、取自原創Auroloide特製樹脂為素材製作的筆身，加上義大利風格的流行色調贏得了大眾喜愛。

而1970年代的Astil、Thesi亦被視為出色的設計，成為全世界首次被紐約近代美術館永久展示保存的文具。Ipsilon、Talentum等休閒系列人氣也很高。

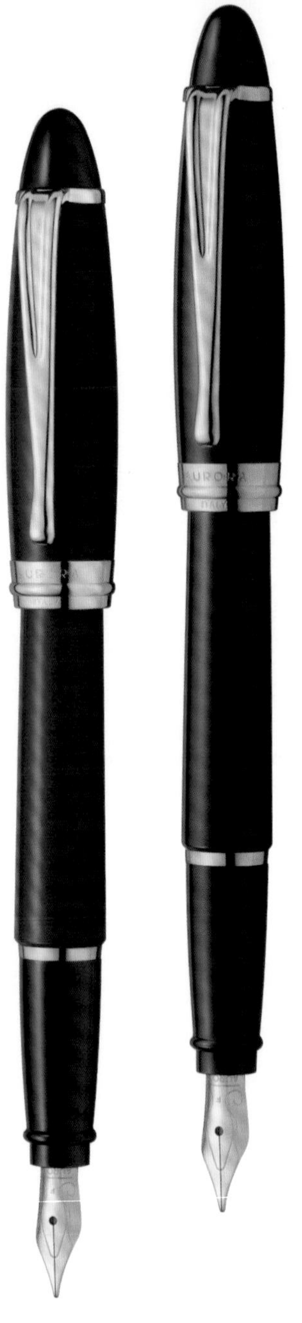

Model 鋼筆新手 適合女性

Ipsilon

初學者也能確實感受流暢書寫的運筆體驗

為了呼應筆夾的Y字形，稱其為Y（IPSILON）系列。對於鋼筆新手而言，也能同時滿足高度設計性和實用性的追求。亦有純銀製的系列，多樣的筆款為其魅力。

MARUZEN'S Comment

若論適合初學者使用，非IPSILON莫屬。筆尖以不鏽鋼製作，筆身的顏色很豐富，且使用非常輕量的樹脂製作，握感良好，非常受到歡迎。

Spec

全長：137mm
筆桿直徑：14mm
重量：22g
墨水的填充方式：兩用式
筆尖：鋼・鍍金尖
筆尖粗細：EF・F・M
價格：¥15,000＋稅
顏色：黃・棗紅・黑

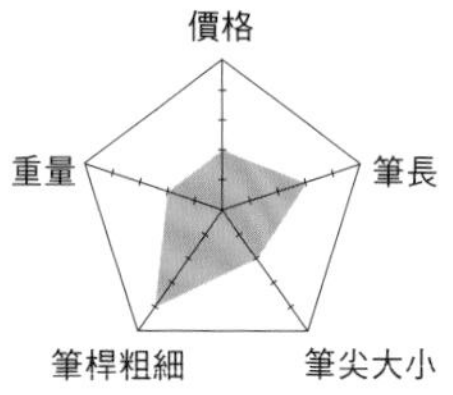

Model 選購第二支鋼筆 講究主義派

Optima

以現代技術復刻 往日的暢銷筆款

1930年暢銷筆款的復刻版。外觀和初代相同，以AURORA特製的樹脂Auroloide製作而成。也有女性用、旅行用的短版Mini Optima。

MARUZEN'S Comment

AURORA的旗艦筆款。使用特製的樹脂，設計也極具義大利風格，且兼有時尚感。

Spec

全長：127mm　筆桿直徑：15.4mm
重量：22g
墨水的填充方式：
附有預備儲墨系統的吸入式
筆尖：14K
筆尖粗細：EF・F・M・B
價格：¥68,000＋稅
顏色：綠・藍桿金夾
藍桿銀夾・珠光黑
勃根地紅

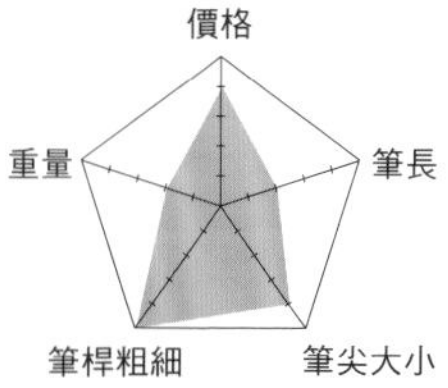

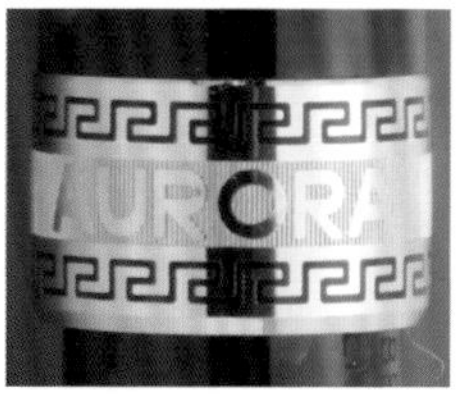

筆蓋的金屬部分刻有品牌名稱，低調地呈現出時髦感。

Model 選購第二支鋼筆 講究主義派

88 （OTTANTOTTO）

以最新技術復刻 熱銷筆款

重新生產1952年賣出100萬支的暢銷筆款。但不僅於復刻，附有預備儲墨系統的活塞吸墨方式，是結合傳統與最新技術所完成的頂級鋼筆。

Spec

全長：135mm　筆桿直徑：15.5mm
重量：27g
墨水的填充方式：
附有預備儲墨系統的吸入式
筆尖：14K
筆尖粗細：EF・F・M・B
顏色、價格：
Classic ／¥75,000＋稅
All Black 800・All Black 800-c ／¥65,000＋稅

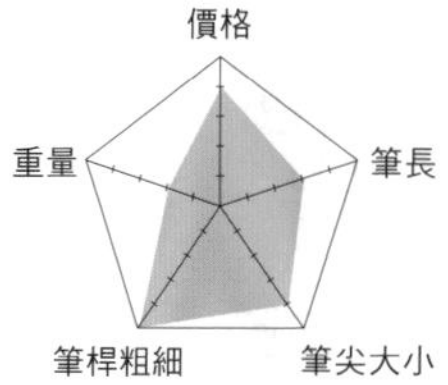

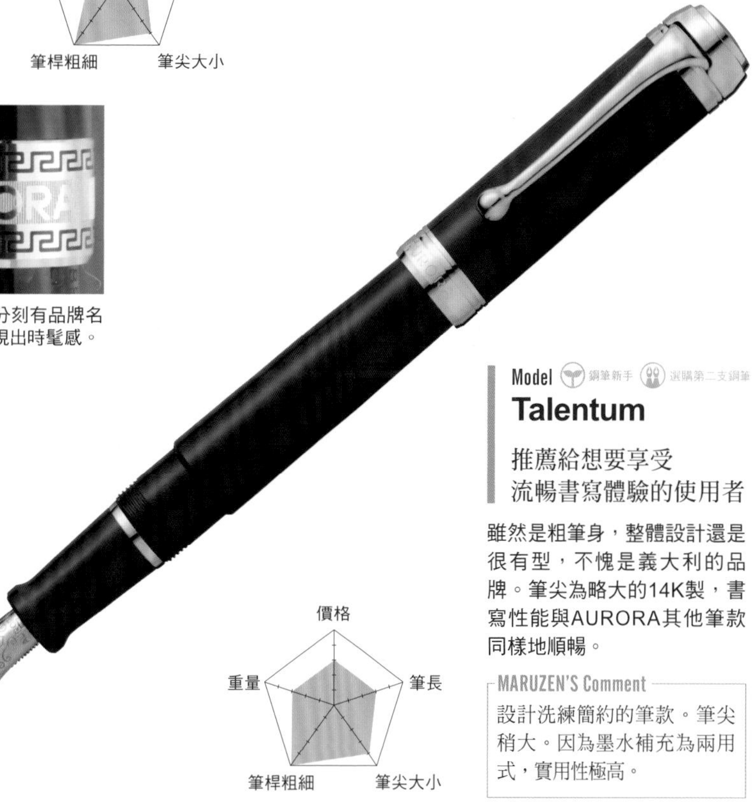

Model 鋼筆新手 選購第二支鋼筆

Talentum

推薦給想要享受 流暢書寫體驗的使用者

雖然是粗筆身，整體設計還是很有型，不愧是義大利的品牌。筆尖為略大的14K製，書寫性能與AURORA其他筆款同樣地順暢。

MARUZEN'S Comment

設計洗練簡約的筆款。筆尖稍大。因為墨水補充為兩用式，實用性極高。

Spec

全長：137mm　筆桿直徑：15mm
重量：30g
墨水的填充方式：兩用式
筆尖：14K
筆尖粗細：EF・F・M・B
價格：¥45,000＋稅
顏色：金黑・黑・棗紅

VISCONTI

Model 鋼筆新手 選購第二支鋼筆

Van Gogh

以鋼筆重現巨匠——梵谷的世界

以天才畫家梵谷的作品為主題，展現藝術大國義大利風格的鋼筆。拱型的圓弧狀筆夾相當時髦。以名畫「向日葵」為題材等，款式種類也很豐富。

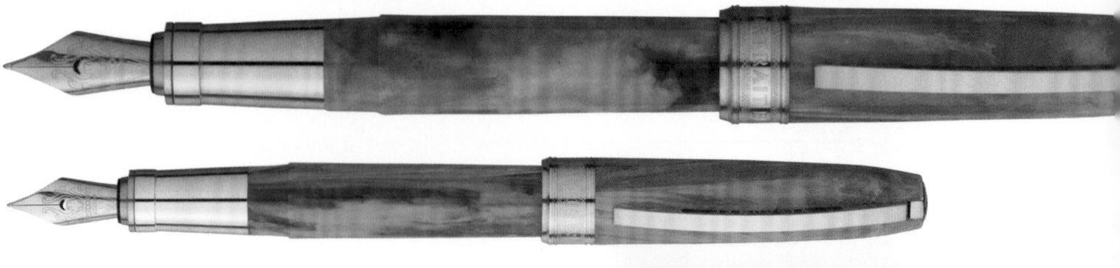

MARUZEN'S Comment

以梵谷的名畫為主題是日本人不會有的創意。成品極美，非常厲害。顏色的搭配也很獨特。

Spec

全長：139mm
筆桿直徑：13mm
重量：26g
墨水的填充方式：兩用式
筆尖：鋼
筆尖粗細：F・M
價格：¥32,000＋稅

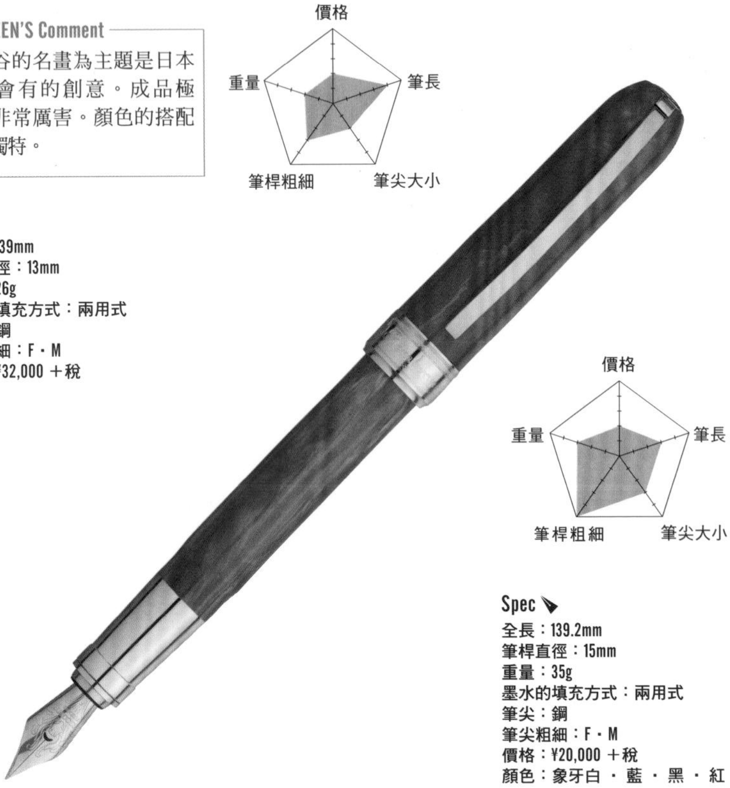

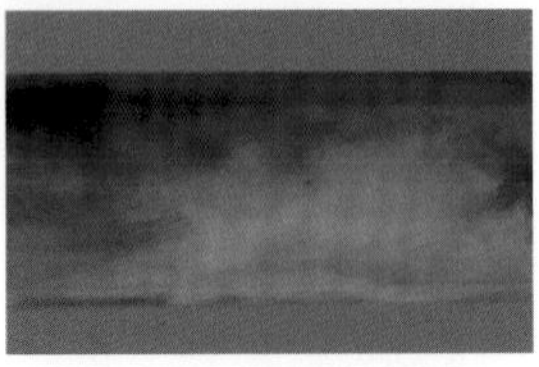

彷若將油畫顏料混合，產生新顏色的瞬間。鋼筆名稱意指「畫布」。

Model 鋼筆新手 適合女性

Rembrandt

藝術性筆身 世界首見的技術

以17世紀的畫家林布蘭為主題，藉其擅長的明暗繪畫技法進行設計。以磁力密合筆蓋為全世界首創的設計。

Spec

全長：139.2mm
筆桿直徑：15mm
重量：35g
墨水的填充方式：兩用式
筆尖：鋼
筆尖粗細：F・M
價格：¥20,000＋稅
顏色：象牙白・藍・黑・紅

MARUZEN'S Comment

VISCONTI的經典系列。筆尖為鋼製。易於握筆書寫的工藝與優異的設計，果然是義大利的製品啊！

對鋼筆瞭若指掌 不斷追求進步的技術和設計

1988年，由Dante Del Vecchio和Luigi Poli兩人創辦的品牌。此二人本身就是對鋼筆懷有大量熱情的鋼筆愛好者，以復興1920至1950年代的鋼筆黃金期為目標，創設了VISCONTI。

以賽璐璐等古老素材，重現昔日純手工作業製作鋼筆的方式，是他們熱切地想要採取的做法。

但不僅止於設計和手法的復刻，同時也傾注了大量的心力開發獨特的墨水吸入方式——「雙層管充填式」（負壓上墨），可以吸入相當6管卡水的墨水量。

使用上個世代的手法和素材並融入新技術，是VISCONTI發表獨創鋼筆的一貫精神。基於兩位創辦人同為愛好者的立場，以此方式製作鋼筆的理念方得實現。

MONTEGRAPPA

Model 選購第二支鋼筆

Nero Uno

以八角形筆身 創立吸引目光的新經典

MONTEGRAPPA最初的正統單色黑桿系列。其八角形的筆身、充滿個性的筆夾和小巧思皆散發著魅力光彩。筆尖以18K製作，書寫筆觸相當柔和。

Spec ◄

全長：144mm
筆桿直徑：14mm
重量：29g
墨水的填充方式：兩用式
筆尖：18K 銠塗裝
筆尖粗細：EF・F・M・B
價格：¥45,000 ＋稅
顏色：Crystal・Black

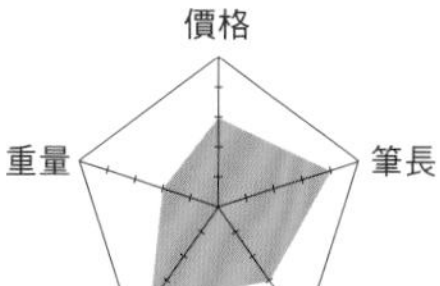

Model 鋼筆新手 選購第二支鋼筆

Espressione

兼具機能性 和設計性的筆蓋

八角形的筆蓋不只是有趣的設計，放置於桌子上時也有助於固定筆身。筆蓋和筆身是以珍珠母色澤的珍貴樹脂為素材製作而成。

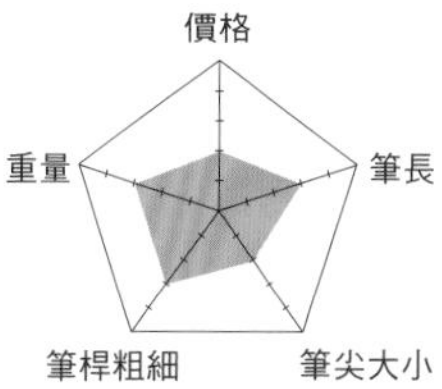

Spec ◄

全長：135mm
筆桿直徑：13mm
重量：36g
墨水的填充方式：兩用式
筆尖：鋼
筆尖粗細：F・M
價格：¥33,000 ＋稅
顏色：Amazon Green
Cobalt Blue・Smoke Black
Deep Brown

Model 講究主義派

CASH

想要吸引目光 就選這一支鋼筆吧！

從MONTEGRAPPA獨創鋼筆中，以Cash（金錢）為主題的筆款堂堂登場。筆身遍佈排列著＄的符號，並擁有華麗的筆夾，想要吸引目光的話，此款筆絕對不會令你失望！

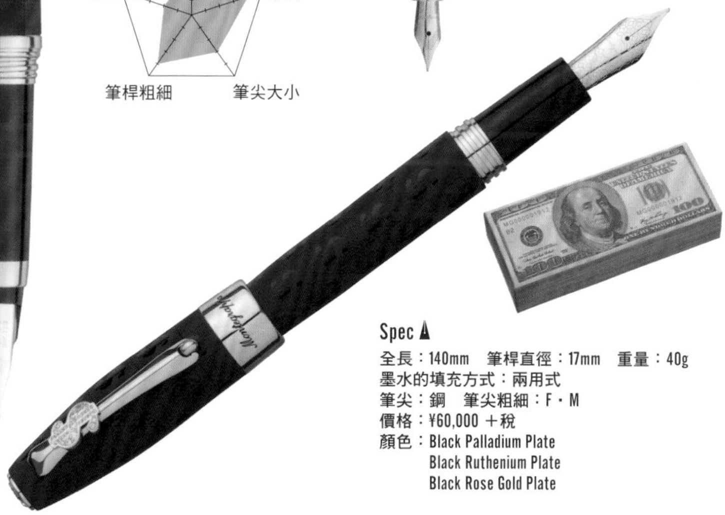

◄呼應「CASH」之名，以100美元紙鈔為主題的獨特筆盒。

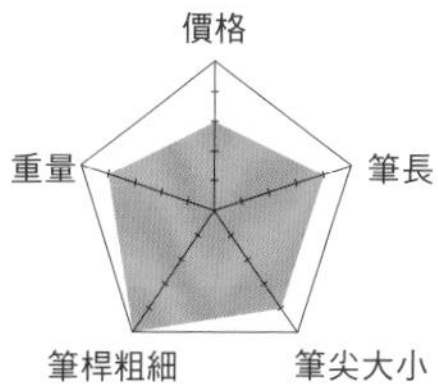

Spec ▲

全長：140mm　筆桿直徑：17mm　重量：40g
墨水的填充方式：兩用式
筆尖：鋼　筆尖粗細：F・M
價格：¥60,000 ＋稅
顏色：Black Palladium Plate
Black Ruthenium Plate
Black Rose Gold Plate

以傳統銀飾工藝將鋼筆變成寶石

MONTEGRAPPA於1912年設立於義大利的威尼托州（Veneto）的Bassano del Grappa。GRAPPA是在此地生產的酒品總稱。

威尼托州是自古以來傳統工藝極其興盛之地，其中尤以銀工藝品的細緻聞名。據此風土民情，MONTEGRAPPA在文具上活用銀飾工藝的技術，施加裝飾的美感已然跨入藝術的領域。

創辦以來，深受各個領域的名人，如海明威、席維斯史特龍、喬治亞曼尼、保羅史密斯等人青睞，有「書寫文具的寶石」之美譽。

MONTEGRAPPA代表性的筆款——擁有傳統八角形輪廓、美麗的Nero Uno，具有洗練的高級感設計，是散發華麗氛圍的逸品。

STIPULA

Model 鋼筆新手

Vedo Nuda Rosso

趣味性十足！可以看見墨水的鋼筆

Vedo是義大利語「看得到」的意思。由傳統職人手工細削而成的透明的筆身可以看見內部的墨水，此即為系列名稱的由來。最適合除了書寫之外，也喜愛賞玩鋼筆外觀的使用者。

Spec

全長：130mm 筆桿直徑：13.5mm
重量：24g
墨水的填充方式：吸入式
筆尖：鋼　筆尖粗細：F
價格：¥20,000＋稅 顏色：紅

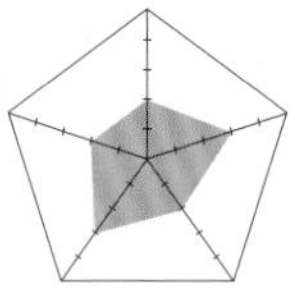

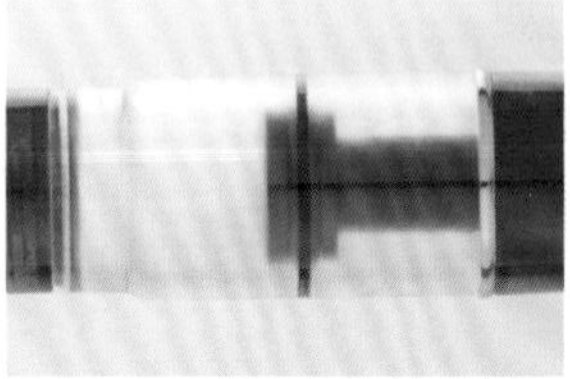

▲可從透明筆身直視內部的構造。試著灌入不同顏色的墨水吧！

Model 鋼筆新手 選購第二支鋼筆

Model T

以汽車為主題的獨創性設計

1908年，福特T型車因亨利．福特設計的生產工藝而誕生，受此靈感啟發製作出的筆款就是Model T，共有五種顏色。所有施以獨創性圖紋的筆身，皆是職人以手工作業削製而成。筆尖為鈦製，可於使用時體驗獨特的書寫筆觸。

Spec

全長：147mm
筆桿直徑：13.5mm
重量：23g
墨水的填充方式：兩用式
筆尖：鈦
筆尖粗細：M
價格：¥25,000＋稅
顏色：Graphite・Tortoise
Pyrite・Malachite・Lapis

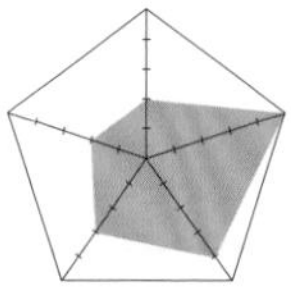

匯集佛羅倫斯流傳的頂尖技術打造而成的逸品

1973年Renzo Salvadori在佛羅倫斯創辦的品牌。以成為義大利國內外的流行品牌為目標，運用高級飾品的設計＆製作技術，在1991年成為正統的文具廠牌。

STIPULA在拉丁語中是Small piece of straw（一根稻草）之意。其故事起源於古羅馬時代會在劃上休止符的辯論同意書上，取一根稻草作為署名的典故。

STIPULA的鋼筆講究平滑筆尖的書寫筆觸和握筆的手感。堅守此特色，匯集承襲佛羅倫斯傳統在地的手法和工序的工匠（傳統職人）們的技術力，凝聚技巧的限定商品也具有很高的收藏人氣。此外，以職人們的手工作業完成獨特筆身的Model T也是人氣系列。

BORGHINI

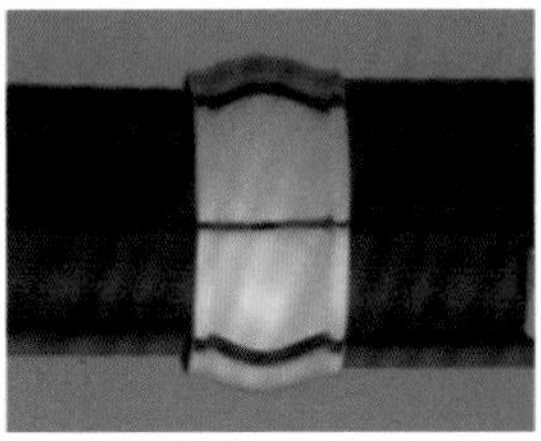

▲略寬的圈環設計，在蓋上筆蓋時會使外觀更顯優雅。

高CP值 顏色變化也很豐富

以製造販售原子筆和鋼筆等文具為主的義大利BORGHINI。1954年設立筆夾專門製造公司後，隨著生產量逐漸成長，終於攀上世界頂尖之列。

以專精生產筆夾的經驗和技術，提供許多顧客高品質又洗練的商品。

1980年後，BORGHINI運用長久累積的經驗，成立自家鋼筆品牌，並於公司內部開設製筆必要的筆身模型、金屬零件等生產部門，包辦全程的製作工序。現今仍持續製造平價、高CP值、顏色豐富多樣的鋼筆。

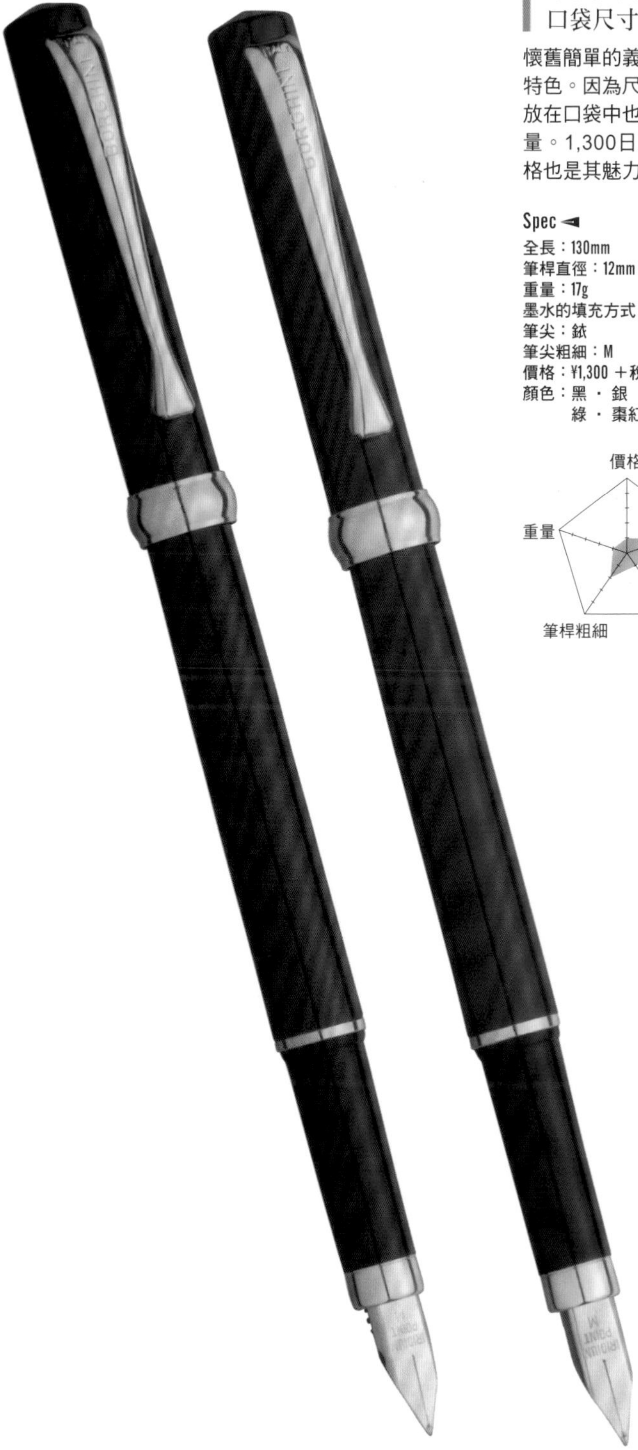

Model 鋼筆新手

V36

散發懷舊感的口袋尺寸

懷舊簡單的義大利設計為其特色。因為尺寸相當小巧，放在口袋中也不會感受到重量。1,300日圓的未稅低價格也是其魅力所在。

Spec

全長：130mm
筆桿直徑：12mm
重量：17g
墨水的填充方式：卡水式
筆尖：銥
筆尖粗細：M
價格：¥1,300 +稅
顏色：黑・銀・深藍
綠・棗紅

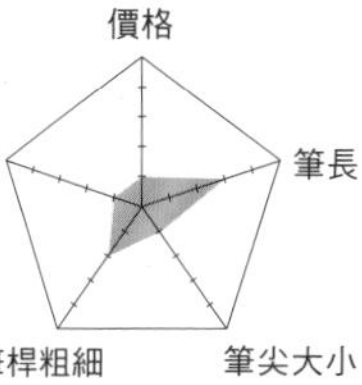

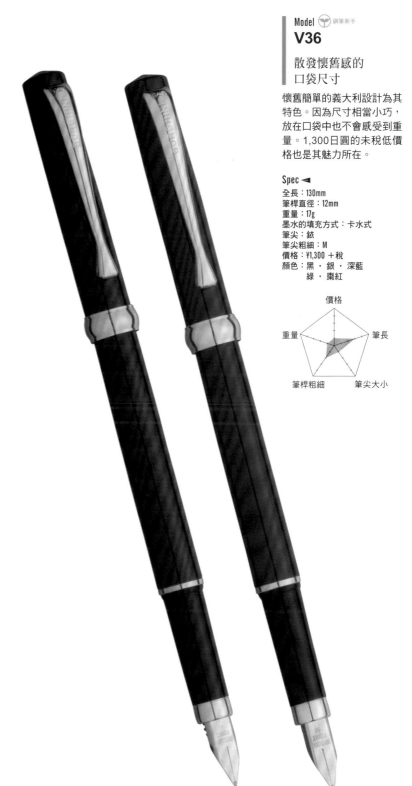

世界鋼筆圖鑑
The World's Fountain Pens

英國鋼筆
English Fountain Pens

鋼筆的構造被稱為Fountain Pen是起始於英國。談到最有名的廠牌，非PARKER莫屬。麥克阿瑟以該品牌的Doufold筆款在終結太平洋戰爭的文件上署名，更是打響了PARKER的名聲。

PARKER
YARD-O-LED
ONOTO
PLATIGNUM

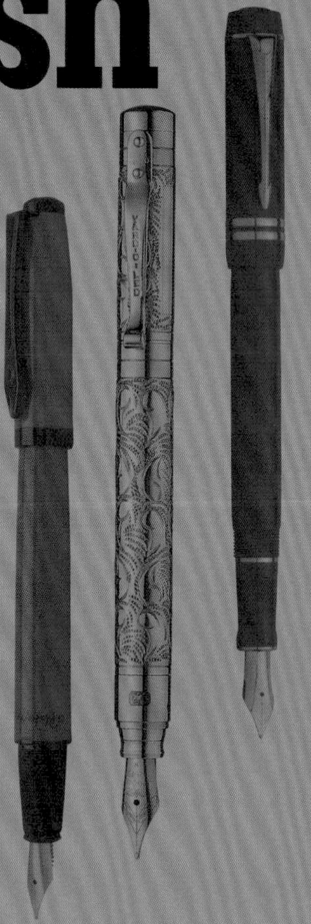

英國王室御用的頂級品質 | UK | 派克

PARKER

Model 鋼筆新手

PARKER・IM PREMIUM
Metallic Stripe Collection

定價平易近人的 PARKER入門款

價格實惠的筆款。最適合選用PARKER，且不執著於金尖鋼筆的使用者。雖然價格容易入手，金屬製的筆身卻仍具有高級感，可以享受一流品牌的書寫性能。

MARUZEN'S Comment

筆尖以不鏽鋼製作，價格為1萬日圓（稅外）。特別推薦給鋼筆新手。如果想要好上手，我認為這個筆款就很適合。

Spec

全長：155mm　筆桿直徑：10mm
重量：23g
墨水的填充方式：兩用式
筆尖：不鏽鋼
筆尖粗細：F
價格：¥10,000＋稅
顏色：綠・粉紅・咖啡

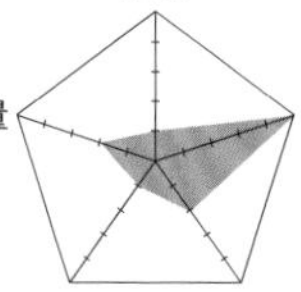

麥克阿瑟愛用的PARKER鋼筆
照片提供／Newell Rubbermaid Japan

Model 選購第二支鋼筆

Parker Ingenuity

形似鋼筆「第5元素的筆」

被稱為「第5元素的筆」，看起來是鋼筆，但整體構造卻完全不同。墨水流入筆尖的樹脂後，即可書寫文字。是以書寫筆觸與鋼筆相近為其特色的簽字筆。

Spec

全長：164mm　筆桿直徑：13mm
重量：40g
墨水的填充方式：填充式
筆尖：第五元素
筆尖粗細：F
價格：¥22,000＋稅
顏色：紅・黑・咖啡

在諸多歷史場合之中總會出現這支鋼筆

PARKER被譽為「世界上最被喜愛的鋼筆」，其歷史源起於1888年Gorge S Parker發表採用劃時代墨水供給裝置的Lucky Curve Pen筆款。

講究鋼筆的裝置，成功控制筆尖的理想墨水供給量的PARKER，持續生產容易書寫的優良鋼筆已超過125年。

1921年時的鋼筆多為黑色筆桿，但隨著鮮豔橘色的Duofold Orange（通稱BigRed）筆款發表販售，為鋼筆的世界帶來嶄新的美感衝擊。此筆款除了是麥克阿瑟元帥在太平洋戰爭終結書上署名時的用筆，也被用於布希和葉爾辛兩位前美國總統簽署軍縮會議的同意文件，因而被譽為「和平之筆」。

Model 選購第二支鋼筆 講究主義派

Duofold

將高度技術力發揚光大的品牌旗艦筆款

自1921年發表販售以來，成為象徵高度技術力的系列筆款。18K的筆尖具有適度的彈力，筆身是職人們以壓克力樹脂細工削製而成。

MARUZEN'S Comment

英國的代表性品牌之一，PARKER最頂尖的一支鋼筆。名品水準，握感、書寫性能皆屬上乘的系列。

Spec

全長：174mm
筆桿直徑：13mm
重量：29g
墨水的填充方式：兩用式
筆尖：18K
筆尖粗細：F・M
價格：¥80,000＋稅
顏色：白・紅・藍

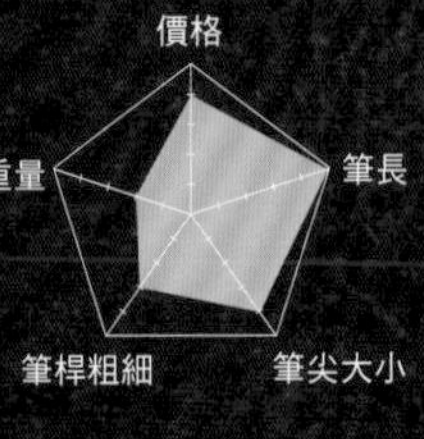

Model 鋼筆新手 適合女性

Sonnet Original

高CP值
PARKER入門款

同樣具有高級感和良好的書寫性能，卻可以比較便宜的價格購入，被視為CP值極高的系列而擁有超高人氣。特色在於因為筆身略為纖細，女性也能很輕鬆上手。

MARUZEN'S Comment

PARKER鋼筆中最具人氣的系列。不分性別年齡，留筆自用或為作贈禮的客人都很多。

Spec

全長：146mm
筆桿直徑：9mm
重量：27g
墨水的填充方式：兩用式
筆尖：18K
筆尖粗細：XF・F・M
價格：¥25,000＋稅
顏色：紅・黑

Model 選購第二支鋼筆 講究主義派

Parker Premier

Parker75的延伸筆款
傳統和現代融合之作

以風靡一時的Parker75延伸開發的筆款。刻有箭羽紋的筆尖較一般略大，18K的彈力則提供高品質的書寫觸感。為承襲自Parker75的時尚設計。

MARUZEN'S Comment

比Sonnet高一個等級的系列筆款。因為筆尖相當大，適合已經習慣鋼筆的重度使用者。

Spec

全長：156mm　筆桿直徑：13mm
重量：45g
墨水的填充方式：兩用式
筆尖：18K
筆尖粗細：F・M
價格：¥70,000＋稅
顏色：黑・咖啡

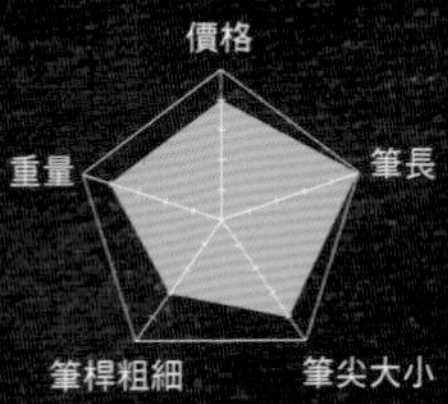

Spec

全長：156mm　筆桿直徑：13mm
重量：44g
墨水的填充方式：兩用式
筆尖：18K
筆尖粗細：F・M
價格：¥70,000＋稅
顏色：黑・粉紅

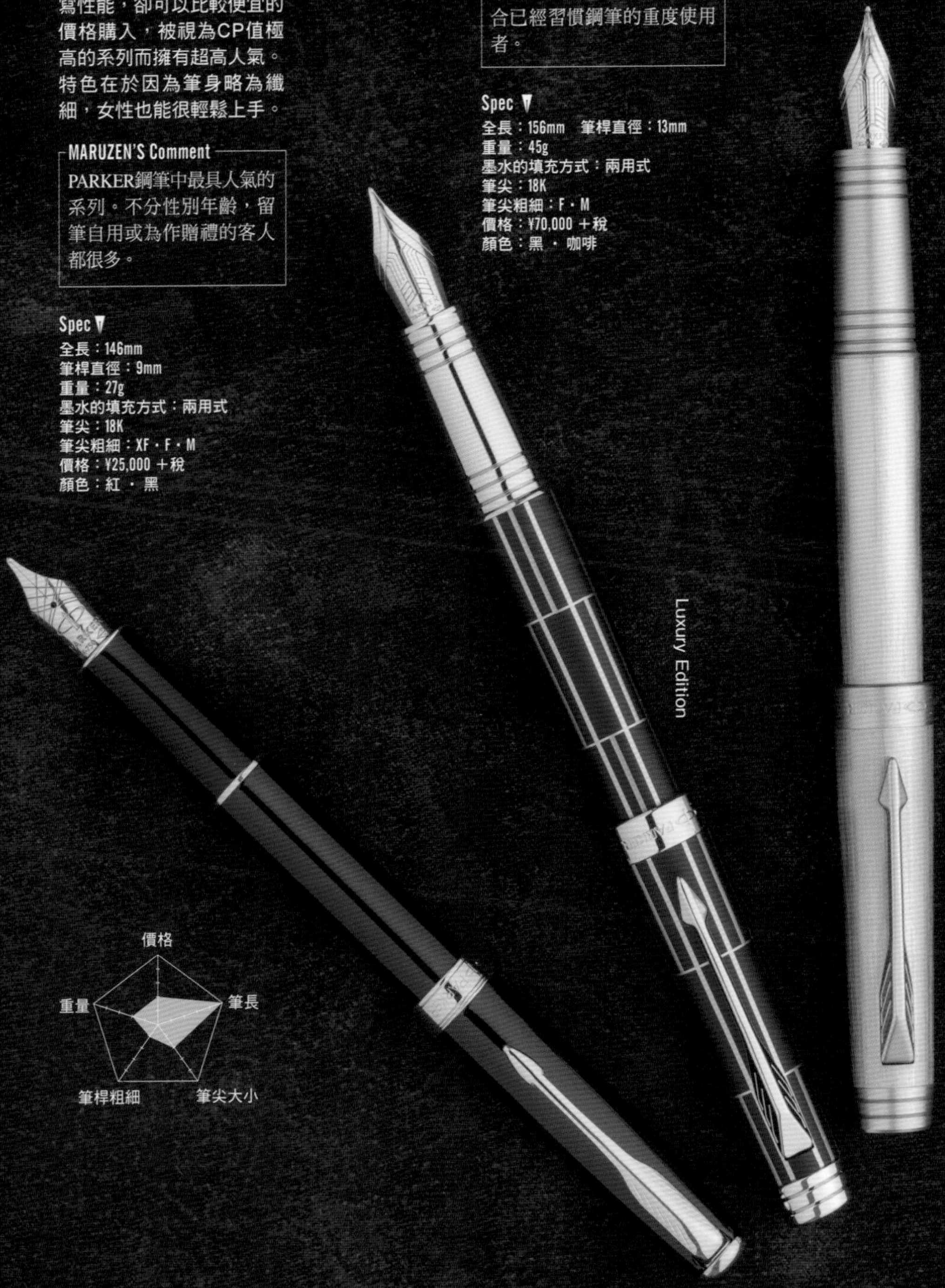

YARD-O-LED

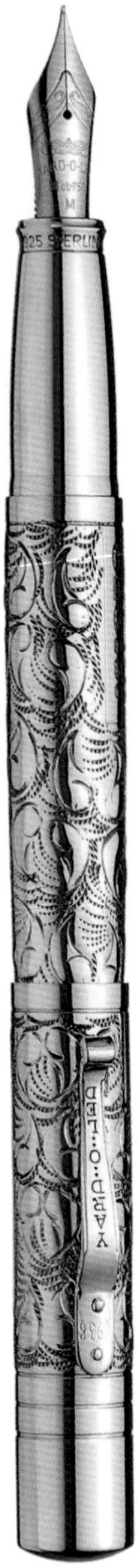

Barley

Victorian

Model 選購第二支鋼筆 適合女性

Viceroy Pocket

保留美型＆書寫性能的小型改版

將Viceroy改成短小的尺寸，新製推出此款Viceroy Pocket。適當的筆桿長度和粗細，適合女性使用。雖然尺寸纖巧，但與Viceroy並無二致的美麗細節皆無遺漏。筆尖亦是18K鍍銠材質。

Spec

全長：110mm
筆桿直徑：10mm
重量：27g
墨水的填充方式：兩用式
筆尖：18K 鍍銠
筆尖粗細：M
顏色／價格：
Barley／¥55,000＋稅
Victorian／¥70,000＋稅

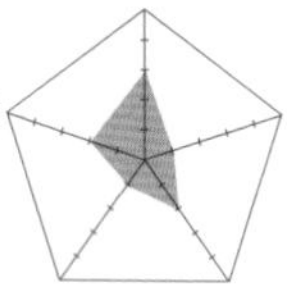

筆身刻有「英國純銀認證證明」。

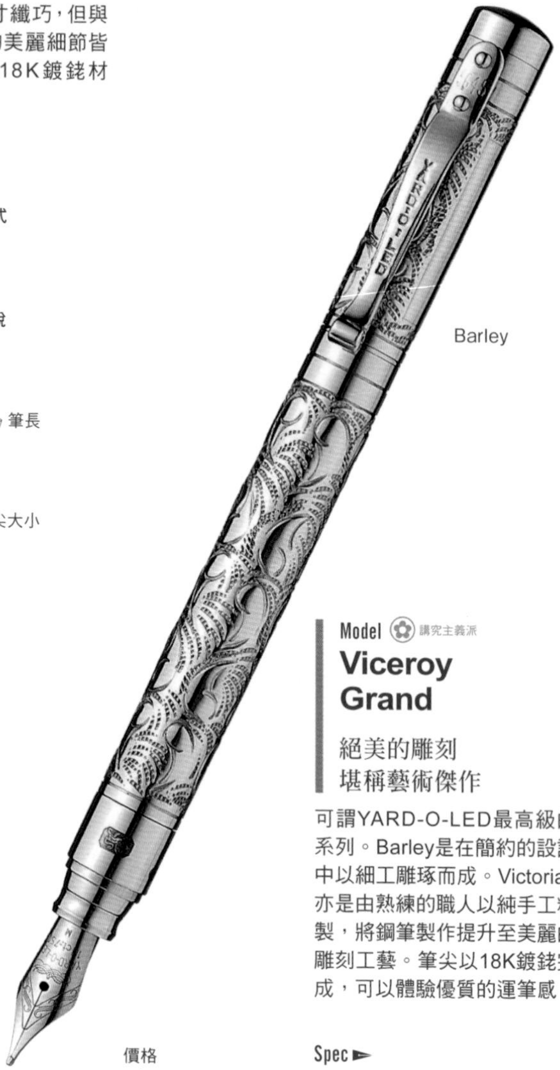

Barley

Model 講究主義派

Viceroy Grand

絕美的雕刻堪稱藝術傑作

可謂YARD-O-LED最高級的系列。Barley是在簡約的設計中以細工雕琢而成。Victorian亦是由熟練的職人以純手工精製，將鋼筆製作提升至美麗的雕刻工藝。筆尖以18K鍍銠完成，可以體驗優質的運筆感。

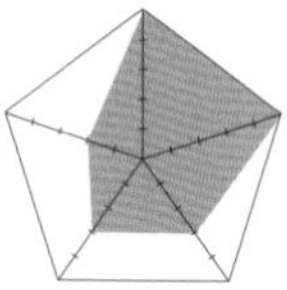

Spec

全長：168mm
筆桿直徑：13.8mm
重量：22g
墨水的填充方式：兩用式
筆尖：18K 鍍銠
筆尖粗細：F・M・B
價格：¥115,000＋稅
顏色：Victorian・Barley・Plain

Victorian　Barley　Plain

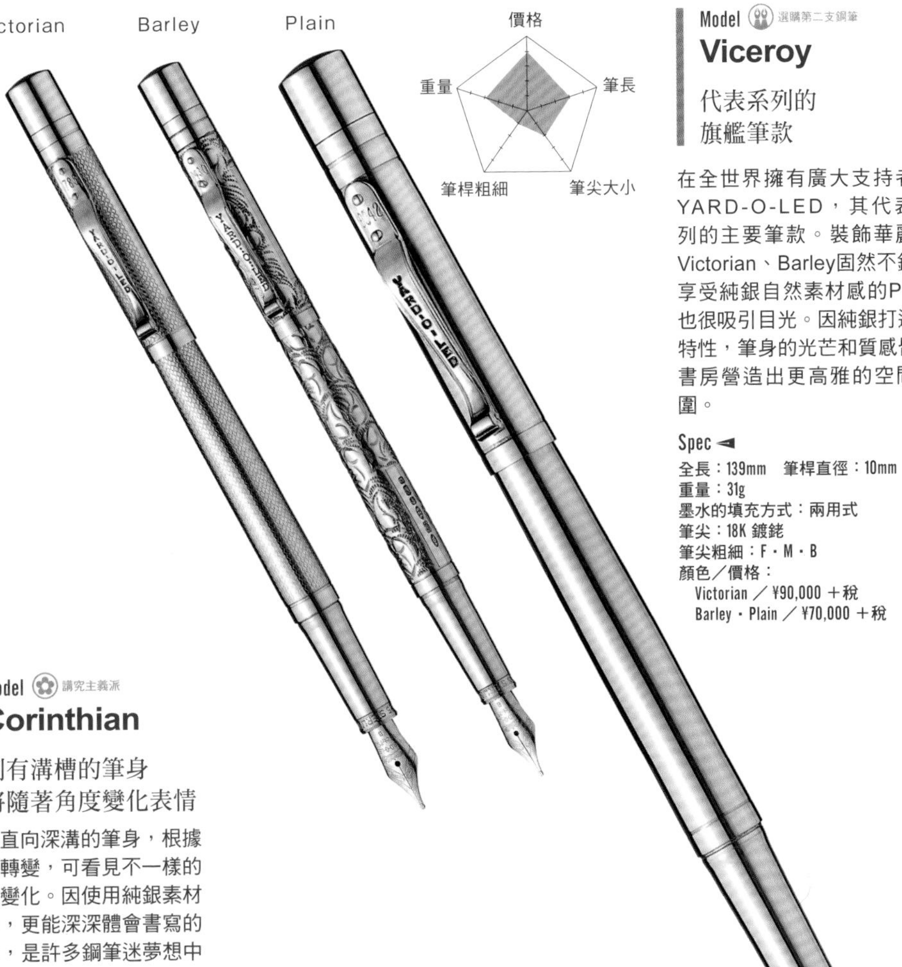

Model 選購第二支鋼筆

Viceroy

代表系列的
旗艦筆款

在全世界擁有廣大支持者的YARD-O-LED，其代表系列的主要筆款。裝飾華麗的Victorian、Barley固然不錯，享受純銀自然素材感的Plain也很吸引目光。因純銀打造的特性，筆身的光芒和質感皆為書房營造出更高雅的空間氛圍。

Spec

全長：139mm　筆桿直徑：10mm
重量：31g
墨水的填充方式：兩用式
筆尖：18K 鍍銠
筆尖粗細：F・M・B
顏色／價格：
Victorian／¥90,000＋稅
Barley・Plain／¥70,000＋稅

Model 講究主義派

Corinthian

刻有溝槽的筆身
將隨著角度變化表情

刻有直向深溝的筆身，根據角度轉變，可看見不一樣的光芒變化。因使用純銀素材製作，更能深深體會書寫的品味，是許多鋼筆迷夢想中的逸品。

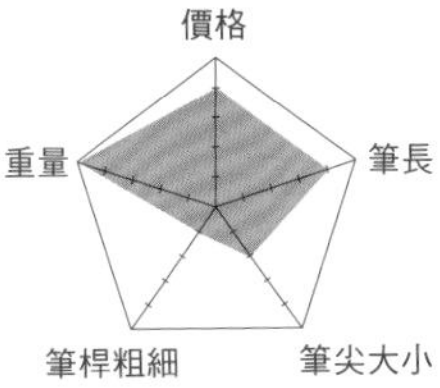

Spec

全長：142mm
筆桿直徑：11.9mm
重量：53g
墨水的填充方式：兩用式
筆尖：18K 鍍銠
筆尖粗細：F・M・B
價格：¥90,000＋稅
顏色：銀

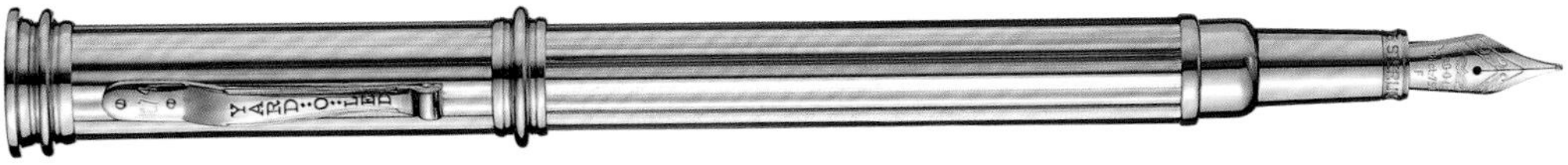

英國政府認證
堅守傳統並提供最好的品質

Yard-O-Led公司雖然設立於1934年，但早在1822年即已經創辦。創辦者為Samspon Mordan，最初是以其發明的推進式鉛筆起家。

公司名稱有「1碼長的筆芯」之意。公司名稱的由來起源於獨家開發出可以裝入12根3英吋長筆芯的自動鉛筆，其筆芯長即約1碼。鋼筆全部手工製作，素材只堅持選用925銀（Sterling Silver），是從創業起即不曾改變的講究。其建立的實際成績可從雕刻於筆身上的6個標誌，窺見一二。這些標誌即為只遵從嚴格基準的「英國純銀認證證明」。

現今仍由數位職人遵守傳統的技法製作鋼筆。全部的商品皆附上終生保固——以該社的傳統和Craftmanship（職人工藝）為信賴保障。

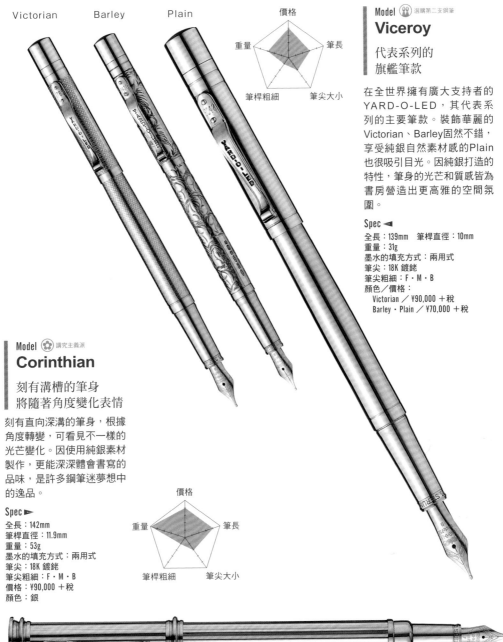

ONOTO

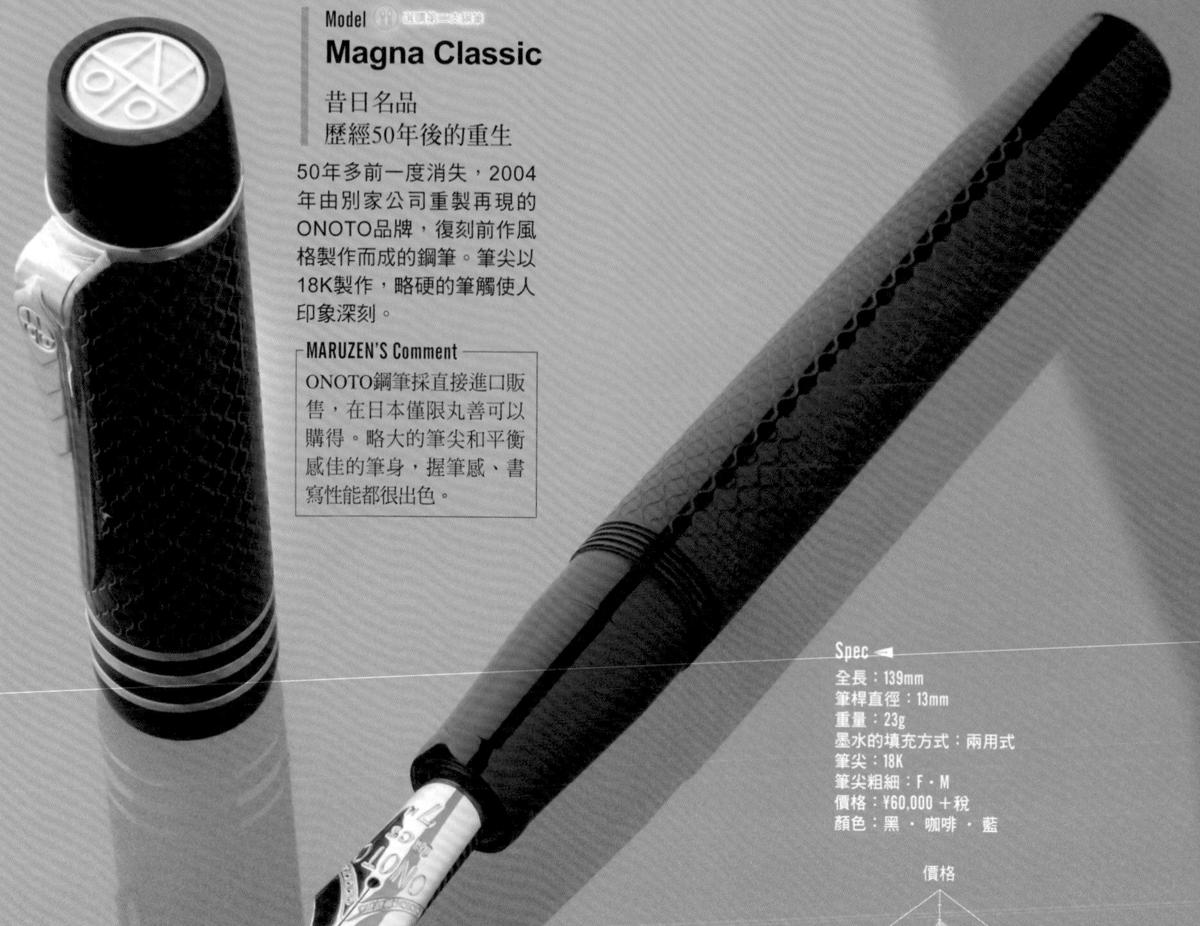

▼筆蓋頂部的亮點為充滿魅力的商標。

Model

Magna Classic

昔日名品 歷經50年後的重生

50年多前一度消失，2004年由別家公司重製再現的ONOTO品牌，復刻前作風格製作而成的鋼筆。筆尖以18K製作，略硬的筆觸使人印象深刻。

MARUZEN'S Comment

ONOTO鋼筆採直接進口販售，在日本僅限丸善可以購得。略大的筆尖和平衡感佳的筆身，握筆感、書寫性能都很出色。

Spec

全長：139mm
筆桿直徑：13mm
重量：23g
墨水的填充方式：兩用式
筆尖：18K
筆尖粗細：F・M
價格：¥60,000＋稅
顏色：黑・咖啡・藍

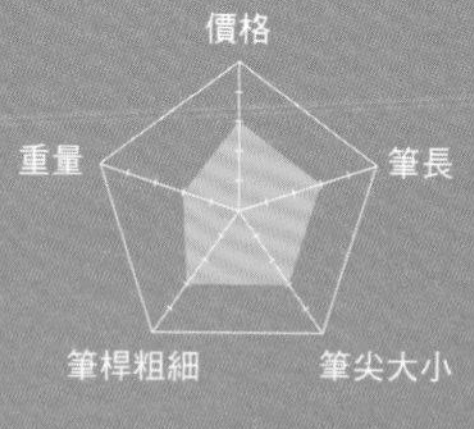

復甦英國老廠文具製造商的鋼筆名作

ONOTO為倫敦印刷公司的De La Rue公司於1905年創設的品牌。De La Rue公司製作文具的契機，起源自1811年開發的Anti Stylographic（鋼筆），將這款筆經過多次改良，產出自動吸入式的鋼筆ONOTO後，進而展開品牌事業。

隨著ONOTO STREAM LINE、ONOTO MAGNA等暢銷筆款陸續生產，在日本由丸善商社（現今的丸善）進口推廣。後因夏目漱石、北原白秋等文豪的愛用而建立其地位。1958年因為工廠移轉問題，被迫中止生產。

自此，ONOTO從市場消失46年。後因接獲許多熱情支持者的期盼，2004年由新經營者重新生產。不但獲得許多新粉絲，也生產出更多華麗的鋼筆。

※ONOTO現今已被中國企業收購，暫無鋼筆生產計畫。現有的鋼筆庫存完售後，將無法確認何時會再備貨。

世界鋼筆圖鑑
GERMANY
FRANCE
SWITZERLAND
ITALY
UK
USA
JAPAN

PLATIGNUM

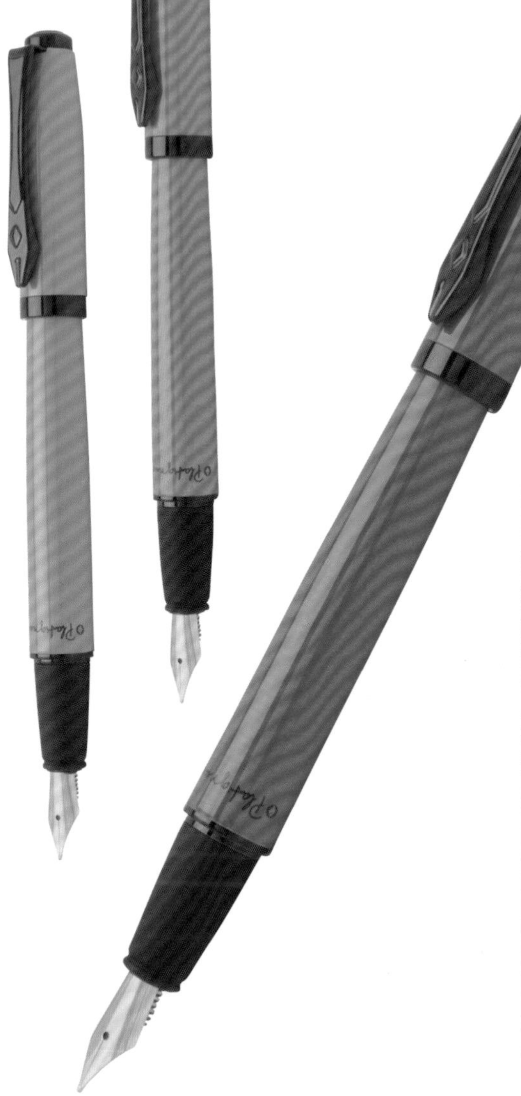

Model 鋼筆新手 適合女性

Studio

以活潑的色彩＆可愛的外型打造女性款的鋼筆

想要一支既可愛又色彩亮麗的女性用鋼筆，就選這款Studio吧！筆身顏色時尚感十足、書寫觸感也很滑順，相當適合作為進入鋼筆世界的初階筆款。

Spec

全長：138mm
筆桿直徑：12.5mm
重量：27g
墨水的填充方式：卡水式
筆尖：銥
筆尖粗細：M
價格：¥4,100 ＋稅
顏色：黃・橘・黃褐色
綠松石・粉紅・黑
藍・白・亮綠・紅

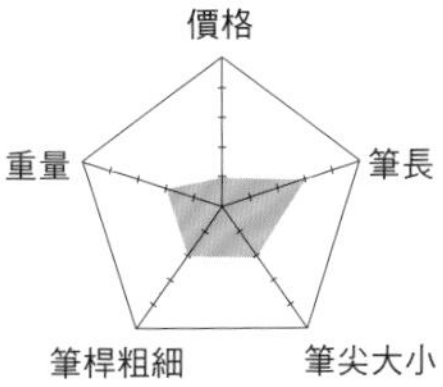

以鋼筆筆尖為設計主題的筆夾，令人想要插在胸前的口袋。

捨去一切不必要設計的簡約筆尖，愛好這種機能美的支持者相當多。

令人開心的平易入手價色彩豐富的鋼筆

1919年設立於倫敦的Platignum，在英國廣受喜愛，當地人一聽到此品牌就會聯想到文具。從可以替換筆尖的鋼筆，到至今仍時而可見的鍍金筆尖鋼筆等；在漫長的歷史中，成為總是向世界發表全球首款劃時代鋼筆的文具品牌。藏有指南針和地圖的「間諜筆」，曾被戰爭中的英國情報機關所採用。1960年，更開發出書寫筆（Good Handwriting），在英國的學校間深受喜愛，擁有輝煌的歷史。

2007年以後，懷舊的風格和現代感的設計並存，以色彩性鮮明的鋼筆為該品牌的主力筆款。因為價格平易近人，搭配墨水顏色添購數枝不同顏色的鋼筆，也是樂事之一。

世界鋼筆圖鑑
The World's Fountain Pens

美國鋼筆

American Fountain Pens

兩大品牌為：因受多位總統青睞，而打開知名度的SHEAFFER，與即使是原子筆也擁有許多支持者的CROSS。各廠牌的共通點很少，品牌的概念也很多變，這種高自由度大概就是美國風格吧！

CROSS
SHEAFFER
MONTEVERDE
RETRO51

歐巴馬總統也愛用的高級鋼筆 | USA | 高仕

CROSS

Model 選購第二支鋼筆

Cross Townsend Black Lacquer

藝術品般
最高級的筆款

粗筆身的藝術裝飾極其美麗，屬於CROSS的高級筆款。筆蓋採用流暢圓弧形的圓錐造型，表現出傳統鋼筆的高貴質感。

MARUZEN'S Comment

Townsend為品牌創始者的名字。冠上此名的筆款，就是經典中的經典。是擁有廣大忠實支持者的系列筆。

Spec

全長：160mm
筆桿直徑：13.5mm
重量：30.6g
墨水的填充方式：兩用式
筆尖：18K
筆尖粗細：F・M
價格：¥39,000＋稅
顏色：黑漆

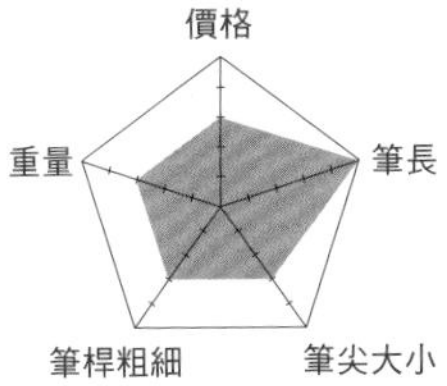

Model 鋼筆新手 適合女性

Century II Medalist

更加華貴的
CROSS代表作

承繼CROSS象徵筆Classic Century的設計。在筆身中段加上單圈的優雅外型，不論男女都為之著迷。

MARUZEN'S Comment

CROSS最標準的筆款之一。Century系列相當纖細，即使是抓不住握筆感覺的人也能輕鬆適應。

Spec

全長：151mm
筆桿直徑：11mm
重量：26.2g
墨水的填充方式：兩用式
筆尖：不鏽鋼 23KT 鍍金
筆尖粗細：F・M・B
價格：¥18,000＋稅
顏色：Medalist

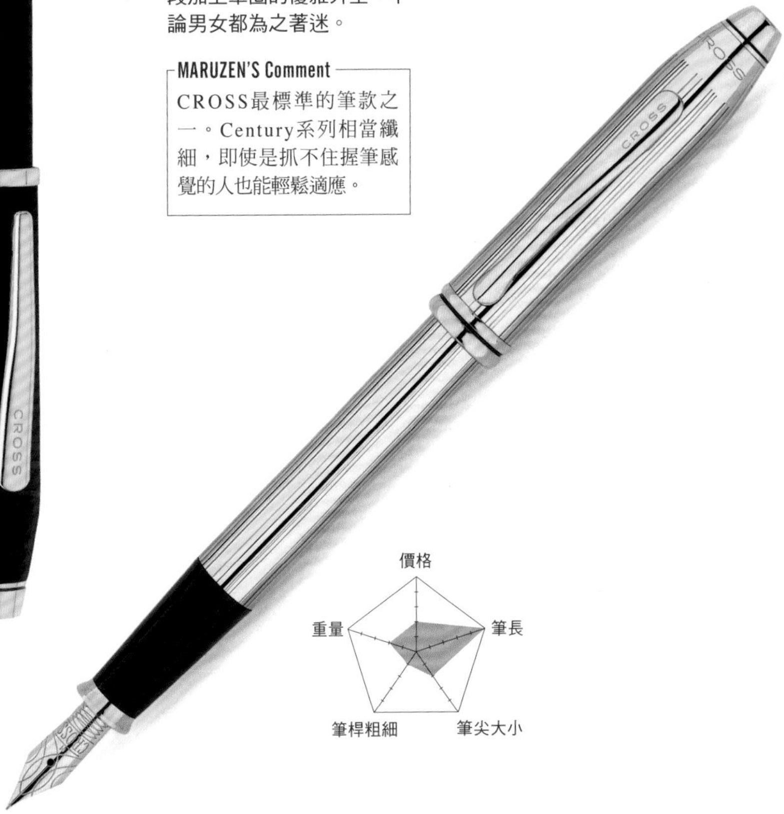

為業界帶來巨大影響的開拓者精神

出生於英國的Alonzo Townsend Cross，在1846年於美國的新英格蘭創辦CROSS。

從製造金、銀裝飾的木製鉛筆盒子起家的CROSS，陸續開發被稱為自動鉛筆前身的「推進式鉛筆」，及原子筆原型的Stylo Graphic Pen（針筆）。以開拓新世界的姿態，與絕不妥協地講究細節的精神，被視為文具品牌的引領者。紀念創業100週年發表販售的Classic Century，經過近70年，仍然是受全世界廣大支持者所喜愛的CROSS代表系列。細筆身優雅設計的Century II也持續受到歡迎，以不分男女皆宜的年代名作鋼筆，搏得好評。

Model 鋼筆新手 適合女性

Cross Botanica

展現時尚美學
適合女性的筆款

在筆身中段大膽地裝飾上植物畫圖案（以植物為主題的繪畫）。23KT鍍金不鏽鋼的筆尖造工完美，書寫性能也相當不錯。

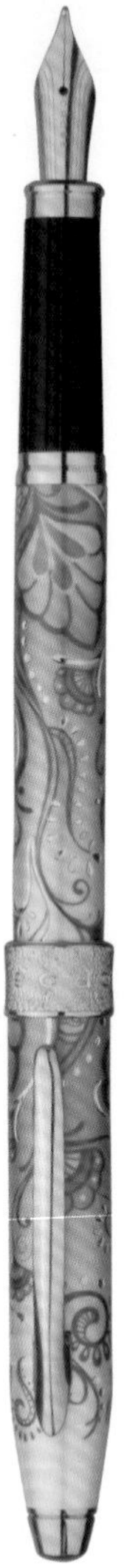

Spec

全長：137mm
筆桿直徑：9.5mm
重量：23g
墨水的填充方式：兩用式
筆尖：不鏽鋼
筆尖粗細：F・M
價格：¥15,000 至 ¥17,000 ＋稅
顏色：金・紫・紅・綠・黑

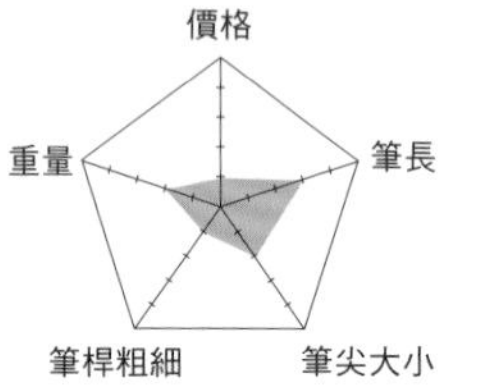

Model 選購第二支鋼筆 適合女性

Cross Sauvage

柔和的曲線輪廓
為女性量身打造的筆款

在CROSS中首款以女性為對象的筆款，輪廓一如女性柔和的曲線。Azurite Blue為蟒蛇、Onyx為斑馬的動物紋刻。

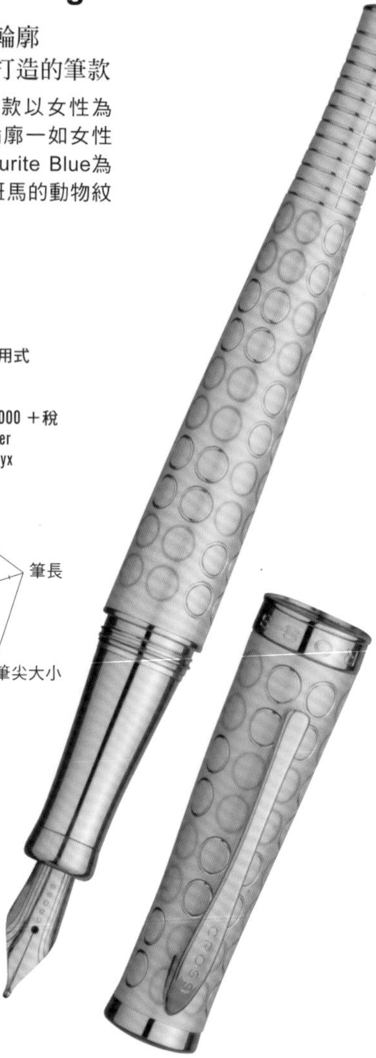

Spec

全長：132.8mm
筆桿直徑：12.7mm
重量：32.3g
墨水的填充方式：兩用式
筆尖：鍍銠
筆尖粗細：F・M・B
價格：¥26,000 至 ¥30,000 ＋稅
顏色：Ivory Pearl Lacquer
Azurite Blue・Onyx

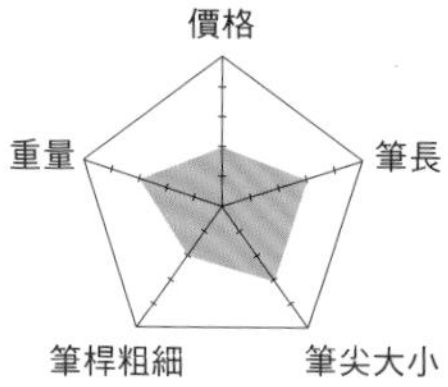

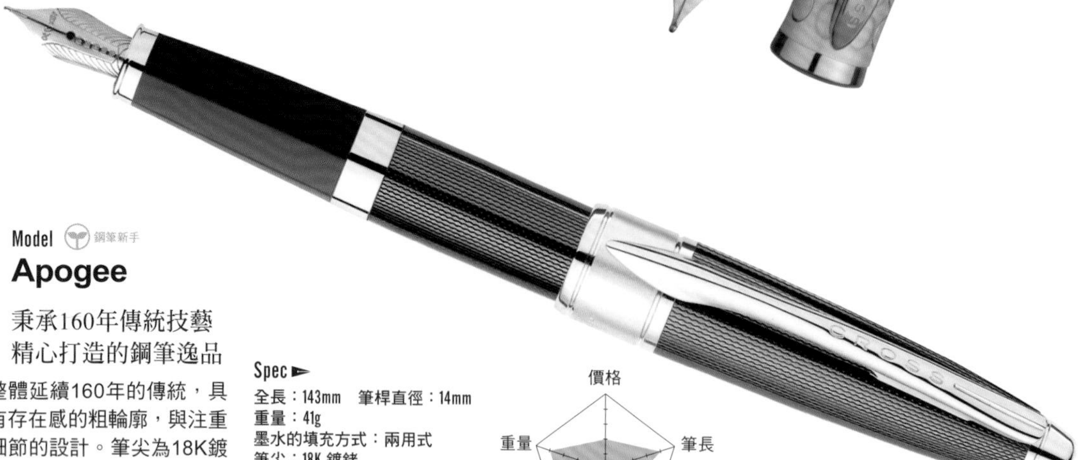

Model 鋼筆新手

Apogee

秉承160年傳統技藝
精心打造的鋼筆逸品

整體延續160年的傳統，具有存在感的粗輪廓，與注重細節的設計。筆尖為18K鍍銠。是書寫性能也極為講究的CROSS旗艦筆款。

Spec

全長：143mm　筆桿直徑：14mm
重量：41g
墨水的填充方式：兩用式
筆尖：18K 鍍銠
筆尖粗細：F・M・B
價格：¥26,000 至 ¥32,000 ＋稅
顏色：Frosty Steel
Black Lacquer
Red Lacquer・Chrome

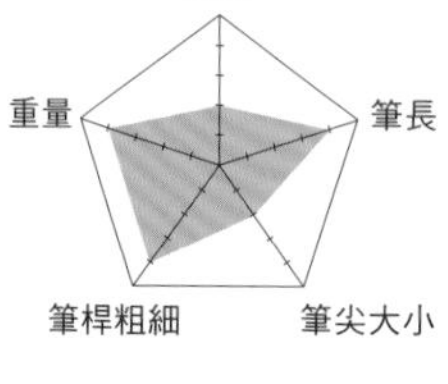

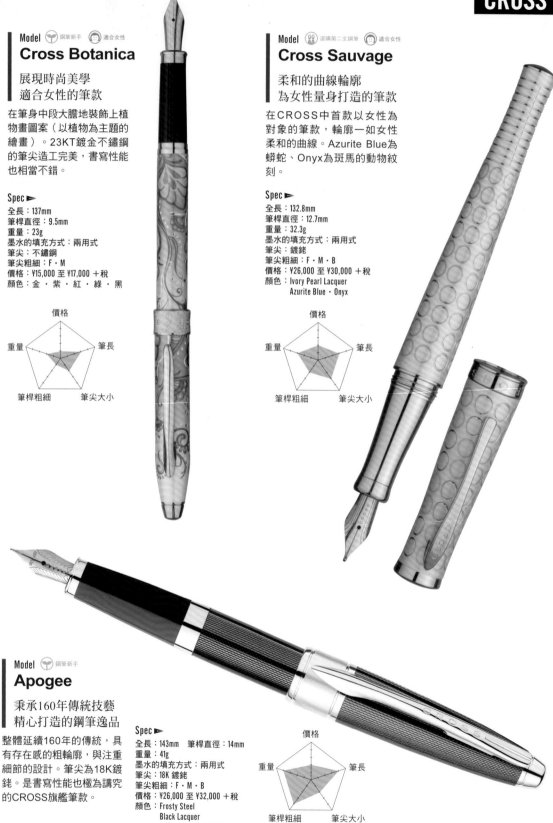

將金、銀平衡地雕刻出左右對稱的線條，完成令人著迷的精巧成品。

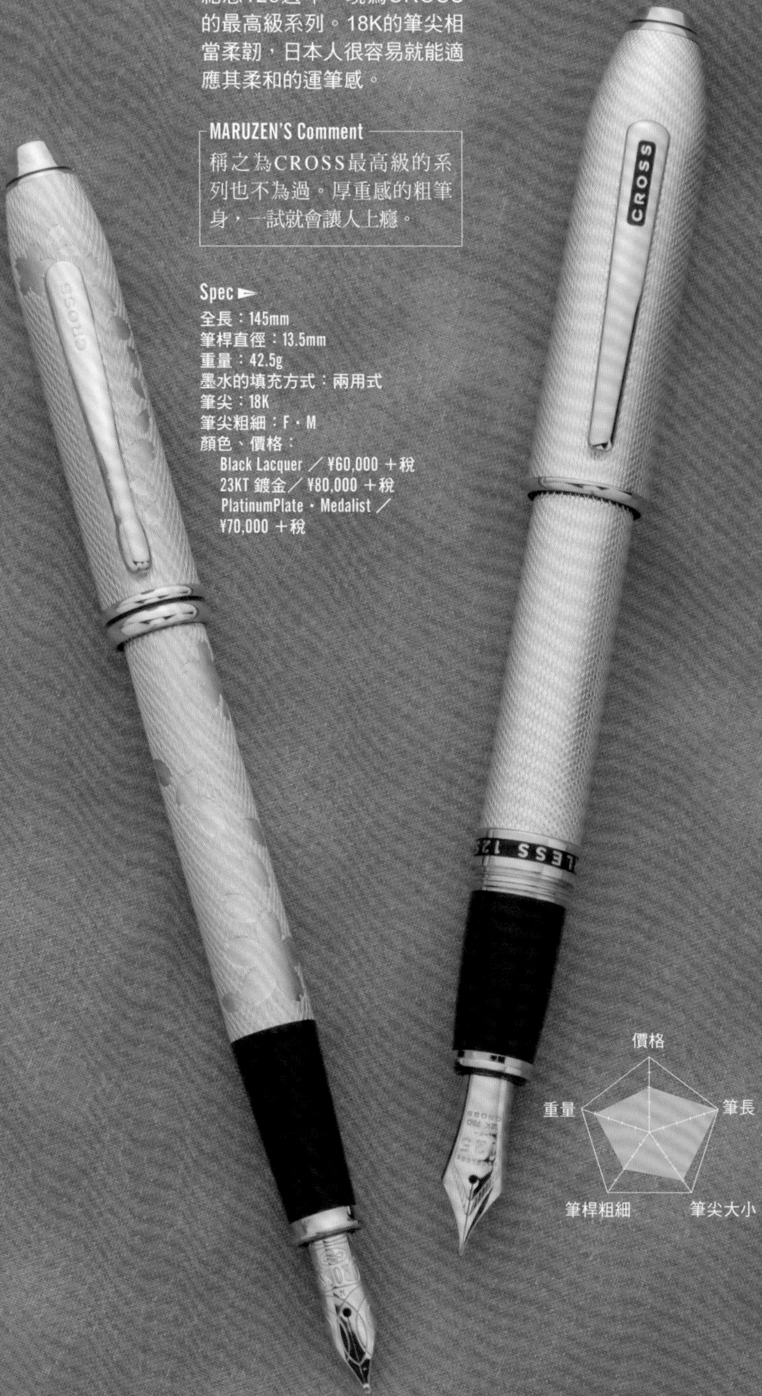

Model

Peerless 125 Medalist

CROSS最高級的精品 適合日本人的書寫習慣

Peerless鋼筆首次發表是為了紀念125週年，現為CROSS的最高級系列。18K的筆尖相當柔韌，日本人很容易就能適應其柔和的運筆感。

MARUZEN'S Comment

稱之為CROSS最高級的系列也不為過。厚重感的粗筆身，一試就會讓人上癮。

Spec ►

全長：145mm
筆桿直徑：13.5mm
重量：42.5g
墨水的填充方式：兩用式
筆尖：18K
筆尖粗細：F・M
顏色、價格：
Black Lacquer ／ ¥60,000 ＋稅
23KT 鍍金／ ¥80,000 ＋稅
PlatinumPlate・Medalist ／ ¥70,000 ＋稅

Model

Townsend Cherry Blossom

以櫻花花瓣裝飾 圖紋華麗的筆款

在CROSS經典的Townsend筆身上刻畫櫻花花瓣，是紀念CROSS of Japan 45週年的筆款。筆蓋頂部鑲有SWAROVSKI水晶。

Spec ►

全長：150mm
筆桿直徑：10.5mm
重量：33g
墨水的填充方式：兩用式
筆尖：18K
筆尖粗細：F・M
價格：¥125,000 ＋稅

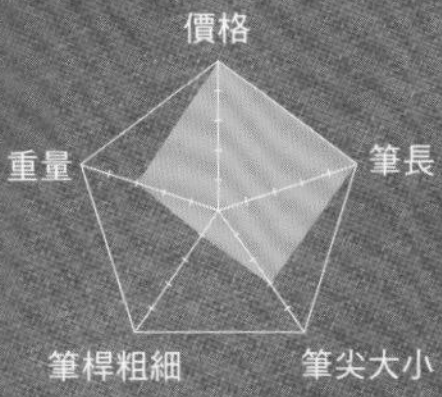

天冠鑲有象徵櫻花的粉紅色SWAROVSKI水晶。

SHEAFFER

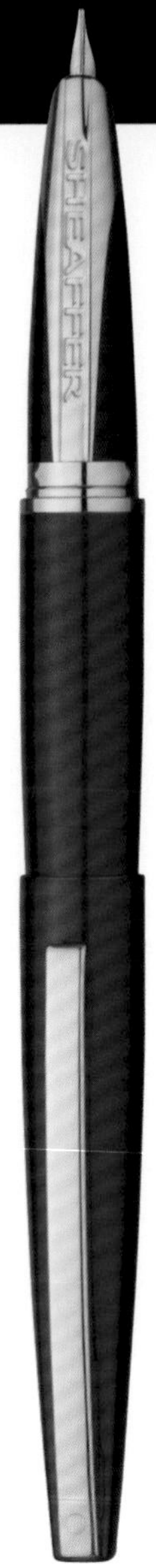

Model 鋼筆新手 適合女性

Taranis

冠以雷神之名
個性鮮明的輪廓

這也是紀念100週年的系列筆款。Taranis是兼掌太陽和雷電的神祇，以其為名的筆款，筆尖＆削尖般的流線感設計為其特色。最適合想要變換鋼筆風格的使用者。

Spec

全長：140mm　筆桿直徑：13mm
重量：34g
墨水的填充方式：兩用式
筆尖：不鏽鋼
筆尖粗細：F・M
價格：¥12,000 至 ¥15,000 ＋稅
顏色：Stormy Night
Icy Gunmetal
White Lightning
Stormy Wine
Sleek Chrome
Diamond Dust Blue
Forest Green
Amethyst Brilliant

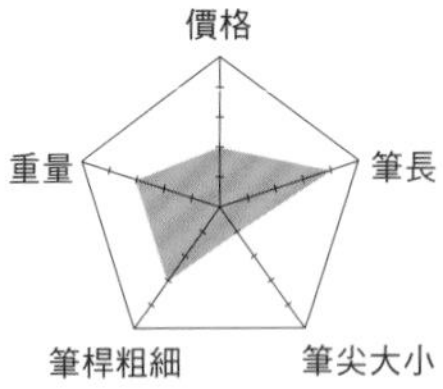

◀第一眼會以為是原子筆。其尖銳的筆尖（暗尖），即為Taranis的魅力所在。

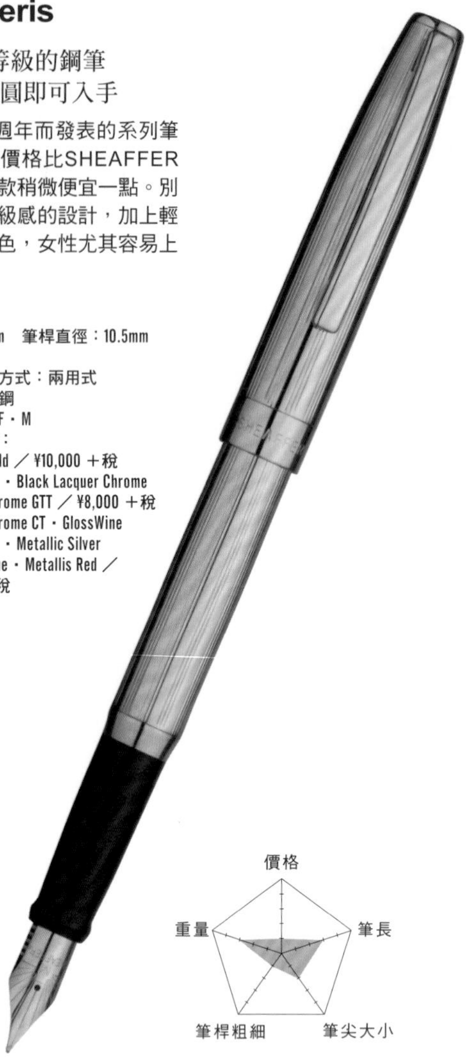

Model 鋼筆新手 適合女性

Sageris

精品等級的鋼筆
1萬日圓即可入手

紀念100週年而發表的系列筆款之一，價格比SHEAFFER中階的筆款稍微便宜一點。別緻且具高級感的設計，加上輕量化的特色，女性尤其容易上手。

Spec

全長：134mm　筆桿直徑：10.5mm
重量：30g
墨水的填充方式：兩用式
筆尖：不鏽鋼
筆尖粗細：F・M
顏色／價格：
Straight Gold ／ ¥10,000 ＋稅
Gloss Black・Black Lacquer Chrome
Brushed Chrome GTT ／ ¥8,000 ＋稅
Brushed Chrome CT・GlossWine
Gloss Black・Metallic Silver
Metallis Blue・Metallis Red ／
¥6,000 ＋稅

蘊含超過一世紀的傳統
兼具高雅和格調的鋼筆

SHEAFFER的創辦人Walter A Sheaffer，在1907年立志投入鋼筆的製作。以因購入的自動吸入式鋼筆使用不便為契機，轉而設計出運用拉桿原理的鋼筆填充裝置。

1913年，投入自己全部的積蓄，在愛荷華州的Fort Madison設立W・A・SHEAFFER公司至今。創辦以來，有為了減輕手部負擔而將重心放在筆尖的鋼筆，及兼具鋼筆和鉛筆機能的多功能筆等，開發了多樣性的商品。特別是Legacy系列，粗胖的筆身和一體成形的菱形筆尖，廣獲大眾的喜愛。因受尼克森、雷根等歷代美國總統愛用，甚至日本的吉田茂也曾使用而廣為人知。為SHEAFFER的代表筆款，直至現今也是很多人愛用的筆款。

Model 鋼筆新手

Prelude・SC

如吹奏音樂般流暢地運筆

Prelude的名稱，是以如音樂流動般運筆的寓意而來。14K的筆尖和寬幅的樹脂握位，平衡地落實了良好的書寫性能。

MARUZEN'S Comment

SHEAFFER的經典系列。不論性別和年齡，留下自用或作為贈禮，廣受許多顧客的愛戴。筆尖使用14K製作，尺寸也很適合初學者。

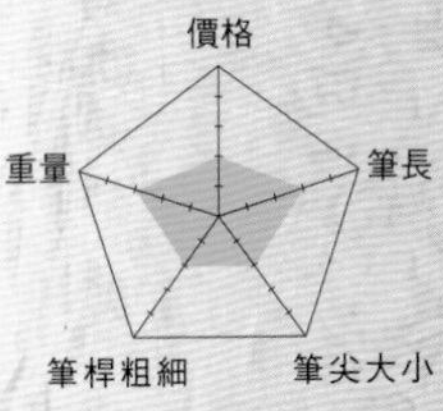

Spec ►

全長：133mm
筆桿直徑：12mm
重量：34g
墨水的填充方式：兩用式
筆尖：14K
筆尖粗細：F・M
價格：¥20,000＋稅
顏色：Black Lacquer
Palladium
Blue Lacquer
Red Lacquer

菱形筆尖和筆身一體化的Inlaid Nib，為SHEAFFER的代名詞。

Prelude・SC

Legacy Heritage

Model 選購第二支鋼筆

Legacy Heritage

以雪茄形的特色外觀成為品牌代表筆款

為了和MONTBLANC 149匹敵而生產的筆款。具有厚度的雪茄形、適度的份量感，並以獨特的筆尖成為眾所矚目的焦點。是受許多古典風格愛用者喜愛的一支鋼筆。

MARUZEN'S Comment

SHEAFFER極具代表性的筆款。筆尖和筆身一體化，是擁有眾多忠實粉絲支持的系列。

Spec ►

全長：140mm
筆桿直徑：12.5mm
重量：38g
墨水的填充方式：兩用式
筆尖：18K
筆尖粗細：F・M
價格：¥30,000＋稅
顏色：Black Lacquer Palladium
Palladium Deep Cut
Palladium Trim

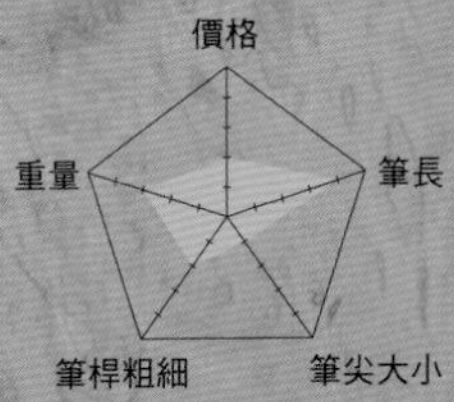

MONTEVERDE

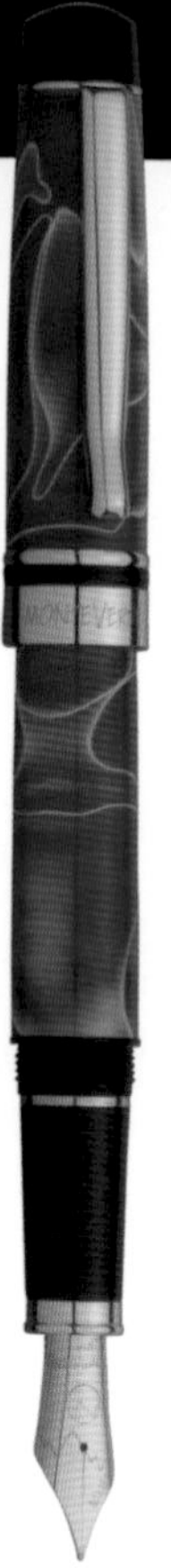

Model Prima

鋼筆新手 適合女性

價格雖便宜 卻以最高等的品質為目標

不論是設計或品質皆以第一等級為目標製作的系列筆款。低於1萬日圓就可以入手的價格相當便宜，除了講究的書寫性能，顏色選擇也很豐富。

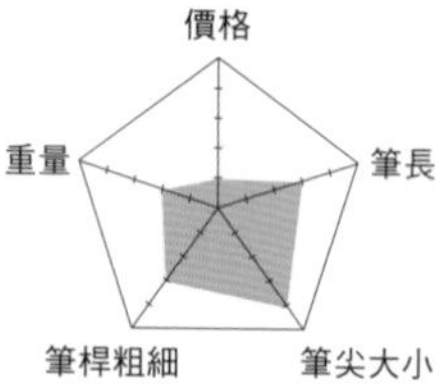

Spec

全長：136mm　筆桿直徑：13mm
重量：28g
墨水的填充方式：兩用式
筆尖：鋼
筆尖粗細：F
價格：¥8,000＋稅
顏色：Purple Swirl
Green Swirl
Turquoise
Black Swirl
Tiger's Eye

Model NAPA

鋼筆新手 選購第二支鋼筆

顏色大膽 以酒莊為意象

專為加州紅酒產地NAPA設計的筆款。以酒莊的三種自然風景色彩為視覺形象，注入樹脂筆身的設計製作。可以從筆桿的小觀墨窗看見墨水，也是很有趣的巧思。

Spec

全長：147mm
筆桿直徑：14.5mm
重量：26g
墨水的填充方式：兩用式
筆尖：鋼
筆尖粗細：F
價格：¥12,000＋稅
顏色：紅・藍・象牙白

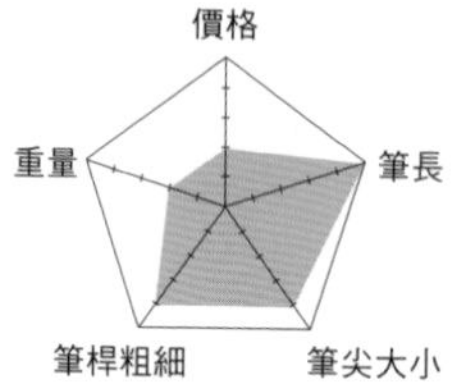

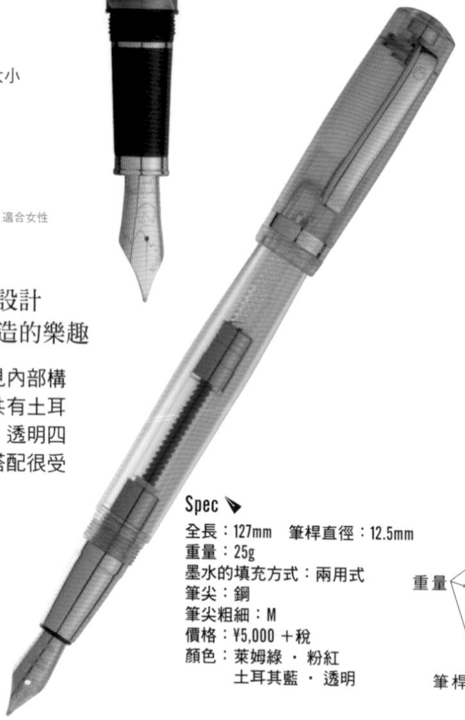

Model Artista

鋼筆新手 適合女性

藉由透明筆身的設計 享受賞玩內部構造的樂趣

因透明的筆身可以看見內部構造，而以水晶命名。共有土耳其藍、萊姆綠、粉紅、透明四種顏色。彩色的顏色搭配很受女性使用者的歡迎。

Spec

全長：127mm　筆桿直徑：12.5mm
重量：25g
墨水的填充方式：兩用式
筆尖：鋼
筆尖粗細：M
價格：¥5,000＋稅
顏色：萊姆綠・粉紅
土耳其藍・透明

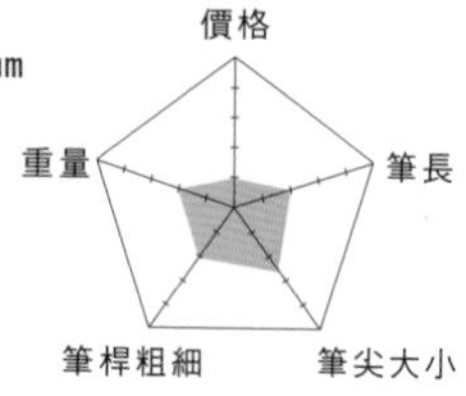

以新興品牌的創意活力 設計出鋼筆的新造型

在美國加州製造義大利文具超過25年的文具廠牌（YAFAPEN COMPANY）董事長，在2001年設立品牌MONTEVERDE。

品牌名稱是取自社長名字——Greenberg的義大利語。雖然是新興品牌，但因不僅實用性強，設計性也獲得極高的評價，而吸引了許多歐系鋼筆支持者。愛好者人數仍然不斷增加中。

品牌特色是以所有人皆可使用為製造文具的目標，持續開發最新的墨水技術和講究筆身的素材。此外，擁有許多以透明素材製作筆桿、散發趣味的筆款，也是其魅力所在。在義大利語中具有藝術家之意的Artista系列，其設計性尤其講究。

RETRO51

能感受到50年代懷舊氛圍的美式設計

RETRO51，使人想起充滿朝氣的50年代的美國。以想要傳遞美式優點給使用者為出發點，George Kartsotis於1991年設立品牌。不僅散發出50年代的美式古典，還飽有懷舊之情的趣味，可當成流行酷炫的設計筆款，各種場合皆可使用。在日本雖然尚屬陌生的新品牌，現正藉由各種設計文具，向世界各國展露頭角。RETRO51透過其品牌概念，製作出許多懷舊氣息的筆款。其運動又休閒的設計風格也令人留下絕妙的品牌印象，以獲得許多對於流行敏感的年輕人的支持為其特色。Tornado人氣系列，是筆桿粗細適度中、握感舒適，書寫感也很順暢的傑作。

White Nickel

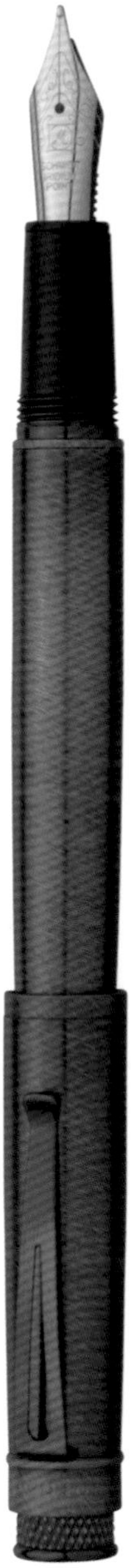

Lincoln

如皇冠般的筆蓋頂部設計，與Tornado的圓筒筆身很搭配。

Model 鋼筆新手

Tornado

裹上成熟的豔麗質感
前衛設計的筆身

加入流行元素設計的懷舊鋼筆，手感極佳。筆尖雖然是不鏽鋼製，書寫性能仍然受到肯定。

Spec

全長：140mm
筆桿直徑：13mm
重量：33g
墨水的填充方式：卡水式
筆尖：鋼
筆尖粗細：M
價格：¥8,000＋稅
顏色：White Nickel・Lincoln

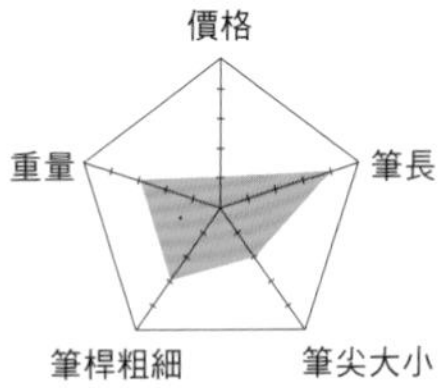

以50年代的美國為形象設計的鋼筆收納盒。
※包裝設計為隨機出貨。

世界鋼筆圖鑑
The World's Fountain Pens

日本鋼筆
Japanese Fountain Pens

SAILOR、PILOT、PLATINUM，這三大廠牌是鋼筆愛好者心目中的前三名。因為鋼筆被當成舶來品的印象根深蒂固，其高度的技術力和信賴度，在國外也擁有許多支持著。與國外製品相比，較為便宜的價格也是共通的特色。

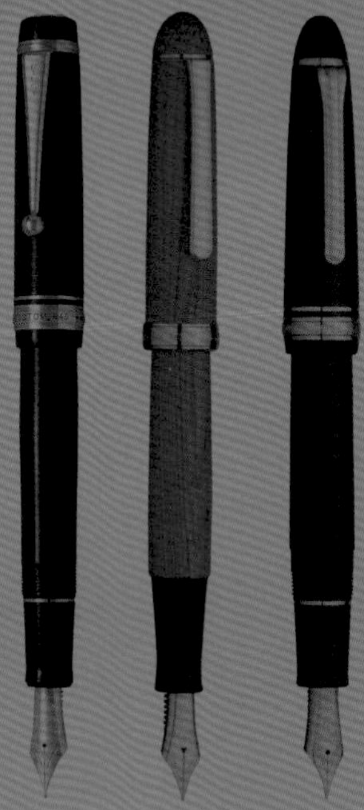

SAILOR / PILOT
PLATINUM / Namiki
NAKAYA FOUNTAIN PEN
OHASHIDO / MARUZEN
HIRAI WOODWORKING PLANT
HAKASE / YAMADA
PENT / TRY-ANGLE
OHTO / TOMBO

持續鑽研筆尖的老字號廠牌 | JAPAN | 寫樂

SAILOR

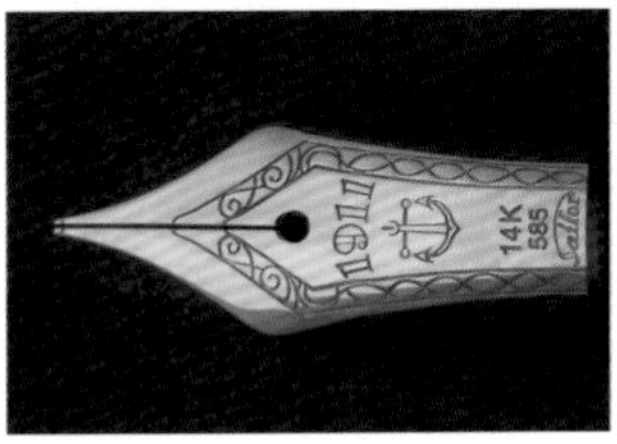

極致講究良好書寫性能的筆尖，傳遞出鋼筆書寫的樂趣。

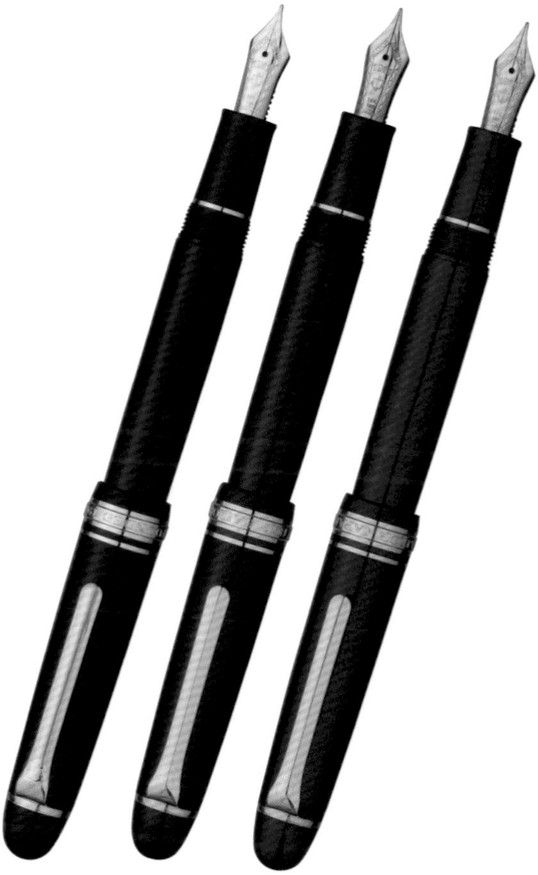

Model 鋼筆新手

Promenade

以1萬日圓入手
14K筆尖

因為以1萬日圓的價格就能擁有14K筆尖，從初學者到行家累積了廣大的人氣。此筆款的14K筆尖因為沒有鍍金，而呈現出原本的光芒。

MARUZEN'S Comment

在日本擁有最長久歷史的SAILOR鋼筆標準筆款。14K的筆尖具有柔軟的筆觸，顏色的種類也很豐富，非常推薦。

Spec ◄

全長：136mm
筆桿直徑：約 12mm
重量：18g
墨水的填充方式：兩用式
筆尖：14K
筆尖粗細：EF・F・MF・M・B
價格：¥10,000 +稅
顏色：黑桿金夾 ・ 黑桿銀夾
星光紅 ・ 星光藍

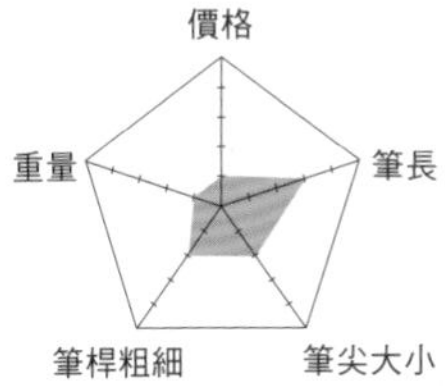

以鋼筆職人的精湛技藝鑽研如何寫出漂亮的文字

擁有超過100年歷史的老字號廠牌。1911年阪田久五郎在廣島縣的吳市設立阪田製作所，1960年更名成現今的品牌「SAILOR鋼筆株式會社」。是日本首次製作金筆尖的先驅，也因在日本首創製作原子筆而打響知名度。

支持著SAILOR鋼筆穩健發展的是——對於筆尖永遠保持求知精神的職人們。從能確實出墨，到直至最後都能平順書寫的筆觸，皆是出自職人們講究的手工作業之傑作。

此外，寫樂將筆尖製作系統化，從合金的熔解、調整、組合等，皆以一貫程序嚴密精製，更值得一提的是加入了耐久性的測試。並由經驗豐富的負責人在密閉試驗室中，細聽紙和鋼筆的摩擦聲，嚴選出運筆感良好的鋼筆。以如此的熱忱投入全力，就是持續支持著SAILOR鋼筆歷史前進的動力。

SAILOR

Model 選購第二支鋼筆

Profit 21 長刀研

以鋼筆表現 勒・鉤・捺

因鋱點如長刀般的尖長，而被稱為長刀研。書寫筆觸相當平滑，可以如毛筆般表現出勒、鉤、捺的筆鋒變化之美。

MARUZEN'S Comment

比起作為第一支鋼筆，更適合中階以上的筆友。整體散發職人技術的光芒，筆尖可謂相當優異。出墨表現也相當完美。

Spec

全長：141mm
筆桿直徑：約 18mm
重量：22g
墨水的填充方式：兩用式
筆尖：21K 長刀研
筆尖粗細：MF・M・B
價格：¥25,000 ＋稅
顏色：紅褐色
　　　黑桿金夾 ・ 黑桿銀夾

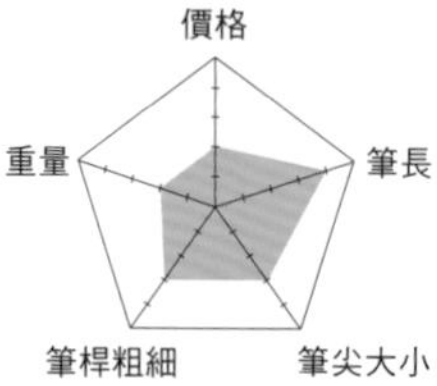

Model 選購第二支鋼筆

Profit 21

歷史傑作 正統派系列

從SAILOR歷史經驗中孕育出的正統派系列。品名中的「21」意指筆尖為21K。流暢的輪廓能夠很好地貼合使用者的手，銀色的零件更是閃耀著別緻的光芒。

MARUZEN'S Comment

21K的筆尖非常罕見。筆尖非常的柔軟，書寫性能也很棒。

Spec

全長：141mm
筆桿直徑：約 18mm
重量：22g
墨水的填充方式：兩用式
筆尖：21 金
筆尖粗細：EF・F・MF・M・B・Z
價格：¥20,000 ＋稅
顏色：金夾 ・ 銀夾

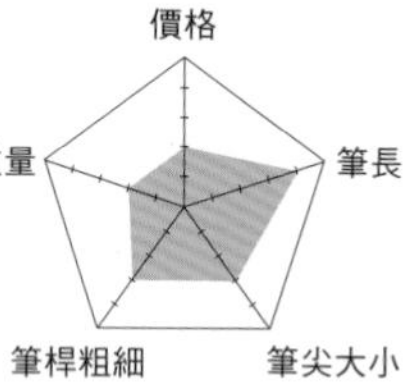

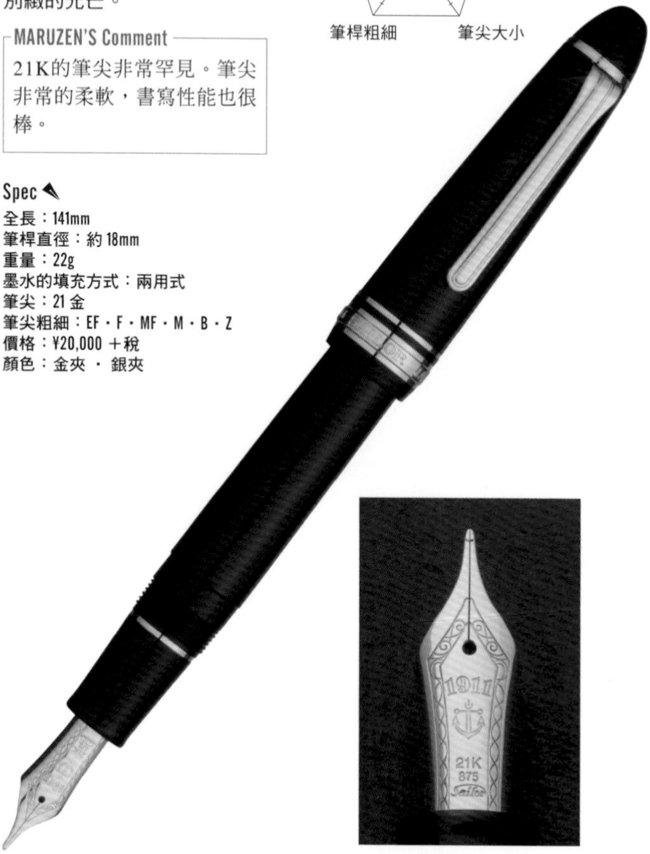

SAILOR的代表性筆尖，不僅具有機能性，裝飾紋刻也相當細緻。

Model 選購第二支鋼筆 講究主義派

Profit Realo

補充墨水的時光 也是鋼筆書寫的醍醐味

以吸入式系統補充墨水的筆款。在吸入墨水的空檔感受緩慢流動的時間，也是成熟人士使用鋼筆的樂趣。可以確認墨水殘量的觀墨窗則是方便的設計。

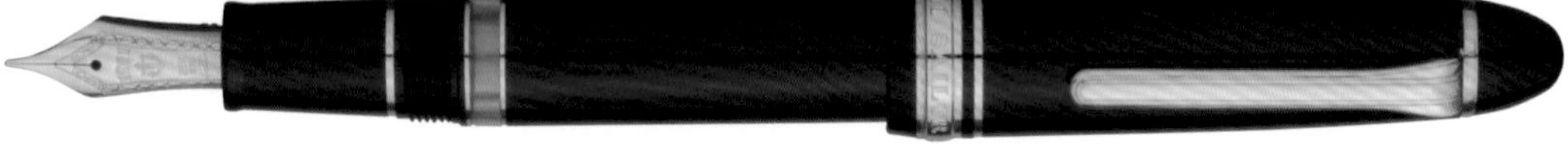

MARUZEN'S Comment

Realo是SAILO唯一的活塞上墨筆款。若想一次吸入較多的墨水，建議使用瓶裝墨水會更方便。

Spec

全長：141mm　筆桿直徑：約 18mm
重量：21.4g
墨水的填充方式：吸入式
筆尖：21K
筆尖粗細：F・M・B
價格：¥30,000 ＋稅
顏色：黑 ・ 紅褐色

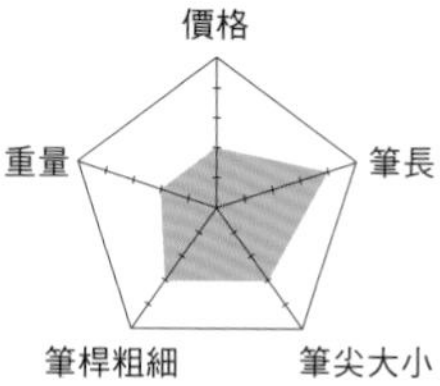

Model 鋼筆新手

High Ace Neo

開啟鋼筆世界
低價筆款的先驅

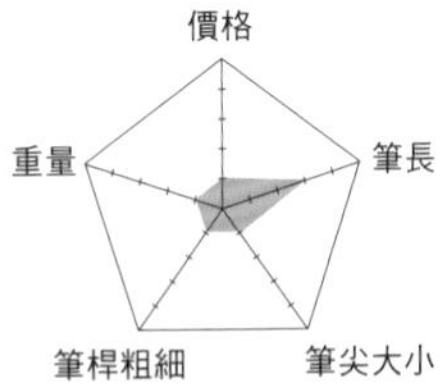

只要含稅1,080日圓，就能擁有老字號廠牌SAILOR不輕易妥協的高品質鋼筆，相當適合初學者。筆身輕量，筆尖則採用容易書寫的不鏽鋼。若另購吸墨器，也可以直接從瓶裝墨水中補充。

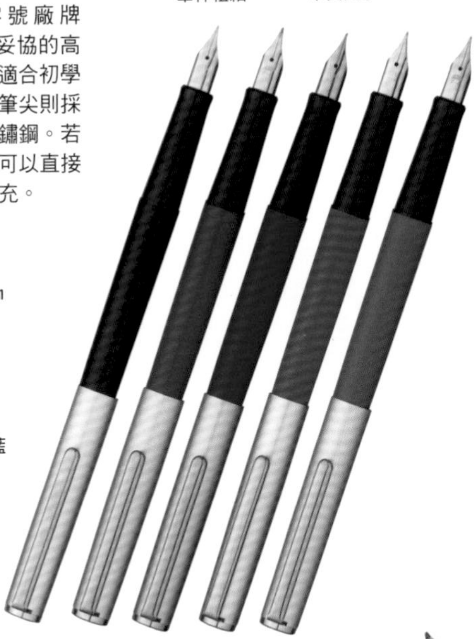

Spec

全長：136mm
筆桿直徑：約13.5mm
重量：10.6g
墨水的填充方式：兩用式
筆尖：不鏽鋼
筆尖粗細：F
價格：¥1,000＋稅
顏色：黑・紅・藍・橘・綠

Model 鋼筆新手 選購第二支鋼筆

Professional Gear Slim Σ

卓越的存在感和
高自由度的選擇為其魅力

Pro Gear系列的Slim筆款。筆尖為雙色14K，此款鍍有24K金和鎳鉻。筆身細且輕，時髦的設計使人印象深刻。

MARUZEN'S Comment

Pro Gear是SAILOR的代表系列，Σ則將其加上厚重感的筆夾。Slim特別重視握感。

Spec

全長：124mm
筆桿直徑：約17mm
重量：16.8g
墨水的填充方式：兩用式
筆尖：14K
筆尖粗細：F・M・B
價格：¥15,000＋稅
顏色：Black・Blueberry
Dark Framboise

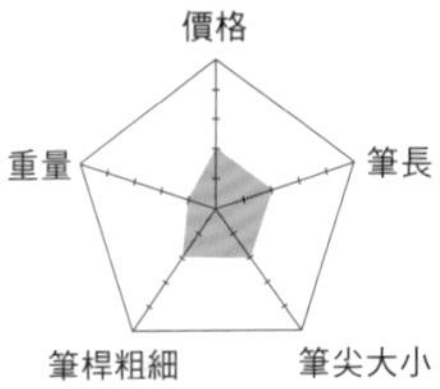

Model 適合女性

Fasciner

以柔美的設計
襯托持筆者的魅力

適合女性的SAILOR筆款。結合珍珠白的優雅＆玫瑰金的動人光澤，對女性而言是一種嶄新的華麗美感。是許多女性在較高門檻的鋼筆選擇中的目標對象。

MARUZEN'S Comment

針對女性使用者設計的鋼筆登場了！不僅外型漂亮，墨水的出墨表現也十分優秀，順暢地書寫筆觸更是其特色。

Spec

全長：134mm
筆桿直徑：約17mm
重量：17g
墨水的填充方式：兩用式
筆尖：不鏽鋼
筆尖粗細：F
價格：¥7,000＋稅

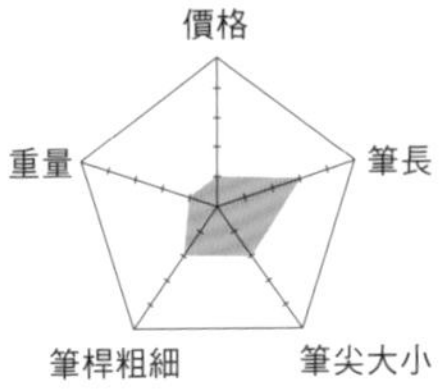

Model 選購第二支鋼筆 講究主義派

Fude de Mannen

長原宣義設計
近似毛筆的鋼筆

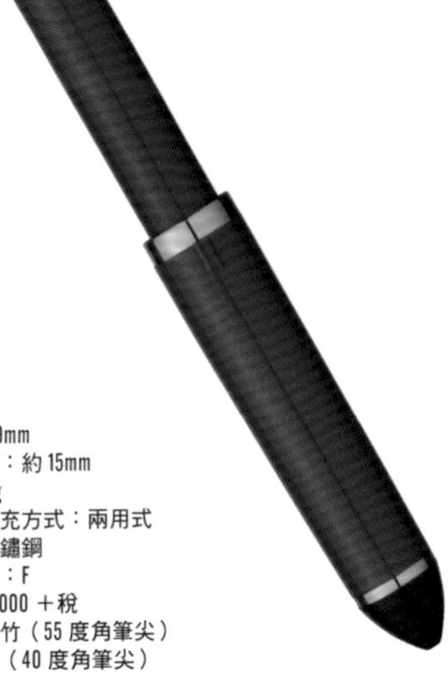

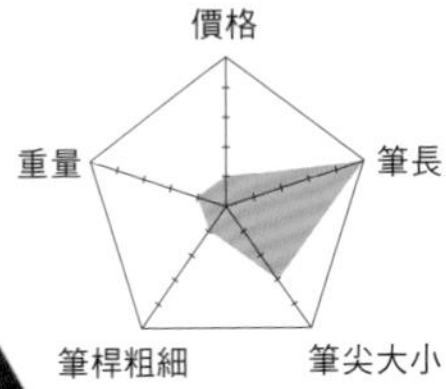

由已故鋼筆名匠──長原宣義設計，採用代表性特殊筆尖的筆款。筆如其名，根據握筆的角度，可以享受毛筆字般變化筆鋒粗細的樂趣。除了1,000日圓即可簡單入手的定規款，也有14K筆尖、21K筆尖的高級訂製款可供選購。

MARUZEN'S Comment

以1,000日圓的低價性為主打，但也有2至3萬日圓的高價筆款。推薦給想在信紙上表現特色書寫的人。

Spec

全長：169mm
筆桿直徑：約15mm
重量：15g
墨水的填充方式：兩用式
筆尖：不鏽鋼
筆尖粗細：F
價格：¥1,000＋稅
筆款：若竹（55度角筆尖）
紺（40度角筆尖）

PILOT

Model 鋼筆新手

Custom 74

共有11種筆尖
可選擇自己喜歡的運筆感

講究握感的粗筆身非常稱手。筆尖為14K，從細字到音樂尖，共有11種選擇。徹底追求配合使用者的書寫個性，為此筆款設計的基本訴求。

MARUZEN'S Comment

此系列為PILOT標準筆款，最適合初次使用鋼筆的初學者。顏色、字幅的種類多樣也是其魅力。

Spec

全長：143mm
筆桿直徑：14.7mm
重量：17.4g
墨水的填充方式：兩用式
筆尖：14K
筆尖粗細：EF・F・SF・FM
SFM・M・SM・B・BB
價格：¥10,000＋稅
顏色：黑・深紅・深藍・墨綠

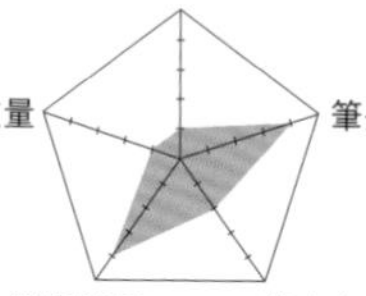

不論任何時代筆尖都是鋼筆的精髓

此品牌的起源可追溯自1918年，由東京高等商船學校並木良輔教授與同窗和田正雄合作創業，設立株式會社並木製作所（現今的株式會社PILOT Corporation始於2003年）起。起因於並木先生對於工作上使用的製圖用筆不滿意，而開始研究開發便利性更高的筆，從而誕生PILOT鋼筆。PILOT的商標，是取自並木先生的商船船員。

PILOT鋼筆從早期便堅持講究「研發方便書寫的筆尖」的理念。並木先生持承這樣的理念，不斷地試驗、開發出無數的筆尖。縱觀其歷史，代表筆款即為Custom系列。從1971年發表販售以來，現今共有15種筆尖，因可根據喜好和用途選擇，而擁有諸多支持者。

Model 講究主義派

Custom 845

資深鋼筆玩家也大滿足
令人驚豔的生漆和觸感

生漆製的筆身不僅沉穩大器，貼合手掌的觸感也很優異。略大的筆尖安定性高，書寫筆觸極佳。就連熟悉鋼筆的高段班筆迷也能被滿足。

MARUZEN'S Comment

代表PILOT的旗艦筆款。將硬橡膠上漆的筆身極美，予人高雅的質感。

Spec

全長：147mm
筆桿直徑：15.9mm
重量：28g
墨水的填充方式：兩用式
筆尖：18K
筆尖粗細：F・M・B・BB
價格：¥50,000＋稅
顏色：黑

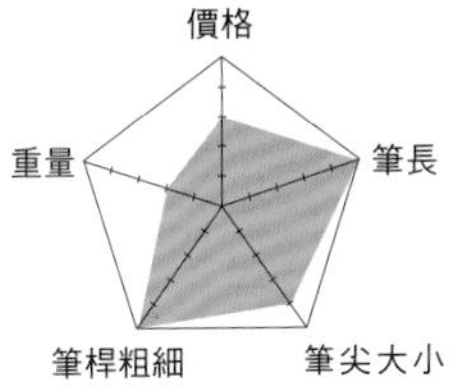

Model 選購第二支鋼筆

Custom 823

操作簡單
可大量吸入墨水

回應鋼筆粉絲期望的造型，且採用可以簡單地大量吸入墨水的負壓上墨裝置。最適合平日即大量使用鋼筆的重度使用者。

MARUZEN'S Comment

這款可以吸入大量墨水的活塞式鋼筆，相當罕見。若有人問：「這款鋼筆的特色是什麼呢？」「可以吸入很多墨水喔！」很容易如此推薦。

Spec

全長：148.4mm
筆桿直徑：15.7mm
重量：30g
墨水的填充方式：唧筒式負壓上墨
筆尖：14K
筆尖粗細：F・M・B
價格：¥30,000＋稅
顏色：黑・咖啡

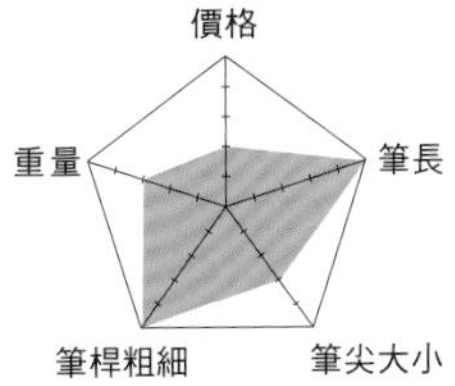

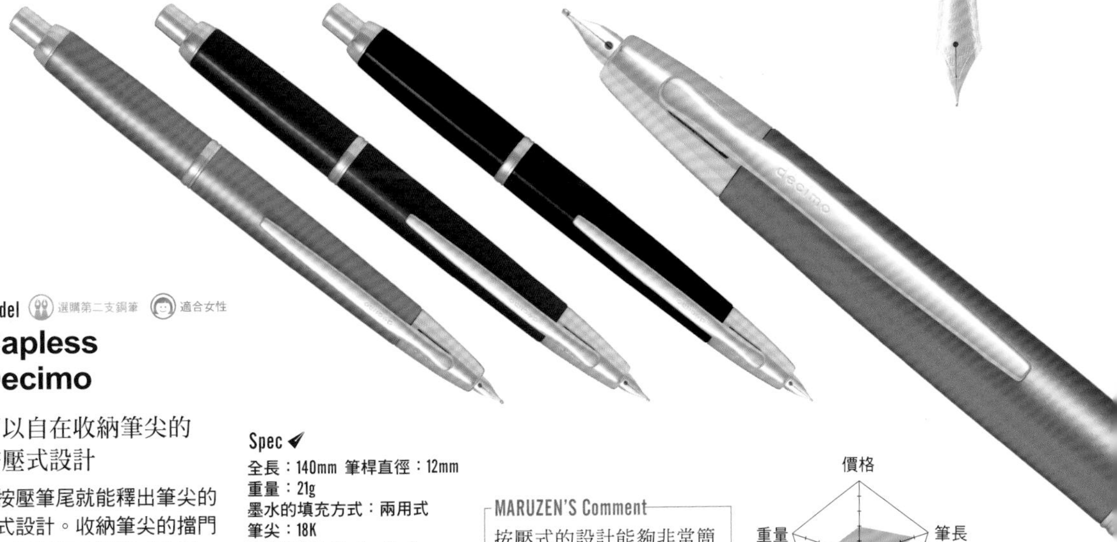

Model 選購第二支鋼筆 適合女性

Capless Decimo

可以自在收納筆尖的
按壓式設計

採用按壓筆尾就能釋出筆尖的按壓式設計。收納筆尖的擋門裝置，可以防止漏墨或乾涸。此為1963年發表販售至今，歷經50餘年仍持續受到喜愛的暢銷商品第10代。

Spec

全長：140mm 筆桿直徑：12mm
重量：21g
墨水的填充方式：兩用式
筆尖：18K
筆尖粗細：EF・F・M・B
價格：15,000 日圓＋稅
顏色：黑・紅・粉藍
深藍・深灰
珍珠白・香檳粉

MARUZEN'S Comment

按壓式的設計能夠非常簡單地釋出筆尖，使用起來相當俐落。適用於手帳與便條書寫等。

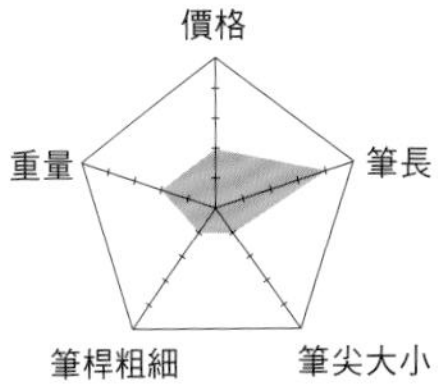

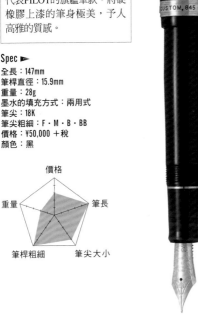

Model 選購第二支鋼筆

Prera色彩組合

享受色彩趣味的
年青人鋼筆

短尺寸的筆身配上透明的素材。筆頭和尾栓共有7種流行的顏色，搭配可以直視的墨水，趣味性十足。也可以選擇藝術字體用的筆尖。

MARUZEN'S Comment

透明的筆身為其特色。裝入「彩色雫」的彩色墨水，很漂亮喔！

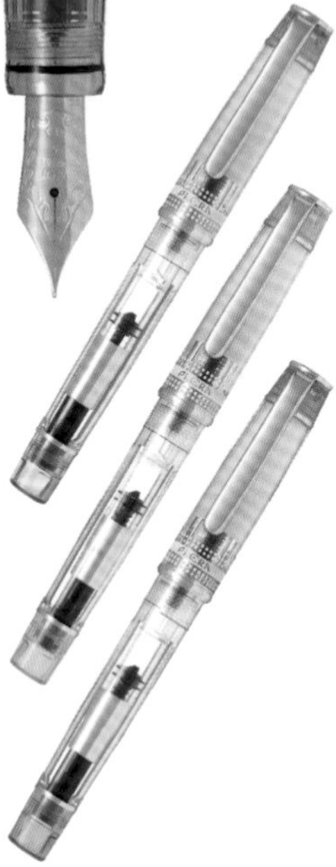

Spec

全長：120.4mm　筆桿直徑：13.4mm
重量：16g
墨水的填充方式：兩用式
筆尖：特殊合金
筆尖粗細：F・M・藝術筆尖
價格：¥3,500＋稅
顏色：黑・紅・粉紅・橘
藍・淺藍・淺綠

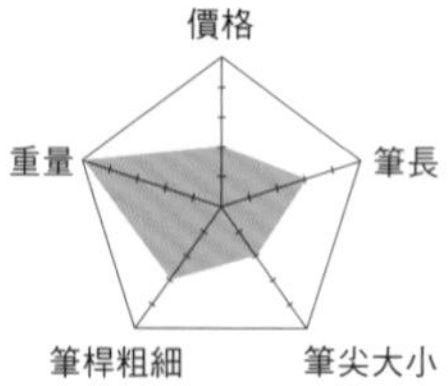

Model 講究主義派

Justus 95

可以自由變化
書寫筆觸的筆尖

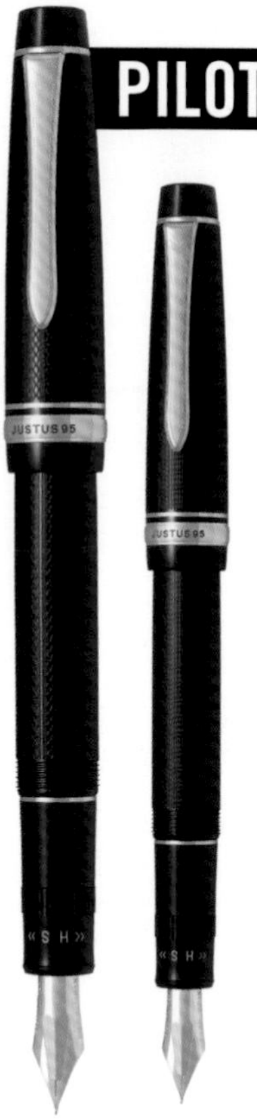

筆尖可以自由調整，革命性的一支鋼筆。旋轉筆尖上部的控制環，就能移動筆尖上的壓片，改變書寫筆觸的軟硬度。

MARUZEN'S Comment

紀念PILOT創立95週年，Justus的復刻版，注入了守護延續PILOT特殊技術的理念。

Spec

全長：148mm
筆桿直徑：16mm
重量：27g
墨水的填充方式：兩用式
筆尖：14K
筆尖粗細：F・FM・M
價格：¥30,000＋稅
顏色：直條黑・網紋黑

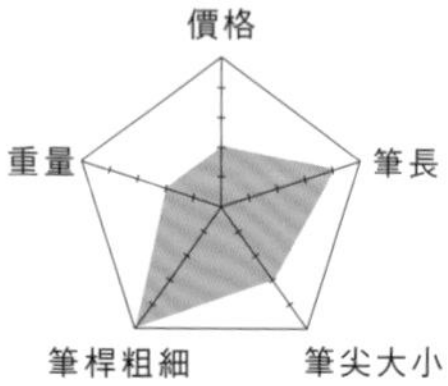

Model 鋼筆新手　適合女性

Elabo

以漂亮地書寫日文
為目標的鋼筆

承襲自1978年全國鋼筆專賣店協會共同開發的第一代Elabo的基本設計。14K的筆尖很柔軟，可以寫出勒、鉤、捺的筆鋒線條。是為了漂亮地書寫日本文字而誕生的一支鋼筆。

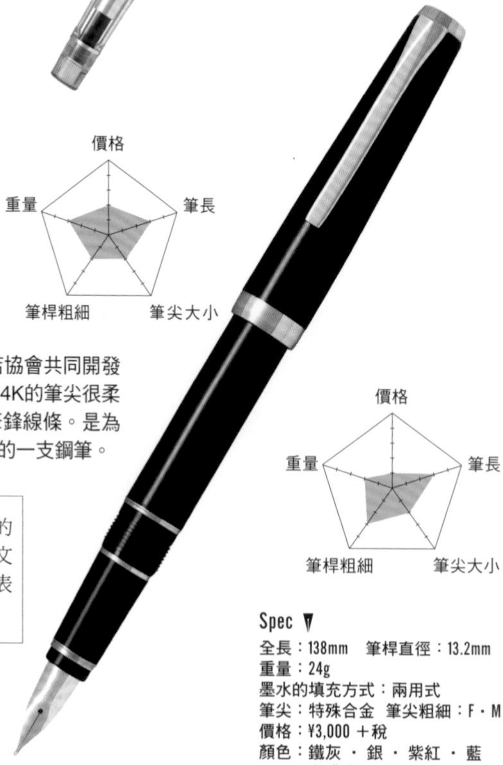

MARUZEN'S Comment

筆尖的設計很容易寫出抑、揚的筆劃喔！能夠完美地寫出日本文字之美。想要漂亮地書寫履歷表或信紙時，非常適合。

Spec

全長：139mm
筆桿直徑：14mm
重量：34g
墨水的填充方式：兩用式
筆尖：14K
筆尖粗細：SEF・SF・SM・SB（軟式）
價格：¥25,000＋稅
顏色：黑・酒紅・淺藍・咖啡

Model 鋼筆新手　適合女性

Cocoon

握筆順手
如繭一般的造型

獲頒Good Design獎，柔和的造型為其特色。如繭般平滑的曲線，確實很稱手。共有8種顏色，款式相當多樣，適合感性多變的年輕人。

MARUZEN'S Comment

從想要拓展鋼筆的範疇為出發點，製作出適合初學者、Prera的延伸筆款。只要3,000日圓的便宜價格，就能享受美妙的鋼筆書寫體驗。

Spec

全長：138mm　筆桿直徑：13.2mm
重量：24g
墨水的填充方式：兩用式
筆尖：特殊合金　筆尖粗細：F・M
價格：¥3,000＋稅
顏色：鐵灰・銀・紫紅・藍
咖啡金・黑・白・橘

守護傳統並開發創新筆款 | JAPAN | 白金

PLATINUM

Model 鋼筆新手

#3776 Century

以1萬日圓
滿足品味理想的鋼筆

與鋼筆愛好者的已故作家梅田晴夫，以理想的鋼筆為目標共同開發的延續筆款。筆尖為14K。採用防止墨水乾涸的裝置，價格卻僅要1萬日圓，高CP值也是其魅力。

MARUZEN'S Comment

筆蓋的設計獨特，就算短期內不使用鋼筆，墨水也不會乾涸為其特色。墨水流動順暢，書寫性能極佳。

Spec

全長：139.5mm　筆桿直徑：15.4mm
重量：20.5g
墨水的填充方式：兩用式
筆尖：14K
筆尖粗細：UEF・EF・F・SF・M・B・C
價格：¥10,000＋稅
顏色：經典黑、勃根地紅・教堂藍

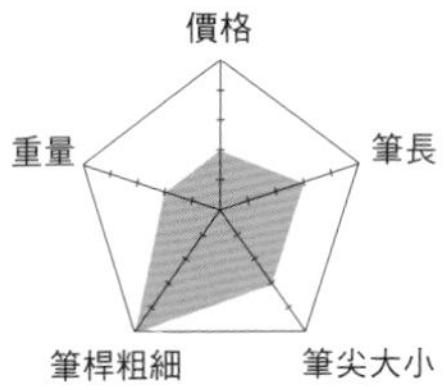

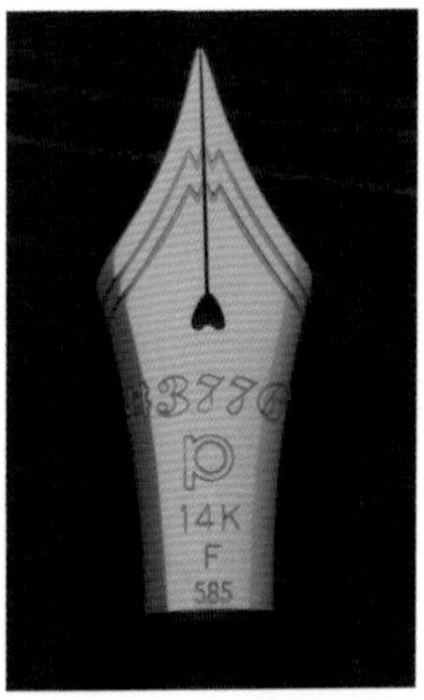

有別於近期多見的圓形通氣孔，Century使用的是傳統感的漂亮心形。

開發出看似革新質實剛健沉穩的鋼筆

設立於1924年，以金屬之王「白金」為廠牌立名。前身為創辦者——中田俊一在東京上野營業的中屋製作所，以當時罕見的目錄傳閱，成功運作郵購販售。也首創世界預備（spare）墨水式鋼筆的開發和劃時代的廣告策略等，是擁有精確的技術和前瞻性的品牌。

1966年，PLATINUM將公司名稱中的「PLATINUM」表材落實於筆尖的製造。PLATINUM・PLATINUM技術，象徵其技術力高度的改變。1978年，發表販售PLATINUM #3776。此筆款是以鋼筆造詣深厚的作家——梅田晴夫，為中心組成企劃小組，以理想鋼筆為目標所開發的逸品。近期將心力投注於開發關懷環境的商品系列，持續受到支持者的喜愛。

PLATINUM

Model

#3776 Century Celluloid

以細緻的加工
提升和風圖紋的魅力

從天冠到筆桿的前端，除了筆尖之外，全部皆以曲面加工的賽璐璐包覆，盡可能表現出成色良好的賽璐璐魅力。金魚、櫻花等設計更融入了和風美感。

MARUZEN'S Comment

使用現今少見的賽璐璐製作，質輕、鮮亮的配色為其特色。是完美體現賽璐璐製品魅力的逸品。

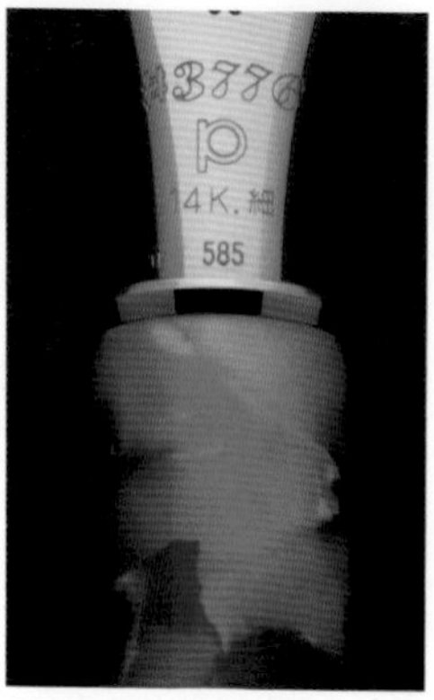

將板狀的賽璐璐捲成管狀，鋼筆的形狀立即成形。

Spec

全長：136.5mm
筆桿直徑：14.9mm
重量：20.6g
墨水的填充方式：兩用式
筆尖：14K
筆尖粗細：F・M・B
價格：¥30,000＋稅
顏色：紅錦鯉・櫻花・綠蔭
　　　玳瑁・石垣

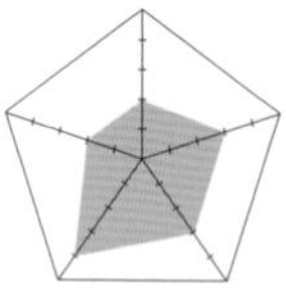

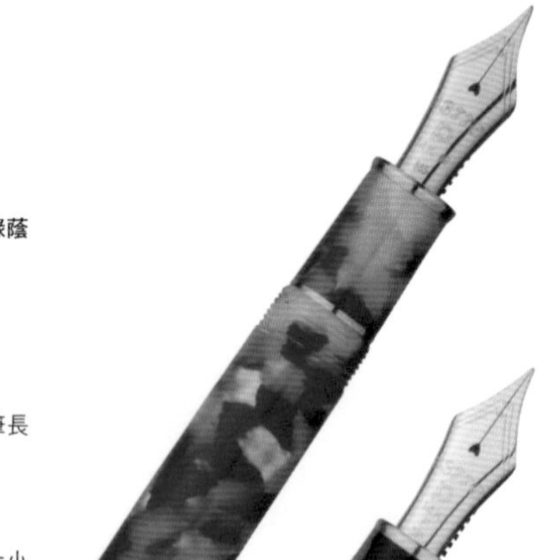
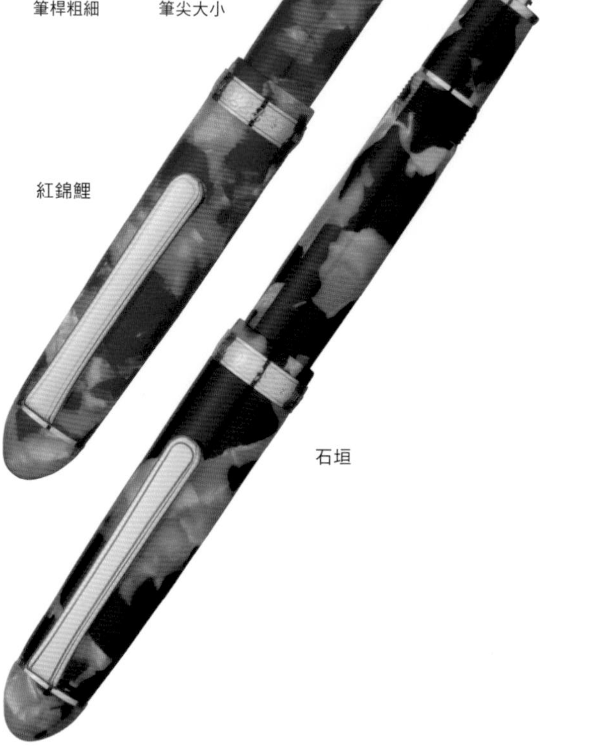

紅錦鯉

石垣

Model

President

支持者信賴度極高的
人氣系列

與Century相比，筆尖和筆身皆略大一些。書寫性能則維持PLATINUM一貫的特色，確實發揮筆身的強度。是白金愛好者高度信賴的經典筆款。

MARUZEN'S Comment

比Century更高一階，為長銷筆款。顏色款式相當豐富，字幅選擇則為標準規格。

Spec

全長：142mm
筆桿直徑：16mm
重量：21g
墨水的填充方式：兩用式
筆尖：18K 鍍銠雙色
筆尖粗細：F・M・B
價格：¥25,000＋稅
顏色：黑・紅・藍・黃

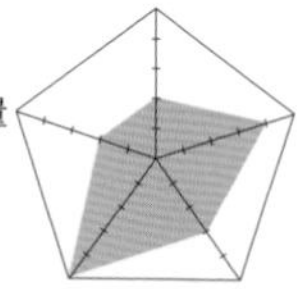

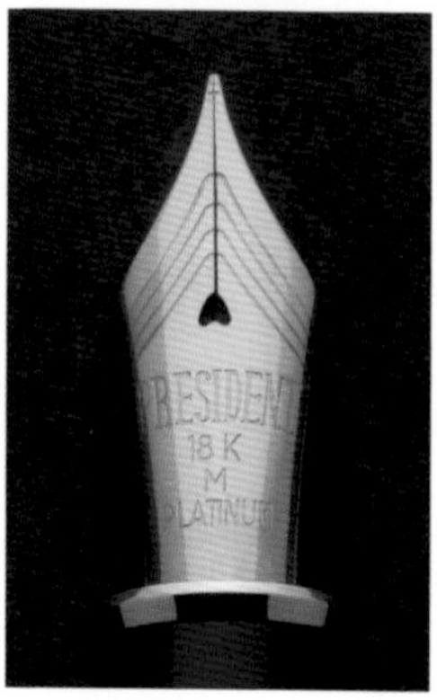

筆尖的President刻字使持筆者得到滿足的尊榮感。

Model 講究主義派

#3776 Century屋久杉

嚴選樹齡3000年的屋久杉

嚴選樹齡3000年的屋久杉，由熟練的名匠製成半光澤的質感。高級的香味和美麗的木紋為屋久杉的特色。因自然保護法規等規定的限制，其稀有性使價值更是高漲。

MARUZEN'S Comment

由歷史悠長的鋼筆廠牌製作，屋久杉的鋼筆深受客人信賴。高雅品質值得特別推薦。

Spec

全長：146.9mm
筆桿直徑：15.2mm
重量：23.5g
墨水的填充方式：兩用式
筆尖：14K
筆尖粗細：F・M・B
價格：¥50,000＋稅

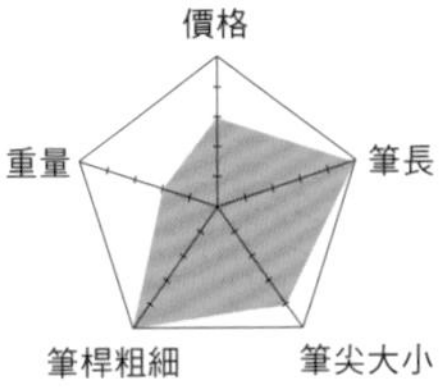

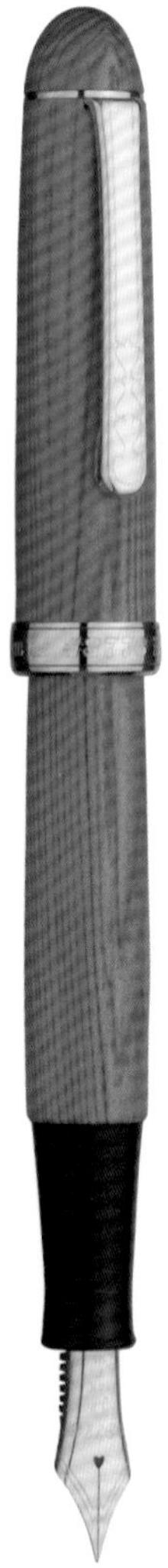

Model 選購第二支鋼筆 適合女性

美巧Sheep

擁有將近50年的歷史以真羊皮捲繞的鋼筆

誕生於1966年，以真皮捲繞的鋼筆。因使用羊的皮革，實現高級感和良好握感。皮革捲繞的接縫極小，溫潤的觸感相當迷人。

MARUZEN'S Comment

以皮革製作筆身為其特色。輪廓為PLATINUM鋼筆中略細的筆款，是PLATINUM的代表作之一，細筆設計使其更具人氣。

Spec

全長：136.7mm
筆桿直徑：13.5mm
重量：17.6g
墨水的填充方式：兩用式
筆尖：14K
筆尖粗細：F・M
價格：¥10,000＋稅
顏色：黑・藍・焦糖棕・紅

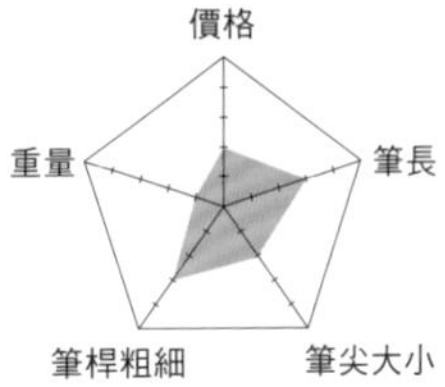

Model 講究主義派

出雲 溜塗

以傳統技法完成的塗漆鋼筆

在底漆上塗上一層透明漆，可以看見殘留漆底的傳統技術「溜塗」，展現撼動日本人心弦的美感。使用4至5年後，會呈現出另一層次的豔麗色澤，魅力亦倍增。

MARUZEN'S Comment

漆製的鋼筆，大家都很喜歡吧！特別是溜塗經過時間淬鍊，將產生全新的豔麗風情，值得長期使用與品味。

Spec

全長：154mm
筆桿直徑：18mm
重量：34.5g
墨水的填充方式：兩用式
筆尖：18K
筆尖粗細：F・M・B
價格：¥55,000＋稅
顏色：赤溜・空溜・枇杷溜

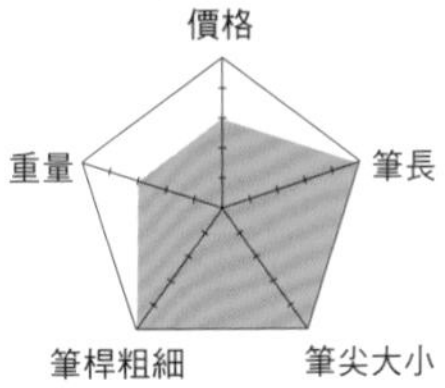

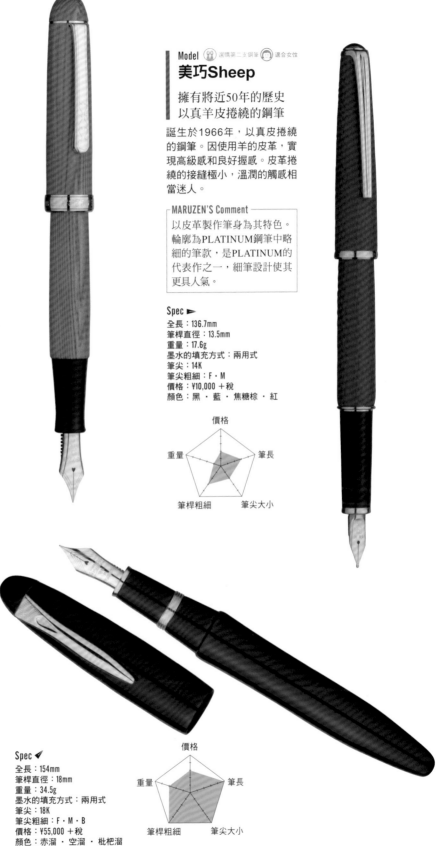

Namiki

Model 選購第二支鋼筆

Nippon Art Collection

以鋼筆表現
日本的傳統之美

以日本傳統的風景、動物、文化等為主題，再以平蒔繪技法表現的系列。蒔繪，是一種在物品的表面以漆畫上圖案，再附著上金、銀粉或色粉的技法。可於書寫時享受將美麗的圖案一起握於手中的喜悅。14K的筆尖，書寫筆觸相當柔軟。

Spec ►

全長：143mm
筆桿直徑：14.7mm
重量：18g
墨水的填充方式：兩用式
筆尖：14K
筆尖粗細：F・M・B
價格：¥35,000 ＋稅
顏色：富士山＆船
富士山＆波浪
富士山＆龍

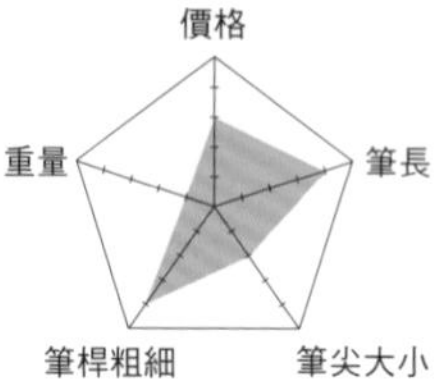

富士山＆船　富士山＆波浪　富士山＆龍

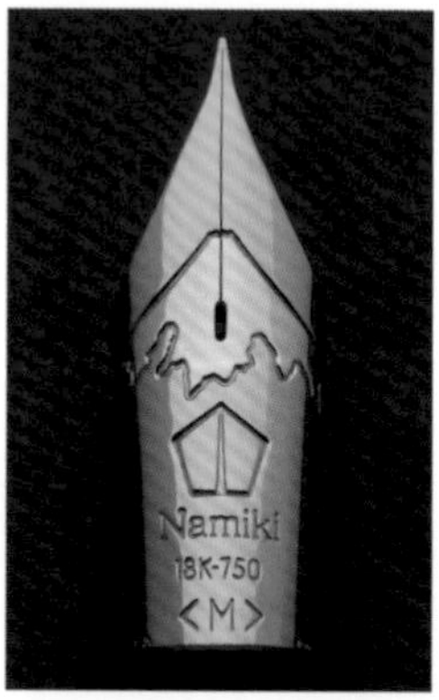

筆尖上的雕刻是日本人鍾愛的富士山。這個設計太棒了！

廣受世界好評——日本傳統的蒔繪鋼筆

Namiki是並木製作所（現在的PILOT Corporation）生產高級蒔繪鋼筆的品牌。早期鋼筆筆身的素材一般使用硬橡膠，但有變色或掉色的缺點。因此並木製作所的開發小組，加入日本傳統的漆技術，以防止壞損、製作出鮮豔的筆身為目標，創造出取得專利的「不掉漆」手法。施以蒔繪生產的鋼筆，則是1926年的發明。精細作業的蒔繪，受往後成為人間國寶的蒔繪師傅——松田權六的技術指導；松田先生為了重新發展蒔繪鋼筆，更在1931年組織「國光會」。

而後蒔繪鋼筆更推進至歐洲各國，並於鋼筆界贏得穩固的地位。一支筆即需耗時數月的Namiki蒔繪鋼筆，直至現今仍獲得世界各國的高度評價。

Model 講究主義派

沉金系列

將職人技術發揚光大
沉金技法的極致

Chinkin意指沉金技法。是將完成塗漆的物體以鑿子雕刻出圖案，在再次塗漆時，於漆中混入金箔或金粉的裝飾技法。此筆款筆尖為18K，若以藝術品為其評價，完成度也極高。

Spec ►

全長：137mm　筆桿直徑：14.3mm
重量：37.3g
墨水的填充方式：兩用式
筆尖：18K
筆尖粗細：F・M・B
價格：¥100,000 ＋稅
顏色：松樹・櫻花・鶴・芒草

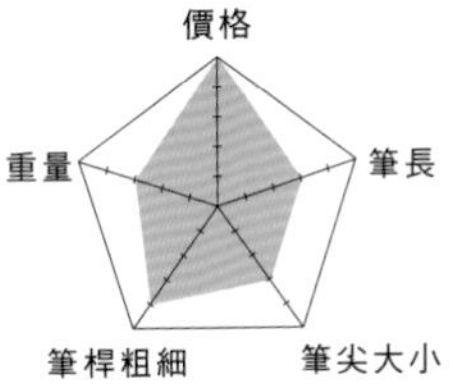

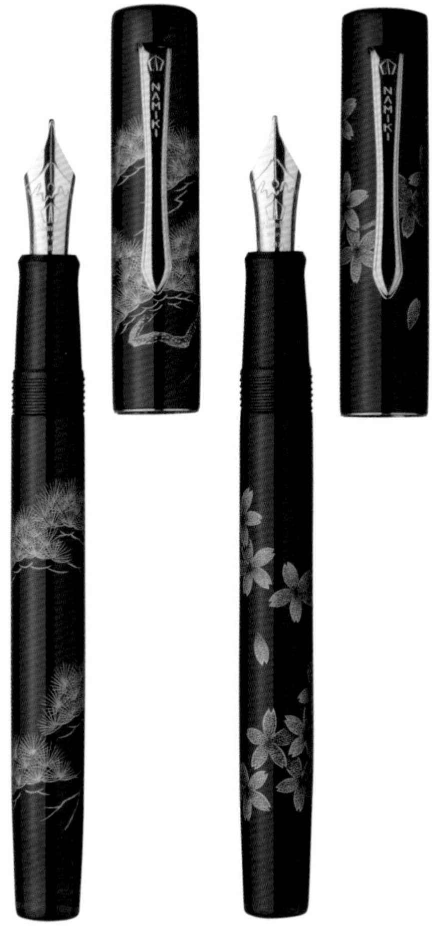

松樹　　櫻花

Model 講究主義派

Yukari Royale Collection

匯聚Namiki精粹的
率意裝飾

比起Yukari Collection更大一點的尺寸，以高級質感展現難以忽視的存在感。畫於筆身的水潤桃子和可愛鸚鵡的圖案，「美麗」為其不二評價。

Spec ▼

全長：149mm　筆桿直徑：16.3mm
重量：42g
墨水的填充方式：兩用式
筆尖：18K
筆尖粗細：F・M・B
價格：¥450,000 ＋稅
顏色：桃子＆鸚鵡

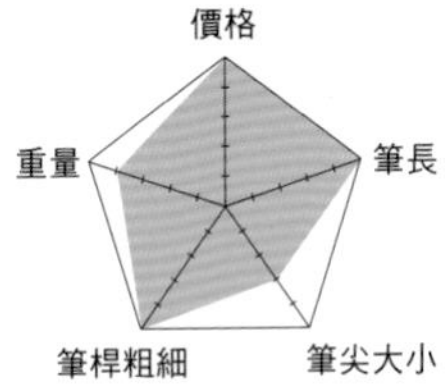

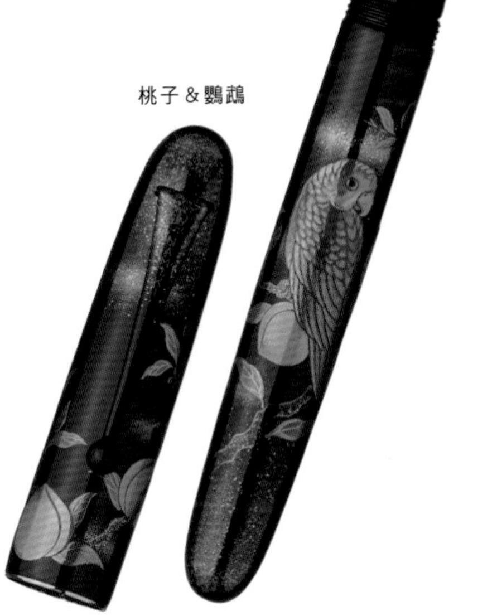

桃子＆鸚鵡

Model 講究主義派

Yukari Collection

以螺鈿技法
表現月亮般柔和的光芒

將夜光貝等的貝殼壓平成形後，切出圖案並鑲於漆面的裝飾，即稱為螺鈿。螺鈿月光，就是以這種螺鈿技法表現月光的氛圍。柔和的光芒能夠療癒持筆之人。

Spec ▼

全長：142mm　筆桿直徑：14.2mm
重量：32.5g
墨水的填充方式：兩用式
筆尖：18K
筆尖粗細：F・M・B
價格：¥200,000 ＋稅
顏色：螺鈿月光

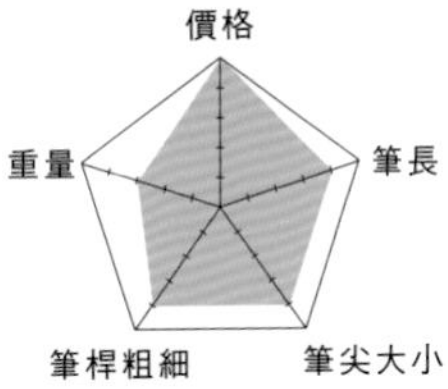

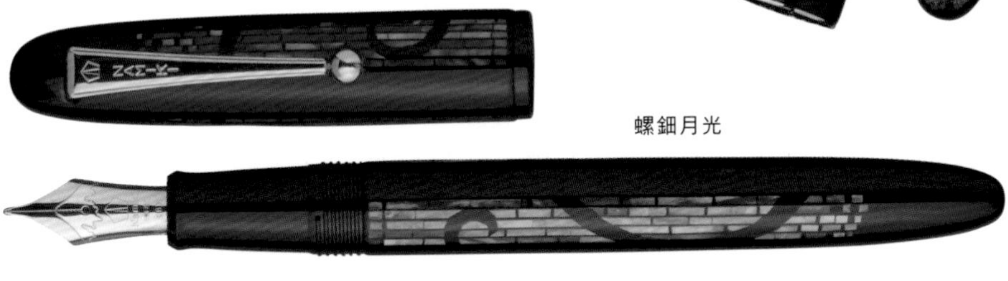

螺鈿月光

NAKAYA FOUNTAIN PEN

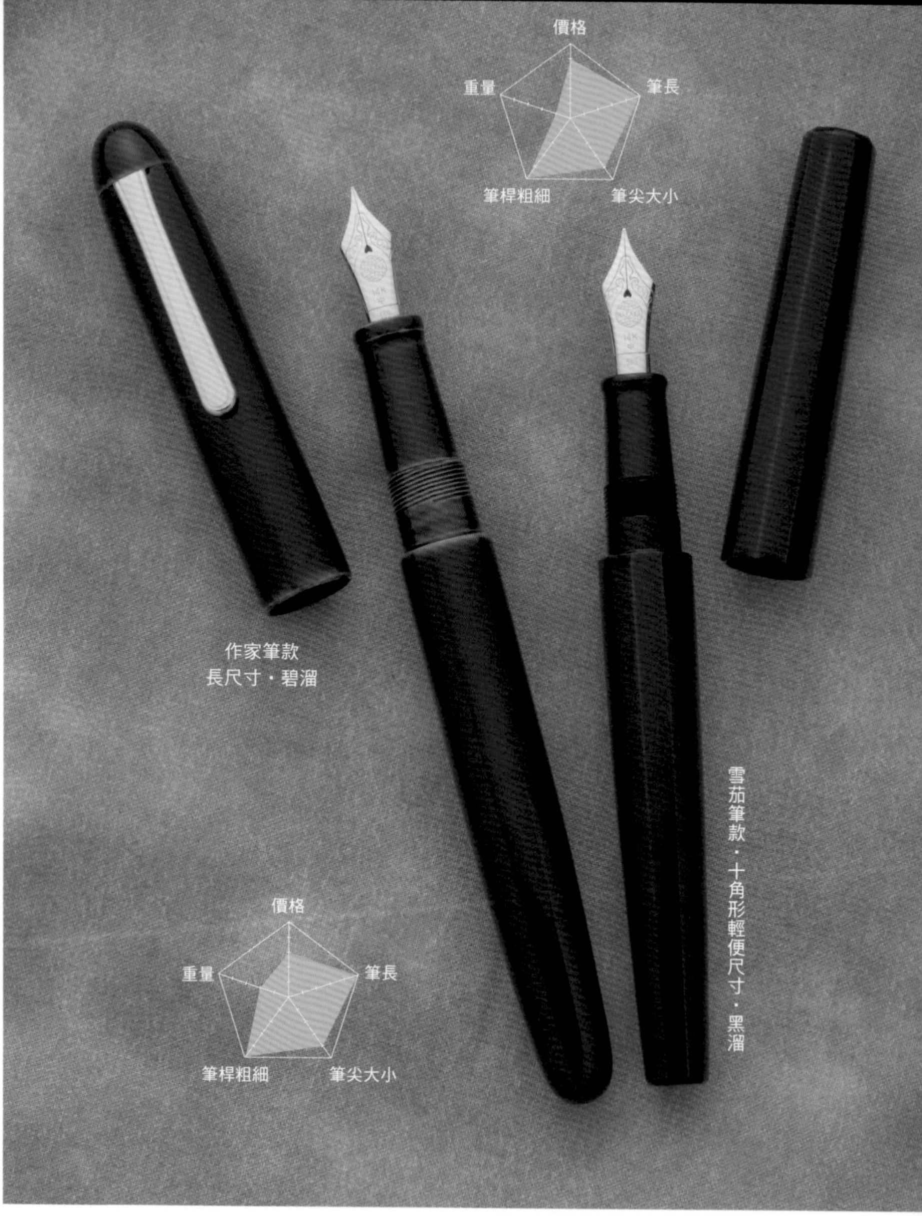

Model 講究主義派

雪茄筆款 十角形輕便尺寸 黑溜

享受和風趣味
十角形的輪廓

將持筆手握處全部上漆，可以享受獨特的觸感。筆身的素材為硬橡膠。因為精確的重量約與壓克力樹脂相當，尺寸輕盈也是其特色。

Spec ►

全長：149mm 筆桿直徑：15mm
重量：17g
墨水的填充方式：兩用式
筆尖：14K
筆尖粗細：SEF・EF・F・SF・M・SM・B・BB
價格：¥65,000＋稅
顏色：黑溜

Model 選購第二支鋼筆

作家筆款 長尺寸 碧溜

回應支持者的期盼
發表碧溜的塗裝

筆蓋、筆身無段差且流暢的輪廓，完美襯托出溜塗的漆藝。藍色、綠色的溜塗為碧溜，是納入日本國內外愛好者期望製作而成的筆款。

Spec ►

全長：163mm 筆桿直徑：15mm
重量：28g
墨水的填充方式：兩用式
筆尖：14K
筆尖粗細：SEF・EF・F・SF・M・SM・B・BB
價格：¥55,000＋稅
顏色：碧溜

來自經驗豐富職人的工藝 世界上僅此一支的手作鋼筆

在PLATINUM鋼筆的製作工廠，以擁有超過40年鋼筆製作經驗、具有熟練技術的職人們為中心，創立於1999年的品牌。「中屋鋼筆」品牌名稱，是取自PLATINUM鋼筆發跡當時的商號。

根據自己喜好的筆身形狀、顏色、尺寸，就連筆夾與筆尖的種類等，全部都可以客製化。訂購之際，亦可將筆壓、書寫角度、筆的握法等訊息填入個人資料中，職人會再根據這份資料以方便書寫的原則調整製作。

此外，汲取日本傳統工藝的漆塗或蒔繪等技術，融入鋼筆的製作也是其魅力特色。如加上石川縣輪島的漆塗，或鑲上寶石等工藝皆可以達成，正是仰仗這些熟練職人的手藝。來自國外的訂單也很多。因應各式各樣的顧客要求，以製作出充滿魅力與個性的鋼筆的精神運作，是大量生產的廠牌絕對無法仿效的。

OHASHIDO

Model 選購第二支鋼筆

Standard

**移動圈環
即能改變重心**

以將車床拋磨的硬橡膠筆身施以漆塗的鋼筆，而廣為人知的老店。PC-1型為移動18K圈環就可以自由改變重心的設計。此創新的構造已取得專利。

Spec

全長：140mm
筆桿直徑：15mm（根據塗裝增加）
重量：22g
墨水的填充方式：兩用式
筆尖：14K
筆尖粗細：EF・F・M・B・Z
價格：¥48,600＋稅

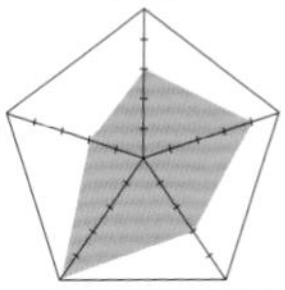

既素樸又華麗的完美手製鋼筆

1912年，創立於宮城縣仙台市的大橋堂。初代的植原吉春原本是鑽研象牙拋磨的職人，他將此精密的技術融入鋼筆的製作。而後，第二代的兒子榮一，於18歲進入鋼筆世界，以腳踏車床手工製作的實際表演販售蔚為話題，獲得全國性規模的支持者，以「大橋堂的鋼筆容易書寫」的印象深植人心。

現在，由榮一和孫子友一共同經營。由兩名職人繼承延續的店鋪，將以車床拋磨過的硬橡膠筆身施以塗漆的手工作業，至今仍不曾改變。

想要觀賞或購買講究細節的大橋堂鋼筆，可以直接造訪仙台的店鋪，或參與各地開展的限定活動。保持與顧客對話製作極品鋼筆，是大橋堂自始至終不變的態度，手製生產的鋼筆亦是保證終身維護的逸品。

調整環繞筆身的18K圈環，即可調節筆尖的強弱。

MARUZEN

Model 鋼筆新手

Stream Line Onoto Model

丸善為大正時代的逸品重新賦予生命

模仿1958年中止製造的ONOTO人氣筆款的鋼筆。以波浪紋裝飾的筆身握筆時相當順手，14K筆尖彈性極佳，屬於柔軟的書寫觸感。

MARUZEN'S Comment

模仿名品ONOTO Stream Line的筆款，現在正在丸善的旗艦店鋪發售中。

Spec

全長：172.9mm
筆桿直徑：13.1mm
重量：23g
墨水的填充方式：兩用式
筆尖：14K
筆尖粗細：F・M・B
價格：¥32,000＋稅
顏色：黑

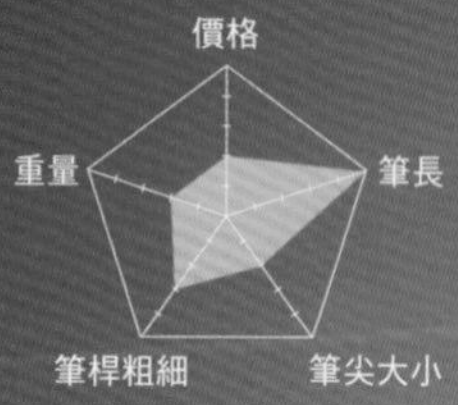

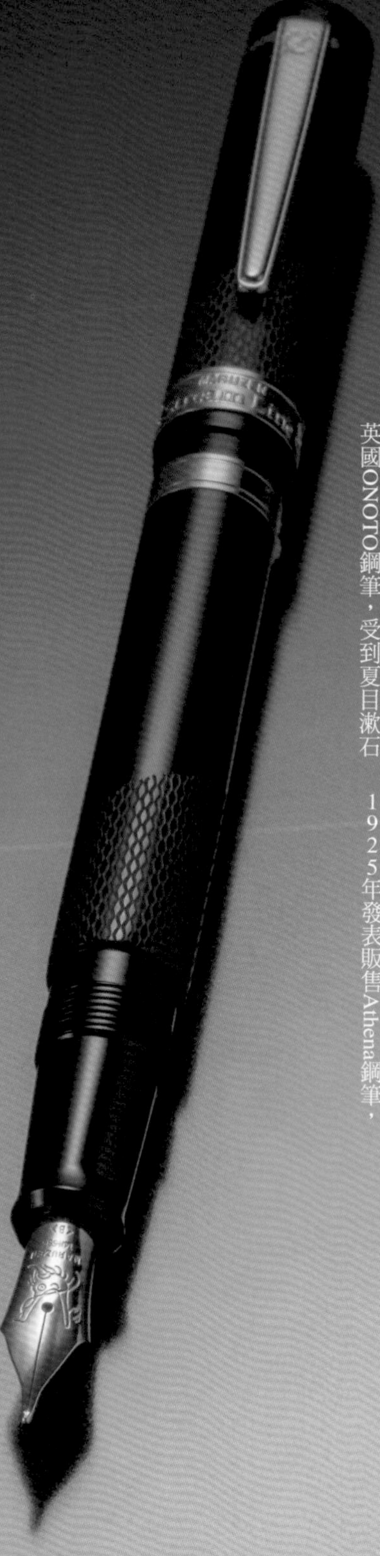

從老字號文具店的歷史出現鋼筆的蹤影

丸善創業於1869年，始於福澤諭吉的門生，早矢仕有開創的丸屋商社。起初以進口販賣西洋書籍與雜貨為主，其中就包含來自歐美的鋼筆。當時佔大宗的英國ONOTO鋼筆，受到夏目漱石和北原白秋等文豪們的愛用。

直到1914年，丸善不再只是進口鋼筆，更開始著手原創鋼筆的生產。之後，模仿WATERMAN鋼筆生產的Zenith鋼筆，成為第1號丸善原創鋼筆，開始製造販售。經過多次開發後，1925年發表販售Athena鋼筆，美麗的輪廓和精密的構造，直至1960年代前半期中止製造為止，仍是許多愛好者喜愛的鋼筆。因鋼筆的製作一度中止，紀念創業120週年的原創鋼筆（立即完售）得以重新生產時，愛好者們無不欣喜若狂。

將黑檀木等珍貴木材加工於鋼筆之上 | JAPAN | 平井木工挽物所

HIRAI WOODWORKING PLANT

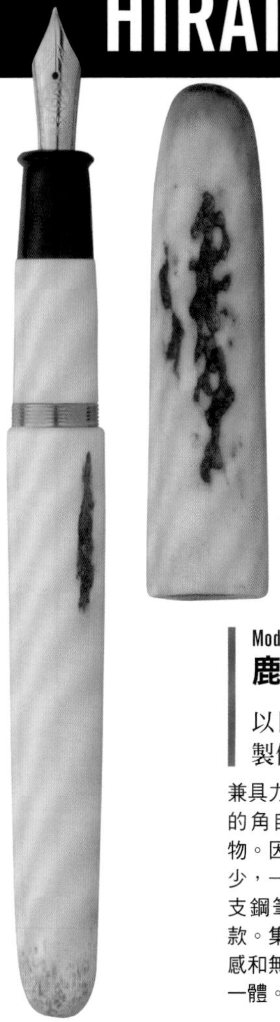

Model 選購第二支鋼筆

鹿角

以日本鹿的鹿角
製做出個性派鋼筆

兼具力與美的形狀，日本鹿的角自古就是招福的幸福物。因為可以取用的部位極少，一支角甚至無法製成一支鋼筆，是非常稀有的筆款。集享受天然素材的粗獷感和無法取代的個性觸感於一體。

Spec
全長：150mm
筆桿直徑：15mm
重量：35g
墨水的填充方式：兩用式
筆尖：14K、鋼（鍍金）
筆尖粗細：F
價格：¥23,000＋稅（鋼）
¥38,000＋稅（14K）

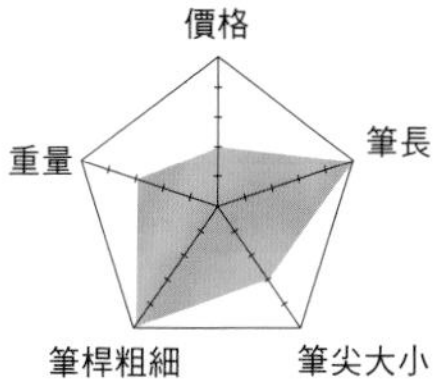

Model 鋼筆新手

屋久杉

漆塗的屋久杉
也是高雅之作

為了表現出如今已無法採集的屋久杉最大的魅力，與漆塗職人共同完成的逸品。因為本體和筆蓋來自同一塊木材，木紋的表情極為自然和諧。該系列自始皆即用14K筆尖，以實現安定的書寫觸感。

Spec
全長：150mm
筆桿直徑：15mm
重量：20g
墨水的填充方式：兩用式
筆尖：14K、鋼（鍍金）
筆尖粗細：F
價格：¥18,000＋稅（鋼）
¥38,000＋稅（14K）

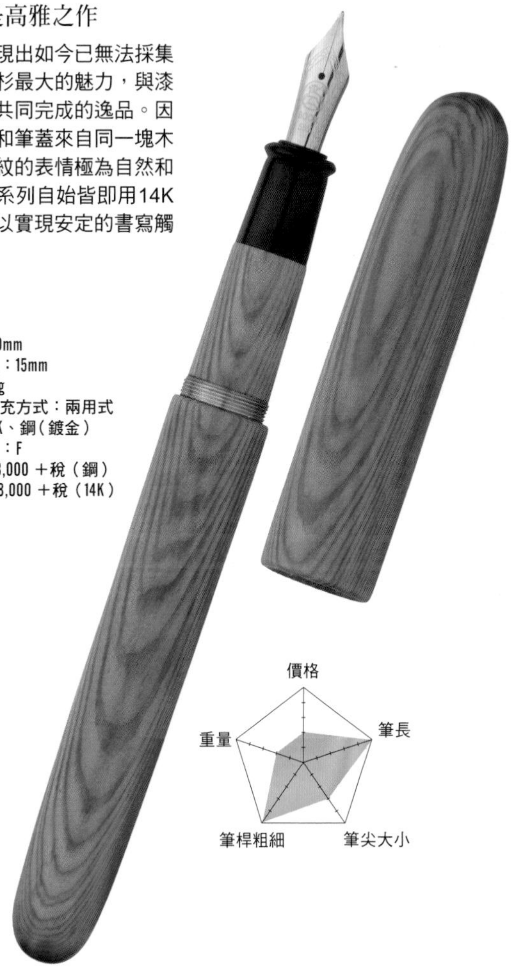

以職人的技術削製出品味深奧美麗的木紋

1970年，經驗豐富的木工職人平井守，在大阪市生野區成立平井木工挽物所。在職人們的工作室林立的街道，持續使用傳統車床製作木製品。

而後曾經一度中止生產，直至2010年才再次重現。目前持續以紫檀木、黑檀木或屋久杉等天然木材製作高級文具，深受鋼筆粉絲的愛戴。

平井木工挽物所出品的鋼筆特色是無法言喻的木紋之美。因為從筆身到筆蓋、握位皆以一塊木材製作而成，方能實現美麗自然的木紋分布。從起初驚訝於鋼筆不僅只於需要職人的削製技術，到經歷開發鋼筆製作所需專用工具的數次失敗後，平井先生終於完成講究的手工作業。

精心拋磨、獨一無二的鋼筆，使用起來既順手，且具有可深入探究的品味，皆是木製品獨有的優點。

HAKASE

Model 選購第二支鋼筆

訂製鋼筆

愛好者憧憬的訂製鋼筆

訂製專屬自己的鋼筆。可供選擇的零件有：鋼筆外形、金屬、筆尖種類、筆身素材、字幅、整體尺寸。因為零件的種類很豐富，請參考網站（http://www.fp-hakase.com/）資料，或直接前往店家決定。赴店前，請務必事先預約。

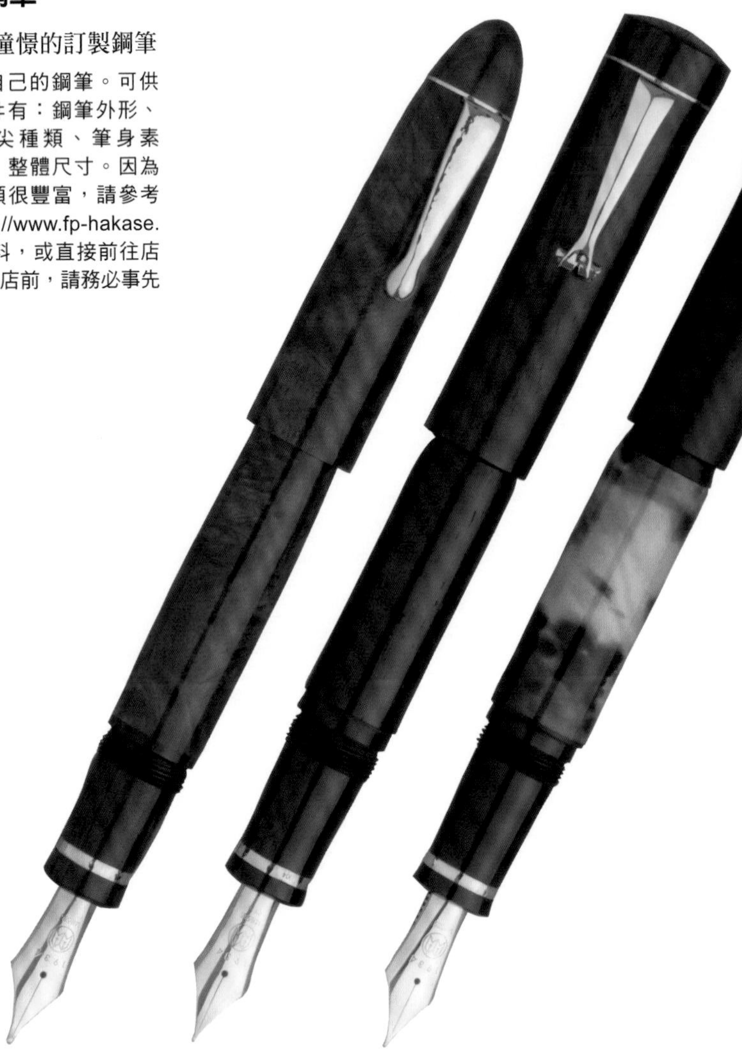

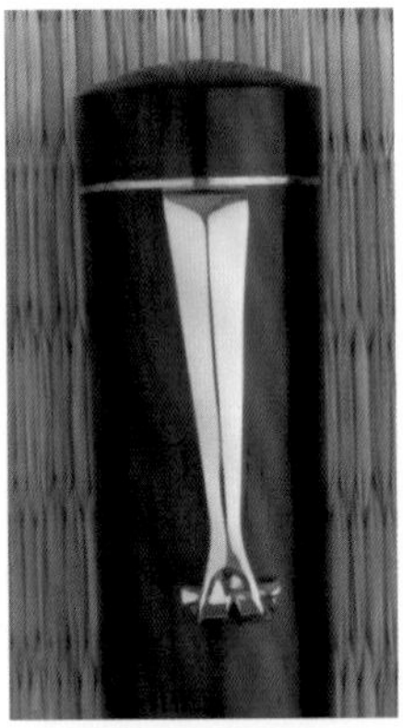

將14K無垢素材以手工作業鍛金加工的滾動型筆夾。

以最佳的書寫體驗追求個人專屬的鋼筆

位於鳥取的鋼筆博士，即是1934年，初代的山本義雄創業的鋼筆專門店。起初因以大量生產的方式製作鋼筆，曾經歷一個時期販售國貨的經營狀態。從1982年起，始以HAKASE品牌開始客製化鋼筆的製作。現今，第三代的山本龍不僅是社長，更以職人身份投入鋼筆製作。

在訂購時，將運筆角度、手腕角度、筆壓等內容記錄於訂購單（個人資料）上，山本先生會根據訂購者的書寫習慣設計出適合的鋼筆。之後再從硬橡膠、賽璐珞、玳瑁、水牛角等選擇中決定筆身的素材，並從幾個設計中選擇喜歡的形狀。

一支鋼筆大概需要300至500個工序才能完成，耗時將長達一年；但因其高品質的好評，支持者仍從日本國內不停地擴往全世界。

YAMADA

Model 講究主義派

訂製鋼筆

自由度高的
人氣訂製鋼筆

在硬橡膠的筆身上施以螺鈿和金銀鑲嵌裝飾的手作鋼筆店家，也接受客製化的鋼筆訂單。不僅可以決定基本的零件選擇，自由度高的訂製需求更是其魅力特色。對於職人久保田先生而言，沒有做不出來的訂製需求。

使理想中的完美鋼筆具體呈現的名店

在長野縣松本市擁有超過80年歷史的「山田鋼筆」，店名源自山田先生創業的店。現今由其徒弟久保田禮禧擔任店長，製作手工鋼筆。

久保田先生是會全面傾聽顧客的期望，製作出完全客製化筆身的職人。至今似乎沒有他做不出來的訂製需求，可見其高度的技藝。

基本的筆身素材為硬橡膠，但也時而根據情況以雕刻金屬、象牙、水牛角、螺鈿細工等裝飾，完成各種訂製。

「山田鋼筆」的風格，是不以基本筆款改造細部變化進行鋼筆製作。推薦給喜歡從草稿開始設計，想要製作出世界上獨一無二鋼筆的使用者。

在黑色正統的鋼筆上，施以美麗光澤的裝飾。以客製全面滿足你的夢想！

PENT

Model
by 大西製作所
Acetate Arc Model

Mandarin Orange

Model 選購第二支鋼筆 適合女性
by 大西製作所
Acetate夢櫻
附SWAROVSKI寶石

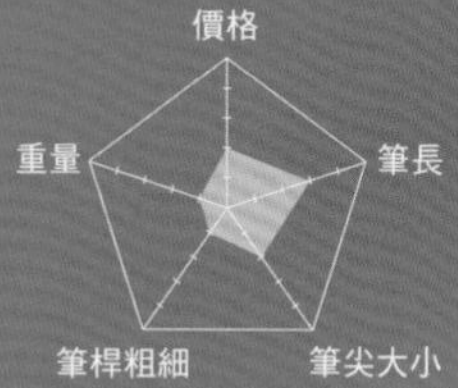

低調地點綴出
一個聚焦的光芒

在筆蓋頂部鑲上SWAROVSKI的XILION Chaton寶石，比Acetate Arc Model更加奢華。時而閃現的「one point」設計，是屬於成熟人士的高級時髦品味。

Spec

全長：134mm
筆桿直徑：12mm
重量：18g
墨水的填充方式：兩用式
筆尖：鋼
筆尖粗細：F
價格：¥15,500 ＋稅
顏色：粉紅

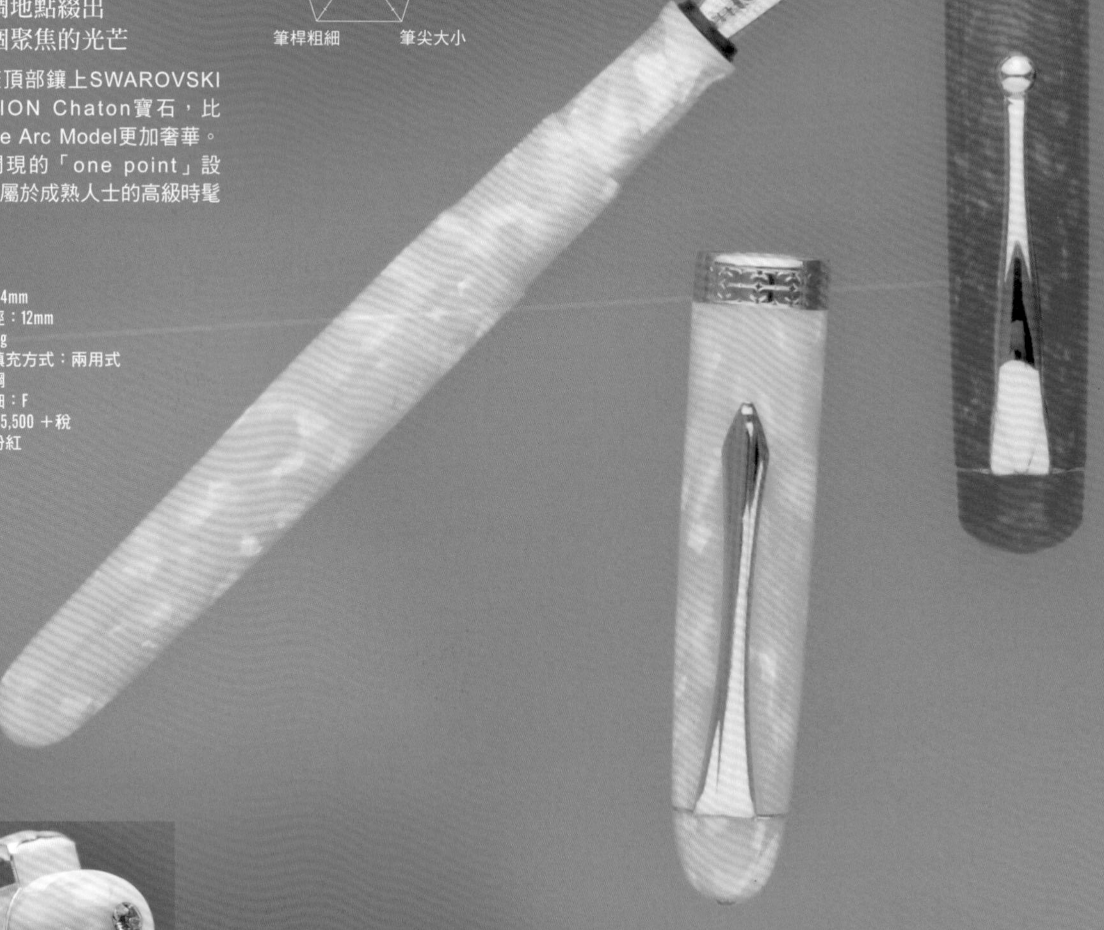

粉色的SWAROVSKI寶石，
兼具可愛和高雅質感。

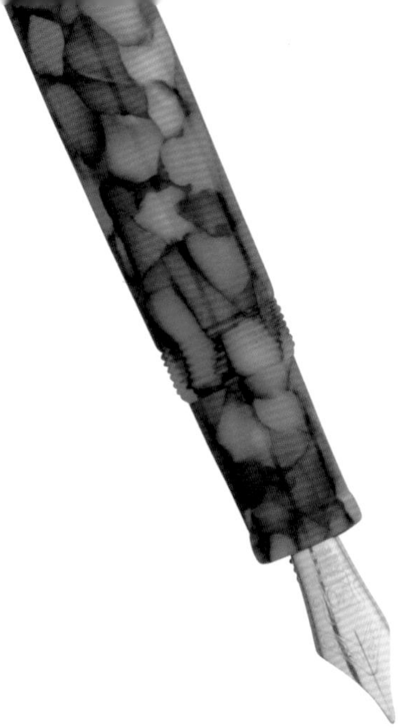

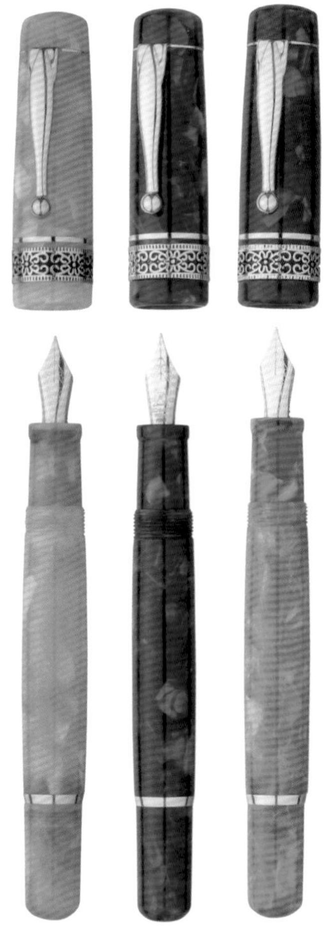

Model 鋼筆新手

Symphony

以粗筆身 奠基穩定的存在感

筆身最大直徑14mm，筆蓋最大直徑17mm，因整體稍粗而具有相對穩定的存在感。但是握感也很講究，可以盡情地享受鋼筆書寫的樂趣。

Spec ◄
全長：137mm　筆桿直徑：14mm
重量：27g
墨水的填充方式：兩用式
筆尖：鋼
筆尖粗細：F・M
價格：¥14,000＋稅
顏色：綠・藍・橘・粉紅

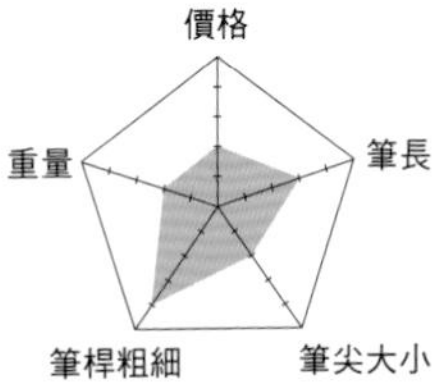

簡單精細的圈環＆幾何圖案設計的華麗圈環，皆替筆蓋增添了華麗感。

Model 鋼筆新手
by 大西製作所

Acetate Arc Model

色彩豐富的 Acetate鋼筆

擁有高級品光澤的Acetate，是大西製作所的大西慶造先生以純手工打造而成。共有以櫻花、寶石或紅酒等為顏色變化主題的美麗筆款。

Spec ▼
全長：138mm　筆桿直徑：13.5mm
重量：23g
墨水的填充方式：兩用式
筆尖：鋼
筆尖粗細：F・M
價格：¥16,000＋稅
顏色：橄欖的收穫
Mandarin Orange

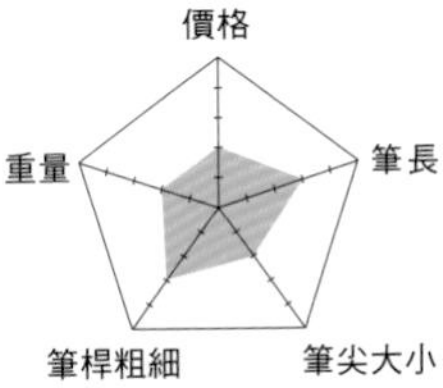

橄欖的收穫

以熟知鋼筆的商店為基石 創造嶄新的歷史

世界各國文具一應俱全的網路購物網站PENHOUSE，從2004年開店以來，因搜羅必備的基本品項以及深受愛好者青睞的夢幻逸品，積累了大量的人氣。該筆店的原創品牌即為「PENT」。

PENT發表許多和SAILOR、大西製作所、CARAN d'ACHE等國內外的鋼筆大廠或職人跨界合作的筆款。因為熟知各品牌的長處、使用者的喜好和流行趨勢，PENT出產的聯名筆款屢在鋼筆迷中引起熱潮。此外，完全原創的Symphony系列以存在感強烈的輪廓為其特色，華麗的裝飾和顏色更散發出高級鋼筆質感。購入幾支筆後，替換筆蓋和筆身，試著換上喜歡的顏色圈環，也是一種奢華的樂趣。

TRY-ANGLE

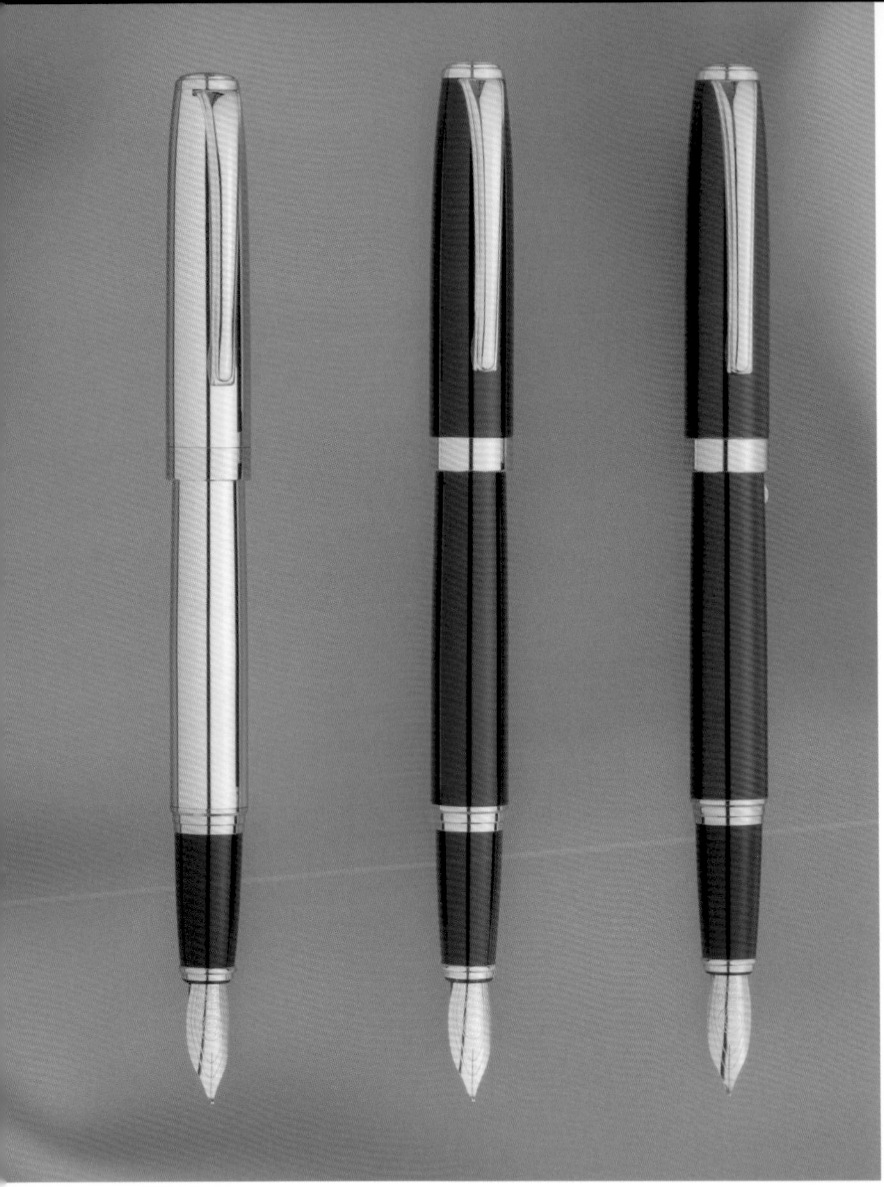

Model 鋼筆新手

DECO PEN絆

如原子筆般
書寫使用極好上手

DECO PEN絆最大的特色是可以根據握筆的角度或筆壓的強弱，自在地變換文字的粗細。此外，筆尖是點亦是曲面的設計也是重點之一。因此筆尖可以分散承受力量，使筆壓強的人也可以寫出細字。

Spec

全長：137mm
筆桿直徑：13mm
重量：32g
墨水的填充方式：兩用式
筆尖：22K 鍍金
筆尖粗細：F・M・B
價格：¥3,334 +稅
顏色：漆黑 ・ 紅赤 ・ 鏡銀

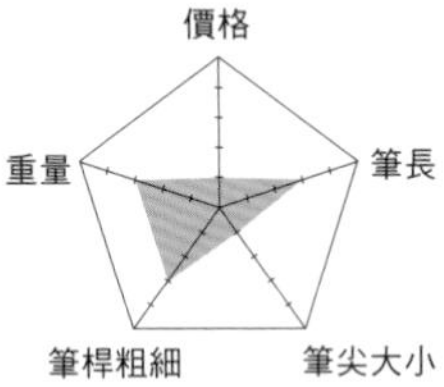

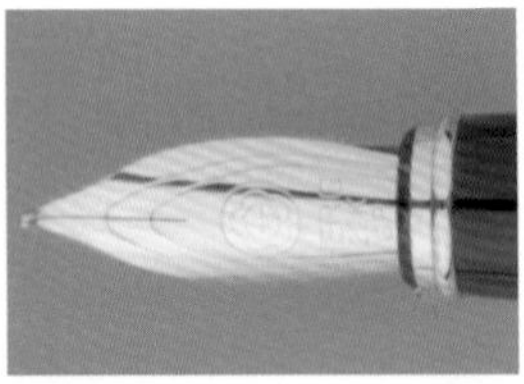

將筆尖外摺的設計，特色在於可以自在地變化書寫觸感、線條粗細。

拓展鋼筆可能性的彎曲筆尖

2007年創業的「株式會社中川屋」發表販售的鋼筆品牌TRY-ANGLE。創辦者為中川智之，此品牌名稱具有「將人、事、物結合成三角形」的意思。

該公司的主要招牌筆款為DECO PEN絆系列。這款DECO PEN，可以自由地表現細字、粗字，以享受未曾體驗的書寫觸感為其特色，其秘密在於筆尖既可是點亦可是曲面。一直以來，鋼筆若沒有傾斜約45度，書寫時絕對無法出墨；但DECO PEN的彎曲筆尖，使角度的限制大幅減少。

即使是有特別書寫方法偏好或筆壓強的使用者，皆可以以自己習慣的運筆方式書寫文字，因此當成入門用的鋼筆也很適合。此外，枕著手腕斜傾筆桿可以寫出粗字，直立筆桿則能寫出細字，類似一般書寫筆的感覺，最適合當成寫字＆畫圖兩用的一支鋼筆。

OHTO

Model 鋼筆新手

Majestic

金色格紋
格外引人注目

以Double Alumite製作的黃金格紋，散發出光芒的視覺效果相當震撼。適合想要改變風格的使用者。共有黑、藍、紅三種顏色。

Spec
全長：143.8mm　筆桿直徑：13mm
重量：28.7g
墨水的填充方式：卡水式
筆尖：鋼
筆尖粗細：F
價格：¥2,000＋稅
顏色：黑・藍・紅

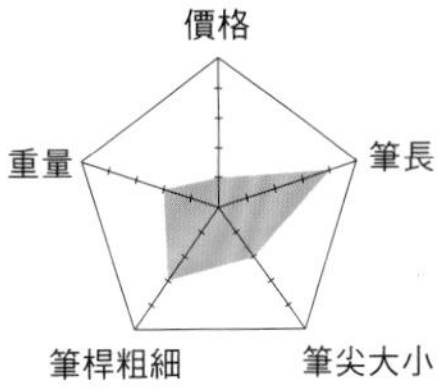

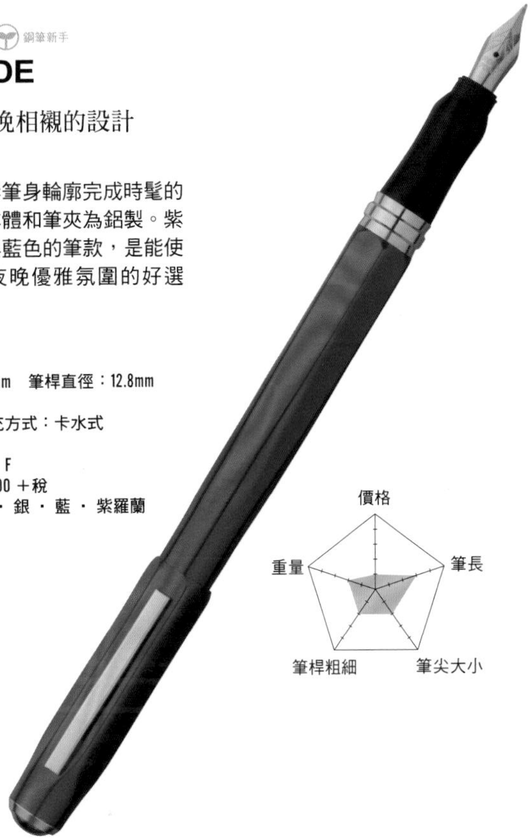

Model 鋼筆新手

DUDE

與夜晚相襯的設計

以六角形筆身輪廓完成時髦的線條。本體和筆夾為鋁製。紫羅蘭色與藍色的筆款，是能使人感受夜晚優雅氛圍的好選擇。

Spec
全長：136mm　筆桿直徑：12.8mm
重量：25g
墨水的填充方式：卡水式
筆尖：鋼
筆尖粗細：F
價格：¥1,000＋稅
顏色：黑・銀・藍・紫羅蘭

Model 鋼筆新手 適合女性

F-Lapa

細筆身＆低價格
女性也能輕鬆控筆

高級品般的人氣鋼筆，尾端可以藉由更新裝飾，變成金色款。未稅價格為1,000日圓，兼有細身筆桿、優雅的顏色，最適合想要體驗鋼筆書寫的女性。

Spec
全長：143.2mm　筆桿直徑：11.2mm
重量：20.6g
墨水的填充方式：卡水式
筆尖：鋼　筆尖粗細：F
價格：¥1,000＋稅
顏色：黑・咖啡・銀・酒紅

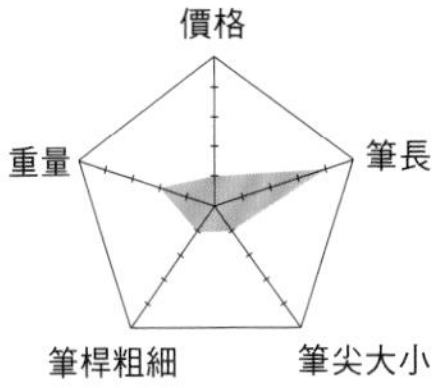

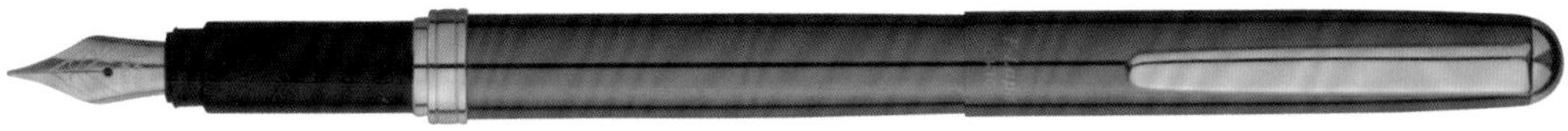

令人想要 每日使用的洗練設計

OHTO創業於1919年，中田藤三郎設立中田機化工業起。1949年，以製造實用且耐用的鉛筆型原子筆的老字號文具廠牌廣為人知。順帶一提，AUTO為品牌舊名，現今則以OHTO為品名。

OHTO鋼筆的特色是將價格設定在1,000至2,000日圓，易於入手的金額區間，但還是可以作出許多好看的設計筆款。

雕刻上IRIDIUM POINT的筆尖，是以國外高級品牌也採用的Schmidt製作而成，呈現出洗練的感覺。Dude系列以削製而成的六角形筆身為其特色，金屬感的光澤令人印象深刻；重量適中，握筆感非常平順，最適合作為日常使用的鋼筆。

TOMBOW

以追求機能美的品牌風格達到鋼筆製作的新境界

TOMBOW創立於1913年。小川春之助在台東區柳橋開業的「小川春之助商店」為其前身。創立初期主要將心力投入於製造鉛筆，尚未在大眾心中留下鋼筆製廠的形象。

但是從被世界評價已充分發揮TOMBOW產品設計力的Zoom系列起，即已開始發表販售鋼筆。Zoom 101採用碳纖維製作筆身，雖然具有高強度和厚重感，但讓人驚訝的是——重量卻不重，僅有14克的輕量。

尾栓和筆夾等處的白銀色皆為硬鋁製，這也是公認既輕且兼具強度的素材。從最尖端的素材一支一支地以手工精細加工而成、與過去的鋼筆感覺不太一樣、不可思議的順手握感……因為予人這樣的感覺，TOMBOW或許將在鋼筆領或開創出嶄新的境界。

Model 鋼筆新手

Zoom101

集新潮的風格與輕盈的書寫筆觸於一體

以堅固又輕量的碳纖維和硬鋁為筆身素材。碳纖維筆身的網紋圖案，帶來雅緻的手感。與厚重感的視覺印象相反，書寫時的筆觸意外的輕快。是商業場合與正式場合皆適用的時尚筆款。

Spec

全長：141mm
筆桿直徑：10.5mm
重量：14g
墨水的填充方式：卡水式
筆尖：不鏽鋼
筆尖粗細：F・M
價格：¥20,000＋稅
顏色：磨砂黑

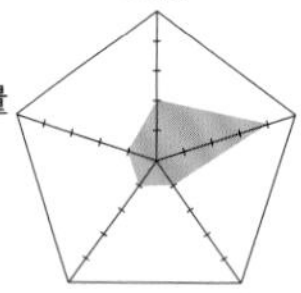

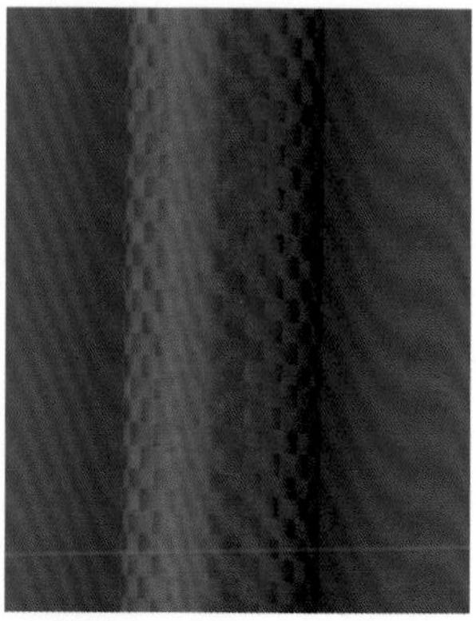

碳纖維筆身的精緻作工，提供使用者良好的握感。

Part 3

挑選 & 使用鋼筆

鋼筆正確的使用方法、該如何保養，任一環節如果弄錯就無法發揮其應有的書寫性能。此章節收錄有愛用鋼筆名人的採訪、請教鋼筆製造者或愛好者……等單元，請從中觀摩如何一步步地接觸鋼筆，進而熟悉鋼筆的正確使用方法吧！

PROFILE

中尾彬　生於1942年，千葉縣木更津市。武藏野美術大學畢業後，以日活新面孔（New Face）出道。演出的作品《龍三和七個小弟》（北野武監製）在2015年4月25日上映。為日本知名的鋼筆收藏家，曾在2008年獲頒「最佳鋼筆代表名人」。

鋼筆迷
名人眼中的
鋼筆魅力

Part.1

AKIRA NAKAO talks about fountain pen

中尾 彬

演員，以優秀演技獲得觀眾一致好評的中尾彬先生。眾所皆知他的興趣十分廣泛，諸如繪畫、陶藝皆有涉獵，鋼筆收藏也是其嗜好之一。從與鋼筆的相遇、鋼筆的魅力，到對初學者的建議，在此呈上中尾流的——「鋼筆論」。

▲採訪當天帶來的部分收藏。華麗燦爛的筆款是收到的贈禮藏筆，本人則最喜歡「簡單」的設計。

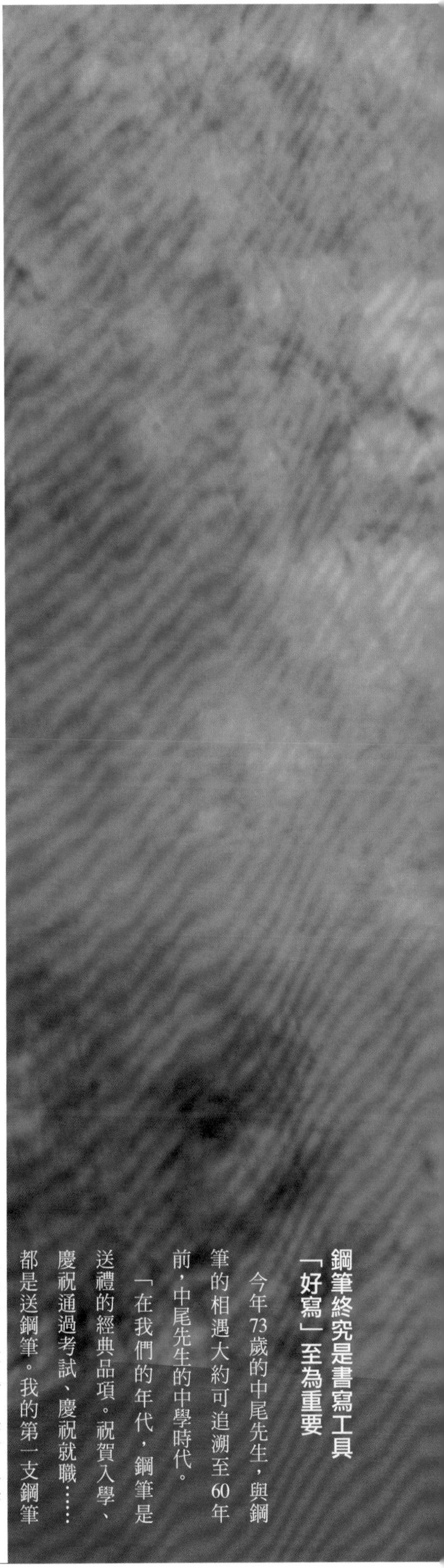

鋼筆終究是書寫工具 「好寫」至為重要

今年73歲的中尾先生，與鋼筆的相遇大約可追溯至60年前，中尾先生的中學時代。

「在我們的年代，鋼筆是送禮的經典品項。祝賀入學、慶祝通過考試、慶祝就職……都是送鋼筆。我的第一支鋼筆就是為了慶祝中學的入學，父母親送給我的。是PILOT的普通筆款。嗯，都插在胸前口袋呢！我是這樣擁有鋼筆的（笑）。但因為墨水價格很高，買不起而無法使用，也是當時的普遍現象。我至今仍會使用沒有墨水的筆尖寫字。」

如今，中尾少年已經長大並成為鋼筆收藏家，且擁有50支自豪的經典名筆。開始收藏鋼筆的契機又是什麼呢？

「約莫20年前吧？被委託擔綱原稿的執筆時，稍微思考了一下就買了PELIKAN的Souverän。之後，回憶中被遺忘的筆觸……甦醒了！就是從這時起慢慢地買入鋼筆。」

但是中尾先生原先並非刻意地收集鋼筆？

「鋼筆終究是實用取向，是一種工具，而我就是喜歡好寫的書寫工具。舉例來說，我現在最喜歡、經常使用的鋼筆是這一支SAILOR（見右圖），日系鋼筆真的相當適合直書。但若找到更方便書寫的筆款，這支SAILOR就會變得很少使用。『只要買一、兩支喜歡的鋼筆就可以了』——我只是因為這種想法而尋找『最終的一支』，鋼

左：入手現在很喜歡的SAILOR前，日常使用的MONTBLANC。
中：來自妻子池波志乃的生日禮物，PARKER Norman Rockwell紀念筆的復刻品。
右：SAILOR鋼筆，最常用於原稿執筆。

▲量身打造的筆尖。中尾先生的似顏繪雕刻也有「麻花」！

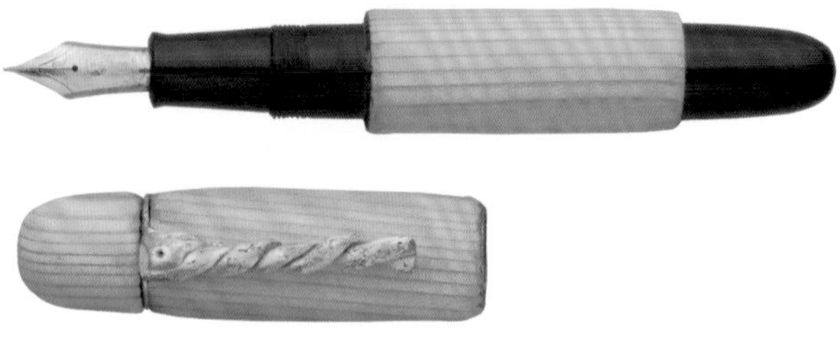

▲原創鋼筆，是來自島田紳助的祝賀，筆夾的設計取自中尾先生的代名詞「麻花」。

鋼筆迷
名人眼中的
鋼筆魅力
Part.1

筆卻不經意地增加了，所以我不是收藏家喔（笑）！」

年少時的熱情至今仍留存於心中

原來中尾先生是被鋼筆的書寫性能所吸引的。但是，書寫文具中除了鋼筆之外，還有各式各樣的選擇。如果繼續探尋鋼筆之於您的魅力……

「鋼筆入手後要確實保養這點相當麻煩，卻也和女生一樣——雖然麻煩但很可愛（笑）。保養是和鋼筆培養感情的方法之一。總之，無法做到的人就沒有資格擁有這個書寫工具。這也是屬於男人的時髦。書寫行為具有旁人無法明瞭的樂趣，如墨水顏色搭配原稿用紙的變化，鋼筆選擇也是如此。那是一種最棒的喜悅，對男性來說，是少數被允許的時髦不是嗎？此外，以鋼筆書寫的手稿很棒喔！過去的作家在撰稿時寫錯字，擦拭的痕跡雖

年少時的熱情至今仍留存於心中

然會使紙張變皺，但那也會成為作品的一部分。但若以原子筆書寫，就只是草率的文字罷了（笑）！」

最後，請教您初學者首次購買鋼筆的選擇基準。

「如果沒有親自試寫是不會知道的。書寫觸感的喜好因人而異。我自己喜歡粗一點、重一點，具有安定感的鋼筆。因為這種筆款的筆壓比較強，筆尖以稍微硬一點的為佳。此外，還要思考『要以鋼筆寫些什麼？』寫給朋友或戀人的信件？速寫？書寫有各種目的。依此原則進行思考，以符合需求為首要，選擇一支最適合你的鋼筆吧！」

喜好因人而異——一邊這樣說，中尾先生還是強力推薦初學者正統的鋼筆。

「現在，愈來愈少人手寫文字了，許多事物都已經無法滿足於普通平凡。也正因如此，『反璞歸真』很好啊！我自己就很常使用這樣的簡單物事。就像開車，對日本人來說，日本製還是最適合的。早期傳統的黑色國產鋼筆，即使老式不也很好嗎？鋼筆可是被稱為『萬年』啊（笑）！」

以喜歡的重手感MONTBLANC鋼筆，現場寫給讀者的訊息。「買真正的鋼筆」吧！

NAKAO□S WRITING

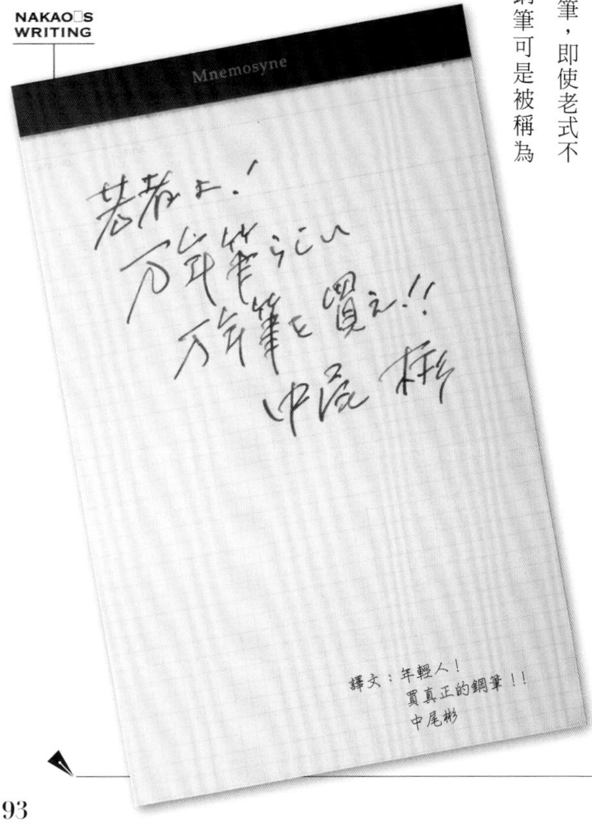

鋼筆迷
名人眼中的
鋼筆魅力
Part. 2

‖ SHINJI TANIMURA talks about fountain pen ‖

谷村新司

「2014最佳鋼筆代表名人」獲選的谷村先生，是擁有50年鋼筆使用經歷的資深鋼筆人。以鋼筆寫有《昴》等名曲歌詞，並以此引領出鋼筆世界的精彩。

以鋼筆寫詞 使創作格調更上檔次

谷村新司先生初次使用鋼筆，記得很清楚是中學一年級的時候。

「為了慶祝中學入學，父母送給我一支鋼筆。在我們的年代，鋼筆或手錶是慶祝入學的經典商品啊！成為中學生之後，不是會穿詰襟（日本中學生的制服款式）嗎？在胸前的口袋插上鋼筆，洋洋得意地自以為是成熟的大人──這樣的記憶，特別鮮明。當時的每一個男孩子，應該都想擁有鋼筆吧！」

來自父母的鋼筆禮物是SAILOR的商品？您還記得筆款的名稱嗎？

「筆款啊，沒有特別注意喔！因為那是一個鋼筆盛行的年代，不管收到什麼鋼筆都會很慎重地使用。

PROFILE

谷村新司　1948年出生於大阪府。與堀內孝雄、矢澤透共組「ALICE」，1972年以《走って おいで 人よ》一曲出道。寫有許多暢銷金曲，如：《チェンピオン（Champion）》等。ALICE解散之後，以獨立歌手身分活動、發表樂曲，並擔任上海音樂學院教授等，活躍於各廣泛的領域。

鉛筆寫錯還可以用橡皮擦修正，但是鋼筆字是無法擦除的。因此多數會用在提交作文等特別的時刻。」

持續謹慎使用第一支鋼筆的谷村先生，大學時第一次以自己的錢購入鋼筆又是一個怎樣的過程呢？

「書籍最後不是都會刊載作者的照片嗎？看到作家以鋼筆書寫原稿的照片，使我也想要擁有鋼筆而去買了！那是第一次自己購買的鋼筆。雖然不記得廠牌和筆款，但是我記得約在1萬日圓左右。」

擁有自己購買的、自豪的鋼筆後，當時已開始投入音樂活動的谷村先生燃起了加速創作的熱情。

「我使用鋼筆寫詞，也寫詩，和原子筆的書寫感很不同，格調感覺更上一層。鋼筆字類似毛筆，可以呈現出不同的表情，上鈎或轉折時，都不會有均一的粗細。」

對我而言，鋼筆是指尖的一部分。

直到現在，寫詞還是必須以鋼筆謄寫嗎？

「將橫書以鋼筆改寫成縱向，就可以看見整體的風景。這裡以漢字書寫、那裡改寫成平假名，可以這麼做來決定整體的樣貌。」

根據原稿用紙選擇墨水

谷村先生現在愛用的鋼筆，據說是前所未有、極易書寫的SAILOR鋼筆Profit。

「因為對我而言，鋼筆就是指尖的一部分，所以特別重視

沒有接受過鋼筆主題採訪的谷村先生。在事務所的書房中，如面對重要人士般，以叮嚀的口吻談論著使用鋼筆的美好。

鋼筆迷
名人眼中的
鋼筆魅力
Part.2

筆的機能性。雖然裝飾鋼筆的外觀很炫麗，但是我還是想要實用而非裝飾用的鋼筆。如果遇到一支喜歡的鋼筆，就會很慎重且專一地持續使用，不會輕易變心喔（笑）！」

墨水也是一樣從一而終，持續使用SIALOR的JENTLE INK呢！選擇這款墨水當然也是有特殊的理由吧？

「我寫小說的時候，會使用自己的原稿用紙。從紙張起就以高品質進行嚴選，墨水自然也要能與這樣的紙張相配。置入自己名字的原稿用紙可是很特別的。挑選配合紙張的墨水、使用粗字的鋼筆，都是為了不辜負我的原稿紙。」

從以原稿紙選擇墨水的堅持中，得以窺見谷村先生不尋常的要求。當您得知自己獲頒「2014最佳鋼筆代表名人」時的心情如何？

「很驚訝啊！我心想——這是真的嗎（笑）？能被視為與鋼筆相稱的人是很光榮的事情，非常地開心！」

和鋼筆相稱的人物代表——谷村先生想要推薦初學者什麼樣的鋼筆呢？

「我認為還是經由試寫發現感覺不錯的鋼筆，這樣比較好。雖然書寫文具種類繁多，但在寫信等特別的時刻試著以鋼筆書寫，或許會是一個不錯的選擇。寫個人私信時更能注入情感，並向對方傳遞誠意。或許有的人認為鋼筆是高價品，但如果將其視為能夠持續使用10年的原子筆，也許想法就會不一樣。請務必傾聽自己的需求，如此一來就會出現自己想要的鋼筆喔！」

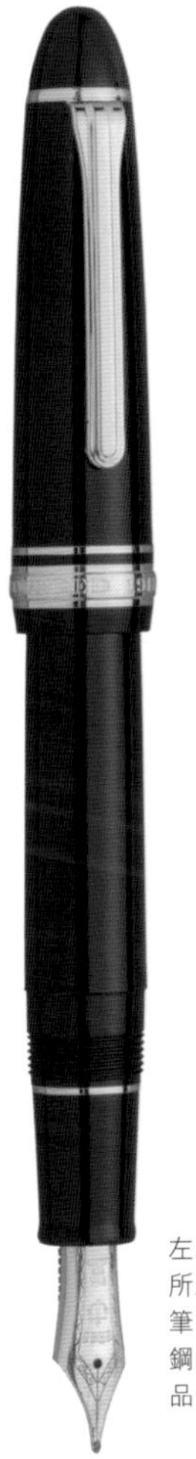

左為受谷村先生盛讚為「前所未有地好寫」的SAILOR鋼筆Profit。右為「2014最佳鋼筆代表名人」獲獎的紀念品——Namiki製鋼筆。

◀接受「以喜歡的鋼筆隨意寫些什麼」的請託，谷村先生開始靜靜地書寫。行雲流水的運筆，不愧是50年以上鋼筆使用經歷的老手。

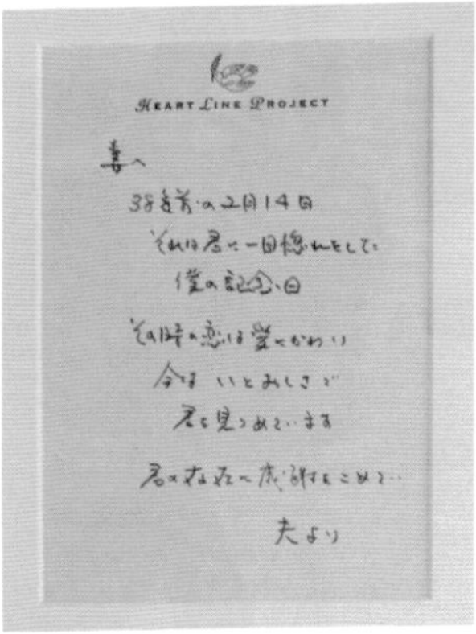

▶此為谷村先生寫給妻子的書信。傳遞出深深的感謝和情意，以鋼筆注入全部心意地書寫。

FUKA RYO talks about fountain pen

鋼筆迷
名人眼中的
鋼筆魅力

Part.3

涼風花

以優質的作品與亮麗的外表吸引目光的書法家——涼風花，與SAILOR鋼筆跨界合作監修，發表擁有完美專業毛筆筆觸的美文字筆！

鋼筆與毛筆的相同點在於皆能呈現出文字的表情

以美人書法家廣為人知，身為硬筆字和美文字達人的涼風花，開始使用鋼筆是源於意外的契機。

「去年的春天，因為計畫與SAILOR鋼筆推出合作筆，體驗了在女性中擁有高人氣的鋼筆筆款Fasciner，自此才開始使用鋼筆。」

在去年擁有自己的鋼筆之前，曾對鋼筆懷有憧憬嗎？

「看到在工作上使用鋼筆的人，就覺得很酷啊！會讓我覺得如果作為工作專用的書寫工具來使用似乎也不錯。」

那當時SAILOR提供體驗的鋼筆……

「對女性而言，稍重的筆身設計並不方便使用，所以我一直沒有購買鋼筆。

就是想要使用流行時尚的鋼筆

但是從SAILOR體驗到的Fasciner，既輕量、顏色漂亮，圓圓的輪廓也很可愛，我對它可是一見鍾情！」

對於慣用毛筆的書法家來說，鋼筆的書寫觸感又是如何呢？

「毛筆可以改變文字的粗細，也可以表現出鉤、捺、勒的筆鋒變化，即使是運筆不太完美的字，看起來也會有獨特的風味。鋼筆也是如此。因為筆尖具有適度的彈性，可以表現文字的粗細，寫出鉤、捺、勒的筆畫。隨著持續書寫削磨尖端，就會如毛筆般愈寫愈順手的這一點也很不錯呢！至於不一樣的地方，以鋼筆寫字時，咔哩咔哩、沙沙作響的聲音，聽起來很有專業人士的感覺唷（笑）！」

以鋼筆書寫的文字
可以提高人的信用值

身為專業書法家，運用筆尖的彈性寫出強弱分明的文字線條，並以鋼筆發揮毛筆表現力的涼小姐，平時喜歡使用哪種筆尖呢？

「若論粗細，我喜歡中字。因為不會太粗或太細，可以表現的線條幅度比較廣。若論素材，不會太硬、有彈性的金尖比較好使用。書寫觸感方面，比起卡哩卡哩的感覺，則更喜歡滑溜的筆觸。」

這麼說來，涼小姐選擇鋼筆時最在意的是筆尖嗎？

「身為以書寫為職業的人，不知道這樣說好不好，我大概是以外觀選擇吧（笑）！如果不是自己喜歡的東西，就不會想要經常使用。外型時髦又奢華的鋼筆很不錯喲！」

據說涼小姐不只使用美麗的鋼筆書寫文字，也會用來作畫嗎？

「最近因為設計類的工作增加，在工作台上也會以鋼筆進行畫圖。製作美文字講座的範本、寫便條時也會使用。」

至直一年前都還未拿過鋼筆的涼小姐，現在已能順暢地使用鋼筆。與其他書寫工具相比，鋼筆的魅力為何呢？

「使用鋼筆會有一種似乎在以豆子寫字的感覺。寫字時會產生沙沙、卡哩卡哩的聲響和書寫觸感，此外還能感受到大人的從容，我想這就是鋼筆的魅力。」

「和原子筆相比，鋼筆的書寫觸感和毛筆更相似。幾乎一樣。」涼小姐說。除了文字的粗細，也能表現出不可或缺的抑、揚變化，這就是鋼筆吸引書法家的魅力所在。

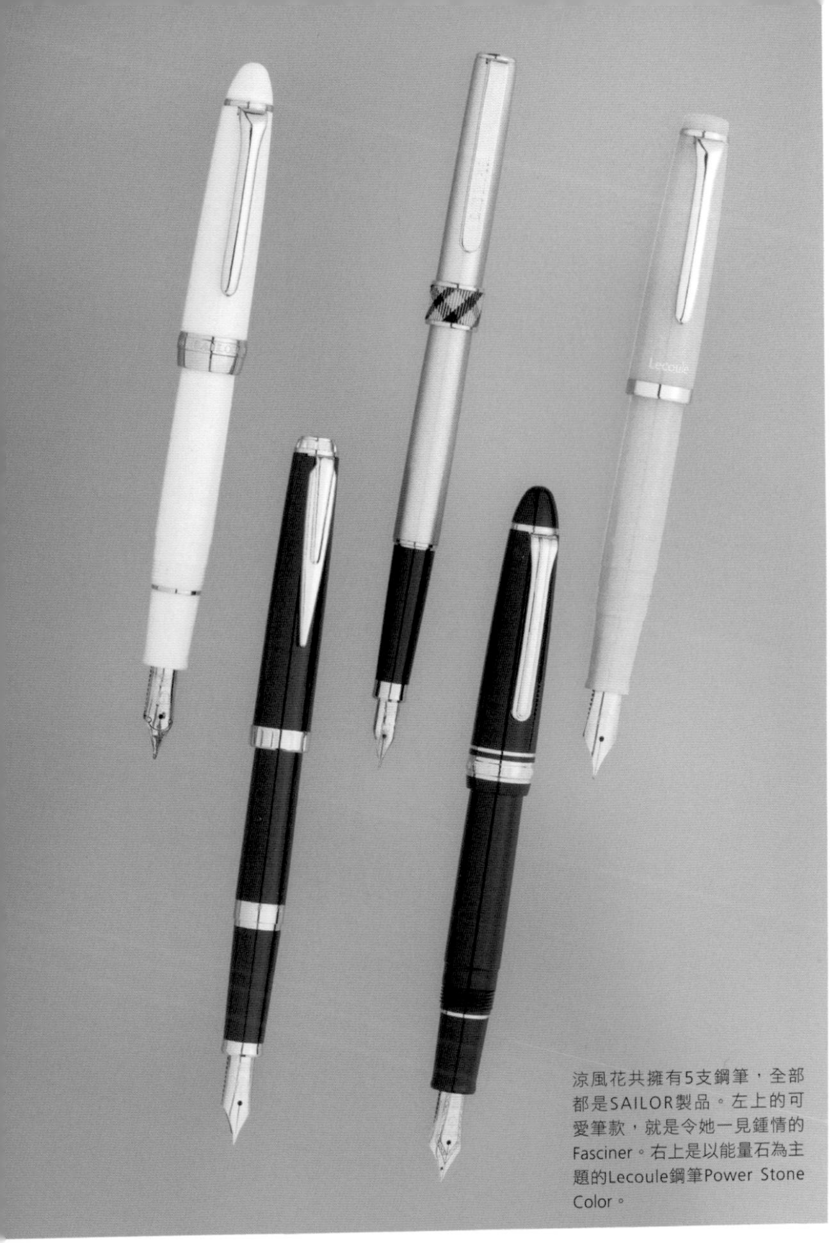

涼風花共擁有5支鋼筆，全部都是SAILOR製品。左上的可愛筆款，就是令她一見鍾情的Fasciner。右上是以能量石為主題的Lecoule鋼筆Power Stone Color。

除了鋼筆本身的魅力，也有助提高個人的社會信用值——涼小姐還這麼說。

「例如求職的履歷表，文字的美觀會左右書面文件審查的結果。我也曾聽過以鋼筆寫大學推薦履歷表的例子。像這樣藉助鋼筆字傳遞第一印象的實例，我覺得也是增加好感度的證據。」

若想購買第一支代表成熟人士品味的鋼筆，您會推薦哪一支？

「雖然也有1,000日圓的便宜筆款，但有鑑於第一支鋼筆的好壞會影響你對鋼筆的看法，因此推薦5,000日圓以上的筆款比較適合。只要買到令你滿意的鋼筆，就會想一直使用喔！鋼筆和原子筆不同，想要寫出文字的味道，務必要慢慢地練習書寫。」

PROFILE

涼風花　1985年出生於栃木縣。從7歲起開始學習書法。14歲取得書法教師資格。同時也擁有硬筆師資資格。22歲搬至東京後，一邊從事牙科助理的工作，並在2010年以「美人書法家」獲得注目。主要著作為《美の書道》（日東書院）等。

文具名店的專家講授！

如何挑選適合自己的鋼筆＆建立基礎知識

該如何挑選適合自己的鋼筆？入手的鋼筆又該怎麼使用？銀座伊東屋文具專賣店的鋼筆通——平石先生，將一次為你解答。

採訪協力／銀座・伊東屋

鋼筆新手的

Collect Point：4大擇筆重點

Point > 1 考慮使用目的

私人用、商業用、書寫小字或大字……根據使用目的選擇鋼筆。以使用方向為首要思考重點。

Point > 2 考慮喜好的設計

設計的喜好因人而異。鋼筆的顏色與輪廓種類繁多。參閱目錄找到大致的目標後，試著實際試筆，才能確定是否合適。

第一支鋼筆 以基本筆款為佳

「我挑選鋼筆是以目的為首要基準，如：工作用，或私人用。再根據使用目的不同，來思考字幅寬度與筆身的設計變化等細節。」

這樣的建議，是來自老字號文具店伊東屋的採購——平石康一先生。

「外觀看起來很厲害的鋼筆，也是會有實際試寫時覺得不適合的情況。相反地，也有外觀看起來不怎麼樣，拿在手上的尺寸和重量卻非常順手的各種情況。雖說如此，新手若一開始還不是很清楚自己適合什麼鋼筆，先試著以自己喜歡的設計來挑選鋼筆會比較簡單。」

但若同時還須考慮商業場合的適用性，該怎麼挑選鋼筆呢？

「最初的一支鋼筆，特別推薦不要有個人的喜好。重量，不要過重或過輕；字幅，中字或細字佳。至於面對詢問的客人時，如果是想找較有分量與堅固耐用的鋼筆，就建議挑選稍微重一點的筆款。我會針對不同的需求提供專屬建議。」

如果要推薦初次使用鋼筆的顧客，平石先生首選會是哪兩支鋼筆？

「日系品牌推薦PILOT的Custom。

How to

鋼筆的使用

寫出鋼筆原有運筆感的正確方法

OK 正確的運筆

如何拿鋼筆，並沒有一定的答案。傾斜角度從40度到60度，都能引導出鋼筆原本的運筆感。基本是保持筆尖正面朝上，以背面的中央點接觸紙張的感覺。

可供作為鋼筆選擇基準的2支鋼筆

PELIKAN
SOUVERAN800

PILOT
CUSTOM743

擁有非單一重量與尺寸可供挑選的筆款有PELIKAN的Souverän和PILOT的Custom。Souverän系列，男性適合800，女性則推薦稍微小一點、細一點的400。如果是Custom，男性可以選擇743，女性則更適合742的握感。

Point > 3 選擇普通的筆款

最初的第一支鋼筆，不要過重也不要過輕，以細字～中字的標準鋼筆為佳。首先，試著以這一支鋼筆為起點，開始細品鋼筆生活的樂趣吧！

Point > 4 選擇金尖的筆款

筆尖是鋼筆的醍醐味。金尖是「特製」的象徵，比起不鏽鋼製相對高價，但能更品味出鋼筆式的書寫感。

國外品牌則推薦PELIKAN的Souverän，因為這個等級的筆款負擔較輕，尺寸也有很多選擇，容易抓到挑選基準。至於實際聽到的感想——有的人說重筆好，有人說短小的筆款好，當然也有人說適中的筆最好。」

挑選鋼筆還是金尖為佳

筆尖的硬度，又該如何選擇呢？

「不要有先入為主的觀念，請試著實際書寫看看。有的人喜歡柔軟的筆尖，也有的人在熟練鋼筆後，覺得堅硬的筆尖具有安定感。如果一開始不習慣使用鋼筆時，我個人建議稍微柔軟的筆尖為佳。就筆尖素材而言，比起鋼尖，更推薦柔軟的金尖。14K、18K為目前的主流。但是若著眼於柔軟度，除了素材之外，筆尖的大小也有很大的影響。必要時，可以挑選尺寸略大的款式。當然，不鏽鋼筆尖、3,000日圓的鋼筆中也有容易書寫的筆款。但若是以長期使用的觀點來看，1萬、3萬日圓的筆款會是更好的選擇。」

以上僅供參考，希望大家都能找到適合自己的鋼筆！

NG 筆桿不應垂直於紙張

鋼筆不是為垂直握筆書寫設計的，寫字時應稍微傾斜筆桿。

NG 筆壓不要過強

過度的筆壓也要禁止。過度地使筆尖張開，將使筆尖提早耗損。

NG 筆尖的正面不可朝下

筆尖的正面朝下書寫，墨水既出不來，又傷筆尖。

How to

打開．闔上筆蓋

以免雙手被意外漏墨的筆尖弄髒。

1 筆身稍微朝下 兩手握筆

為了不讓墨水漏出來，將筆身稍微朝下，以兩手確實握筆。

2 旋蓋式 旋轉筆身本體

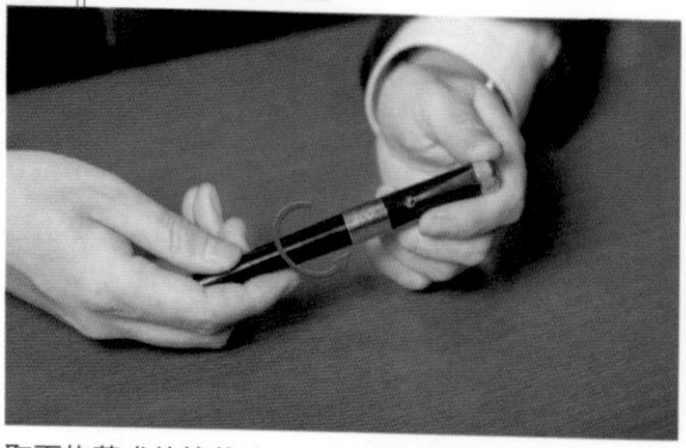

取下旋蓋式的筆蓋時，以旋轉筆身的方式取下。

3 拔蓋式 將筆身本體下拉

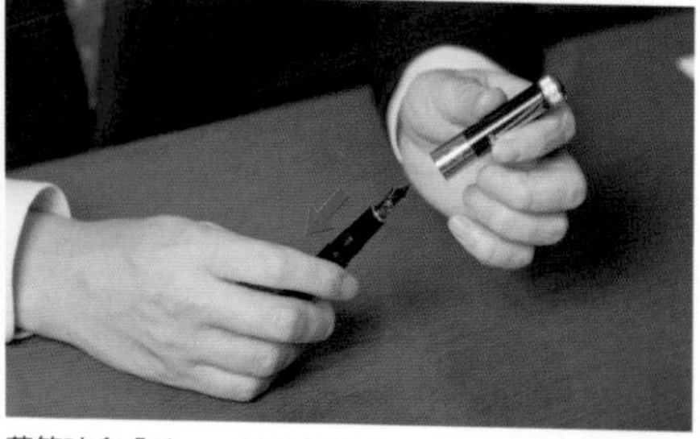

蓋筆時會「喀」一聲的拔蓋式，以下拉筆身的方式取下筆蓋。

NG 為免弄壞筆尖

為免筆蓋傷害筆尖，開闔時皆保持持蓋的手不動，旋轉或下拉筆身。

How to

鋼筆的正確洗筆方式

只要正確清洗，就可以延長鋼筆的使用壽命。

吸入式

1 以溫水 清洗筆尖

將筆尖放入裝有溫水的杯子中，旋轉筆栓，使清水進出。

2 反覆清洗 沖出不乾淨的雜質

根據雜質的狀況，反覆操作步驟 **1**，將紙纖維或殘墨沖洗乾淨。

卡水式

1 取下卡水 放入水中

取下卡水式鋼筆的卡水，將筆尖置於溫水中。

2 將筆尖浸泡於水中 靜置一晚

以此狀態靜置一個晚上。如果無法等待，也可以在杯子裡搖晃筆尖來清洗。

How to

正確的吸墨方式

在此介紹吸入式、卡水式，兩種鋼筆類型的正確吸墨方式。

採訪協力／Kingtomnote

卡水式

1 取下筆頭&筆身

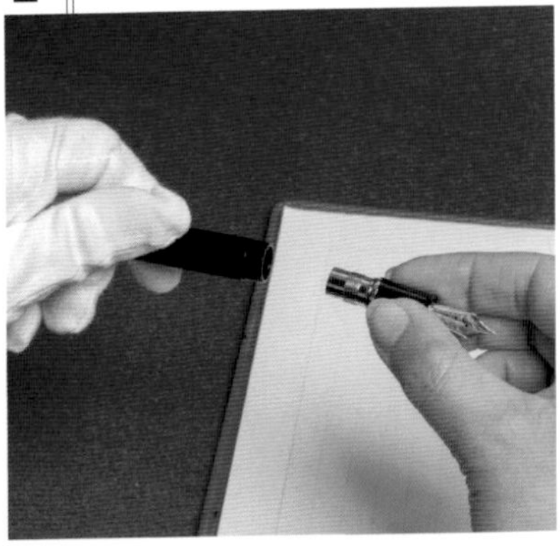

分開筆頭和筆桿後，就可以看見內裡的卡水。想要更換墨水顏色時，先將筆尖、筆舌洗乾淨，使墨水流出。

2 裝入新的卡水

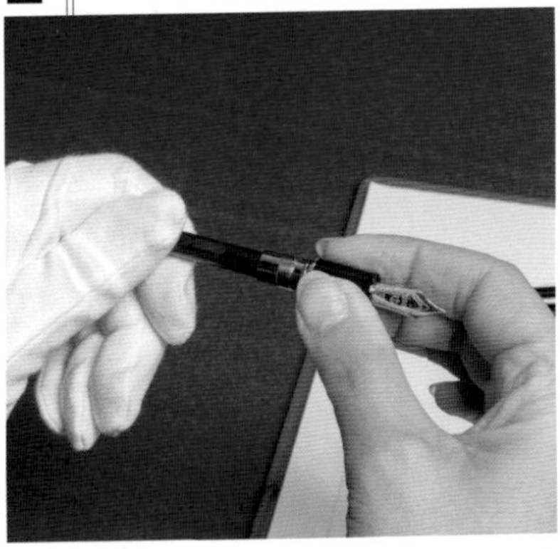

直接裝上卡水，按壓至底部即完成。簡單換墨是卡水式的魅力。

3 將墨水引流至筆尖

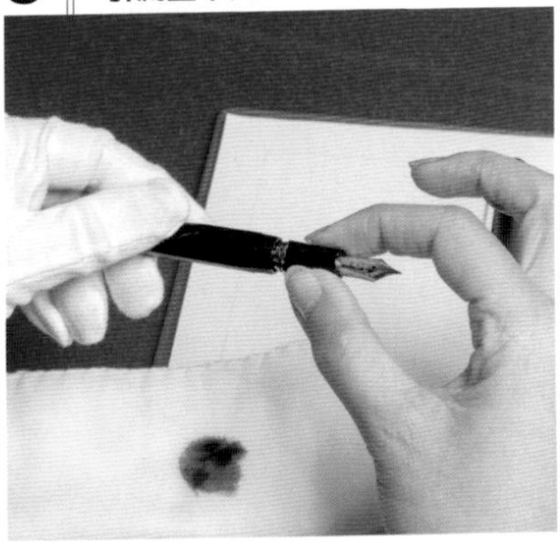

裝上筆尖之後，試著以布輕輕的按壓。若墨水沒有引流至筆尖滲出，可從卡水的兩側按壓，促其出墨。

吸入式

1 將筆尖全部浸入墨水

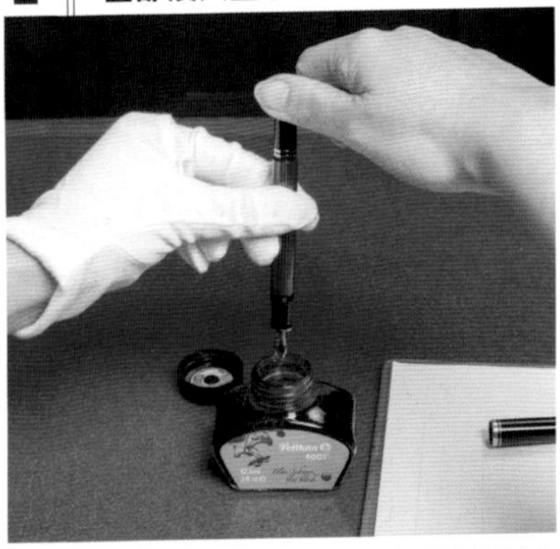

以筆尖不碰觸瓶底避免受損為原則，慢慢地放入墨水中。將旋鈕往左旋轉，使活塞下移。

2 轉動尾端旋鈕吸取墨水

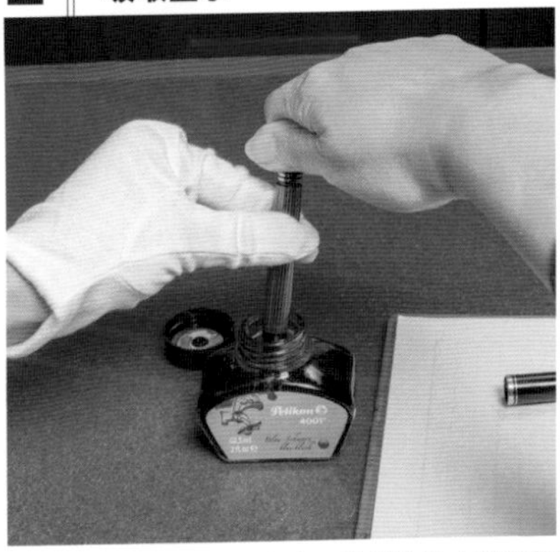

將筆尖直接浸入墨水瓶中，慢慢地往右轉動旋鈕，以活塞直接吸取墨水。

3 將筆尖的污漬擦拭乾淨

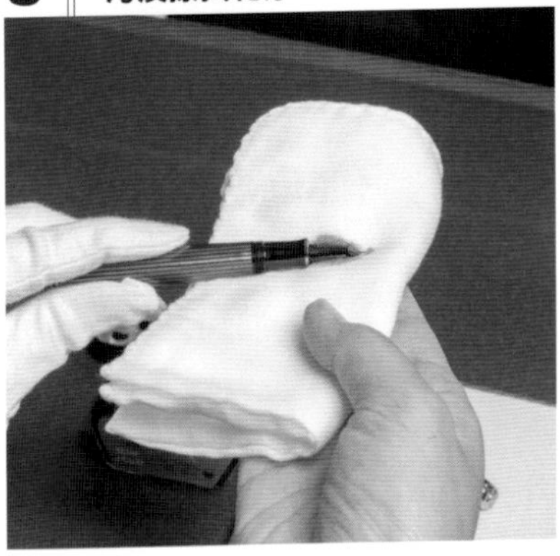

以軟布將吸墨時筆尖上多餘的墨水擦拭乾淨。最後，回復鋼筆筆桿原本的模樣即告完成。

「鋼筆俱樂部」會長精選！

推薦初學者的一支鋼筆

「鋼筆俱樂部」是聚集深愛鋼筆而無法自拔的鋼筆迷，以談論鋼筆為主題活動的沙龍。此篇為專訪主辦人中谷でべそ先生，請其以沉浸鋼筆世界數十年的大前輩的身分，為初學者羅列的推薦筆款清單。

「鋼筆俱樂部」的主辦人中谷でべそ先生，最狂熱於鋼筆魅力的是30歲世代的時期。

「女兒出生後，不是會湧生出父親的自覺嗎？我就是以擁有孩子般的心情，買入MONTBLANC 146。這麼一來，與至今一直使用的東西就會產生特別的差異。不管跟什麼相比，書寫總是能帶給我喜悅，人生也因此更加寬廣——我認為差不多就是這樣的感覺。」

For Beginners

一直以來，您以Semi-Antique稱呼１９５０至１９６０年代的鋼筆，對於持續深受其吸引的中谷先生來說，初學者第一支鋼筆的選擇標準為何？

「不管是樂器或其他東西，我認為過度便宜一定不好，因為該物品本該擁有的長處可能因此而被捨棄。以鋼筆來說，若筆尖的素材是金，再便宜也需要１至２萬日圓。此外，選經典款絕不會出錯，長期熱銷的常備鋼筆必有其存在的理由。僅管外表看起來差異不大，卻是鋼筆職人們凝聚各種工藝製作而成。因此就從常見的筆款開始，坦率的接近不是也很好嗎？」

以富士山的標高為名的超級經典款

PLATINUM
3776 CENTURY

DEBESO'S Comment

號稱約40年歷史的PLATINUM經典中的經典。基於回應使用者期望而設計的本體幾乎從未改版，具有卓越的安定感、信賴值。

「鋼筆俱樂部」是什麼組織？

從筆尖、墨水、古董筆的歷史等，從各種角度愛好鋼筆，聚集被其魅力吸引的人們，談論其對於鋼筆想法的沙龍。一年一度發行會報刊物《fuente》，十月定期於東京開辦交流會。無需入會費&會費。右圖為主辦者中谷でべそ先生。
請洽：fuente_pen@yahoo.co.jp

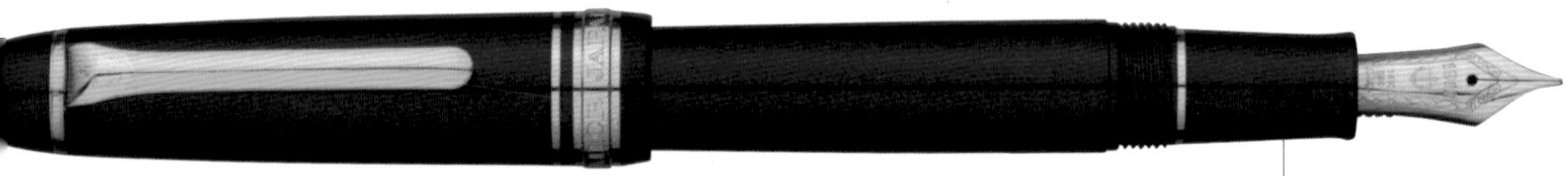

職人精心之作，售後保養也很周全。

SAILOR
PROMENADE

DEBESO'S Comment
以鋼筆職人自豪的技術製作的入門鋼筆。既不以抓住使用者的心為目的，也不依循舊作。SAILOR最適合推薦給困惑不決的初學者。

藝術品般地講究的鋼筆

PILOT
CUSTOM74

DEBESO'S Comment
陳列於銀座的文具博物館中的名筆之一。投入廠牌的心力，以藝術品規格進行製作的鋼筆，散發著奢華的品味。這支筆可以是入門筆款，也可以作為日後高級筆款的選項。

SAILOR
Fude DE Mannen

DEBESO'S Comment
因為可以在基本的鋼筆字幅上自在地變化線條粗細，我會在畫圖的時候使用。也多虧了這款筆，讓我發現以鋼筆作畫的另一種魅力。而且還很便宜呢！

最適合畫圖的超便宜筆款

PILOT
CAPLESS

DEBESO'S Comment

雖然是歷史悠久的筆款，卻因為國外的高人氣支持而重新引起熱潮。設計上內含製作者的玩心。按壓式的設計，可以如使用原子筆般地輕鬆上手。

捨棄筆蓋 方便使用的按壓式鋼筆

極致之作，值得愛用一生的筆款

AURORA
88

DEBESO'S Comment

對於初學者來說雖然要價略高，但毫無疑問會成為可以陪伴一輩子的鋼筆。整體的製作細節相當完美，舉例來說，即使是蓋上筆蓋，也宛如突然靜止地毫無瑕疵。

PILOT
CUSTOM823

DEBESO'S Comment

利用氣壓的負壓上墨極具趣味。可以看見墨水的透明筆身，同時也得以確認墨水的消耗量。欣賞筆身中色彩鮮豔的墨水，也是樂趣之一。

獨特的墨水吸入裝置十分有趣

「正在使用鋼筆」的滿足感

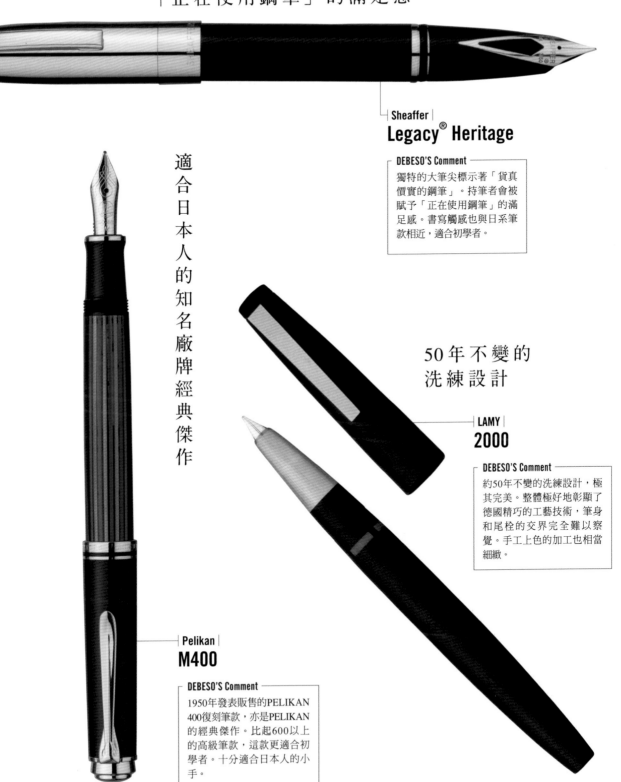

Sheaffer

Legacy® Heritage

DEBESO'S Comment

獨特的大筆尖標示著「貨真價實的鋼筆」。持筆者會被賦予「正在使用鋼筆」的滿足感。書寫觸感也與日系筆款相近，適合初學者。

適合日本人的知名廠牌經典傑作

50年不變的洗練設計

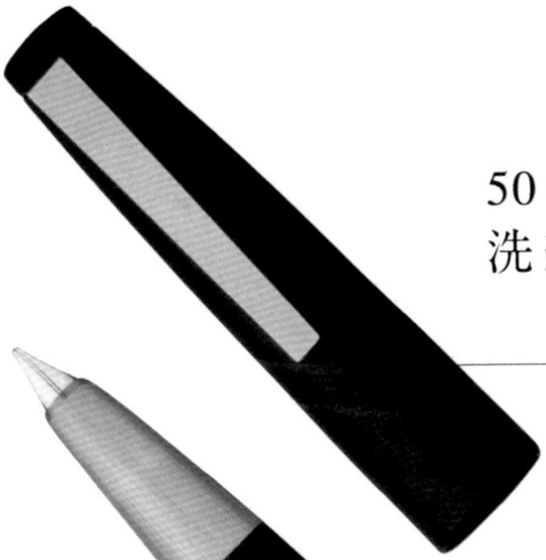

LAMY

2000

DEBESO'S Comment

約50年不變的洗練設計，極其完美。整體極好地彰顯了德國精巧的工藝技術，筆身和尾栓的交界完全難以察覺。手工上色的加工也相當細緻。

Pelikan

M400

DEBESO'S Comment

1950年發表販售的PELIKAN 400復刻筆款，亦是PELIKAN的經典傑作。比起600以上的高級筆款，這款更適合初學者。十分適合日本人的小手。

鋼筆畫家

古山浩一精選推薦

行家嚴選的12支鋼筆

以人物、建築物、城市等日常景物，
自由自在地運用鋼筆的筆觸和線條的強弱，
持續畫出抽象世界觀的鋼筆畫家——古山浩一先生，
在此以精闢簡要的筆評，
為你介紹12支值得推薦的鋼筆。

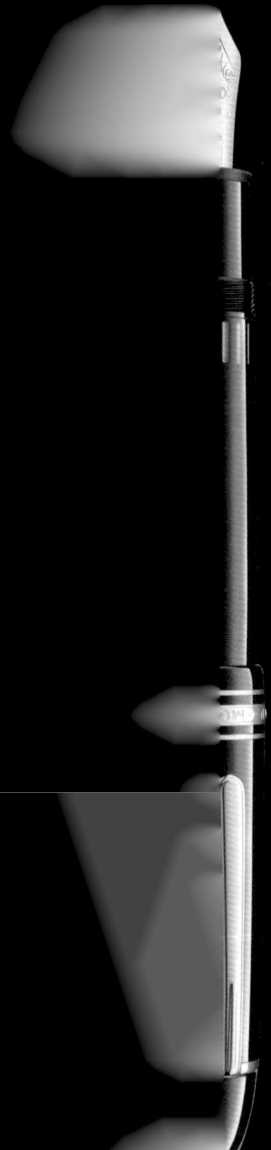

全面性臻至完美的究極鋼筆

rstück

ENT

的鋼筆」的王道
親身體驗其魅力
、儲墨量多，且
易乾涸。將基本
打造而成。

PROFILE

古山浩一 畫家。1955年出生於東京都。筑波大學研究所主修藝術畢業。1986年獲得上野之森美術館大賞展・佳作、1991年獲得日仏現代美術展・大獎……等，獲獎無數。主要著作有《4本のヘシ

WATERMAN

Edson

FURUYAMA'S COMMENT

出墨順暢。雖然筆身頗有重量，但平衡感卻恰到好處。不愧是單單冠上創辦者之名的筆款。

冠以創辦者之名，持續受到喜愛的經典款

在眾多鋼筆中展現頂級精密工藝之作

LAMY

2000

FURUYAMA'S COMMENT

LAMY以工業製品的高精密度著名。即便鋼筆為手工製作，每一支筆的紋路皆應不同，但卻不會有太大的落差。值得一提的是，此輪廓是歷經半個世紀仍不曾改變的經典之作。

PELIKAN

Souverän M1000

FURUYAMA'S COMMENT

PELIKAN鋼筆的傳道師・山本英昭先生，試筆後說：「雖然1000以適合寫極粗字著稱，但我卻想用來寫出極細字。」可見此筆款的彈性極高。

極細字愛好者的 PELIKAN 逸品

PARKER
Duofold

FURUYAMA'S COMMENT

在古典鋼筆中，堪稱極致之美的傑作！平衡感佳、耐久度高、設計洗練，萃集PARKER傳統美學，一定要擁有的一支鋼筆。

自PARKER歷史中淬練而生的極致筆形之一

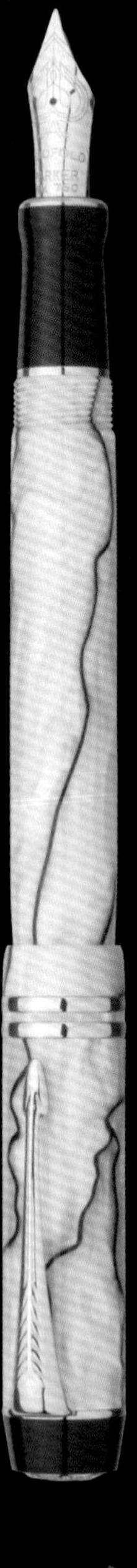

以高級鐘錶著名的
瑞士超精密鋼筆

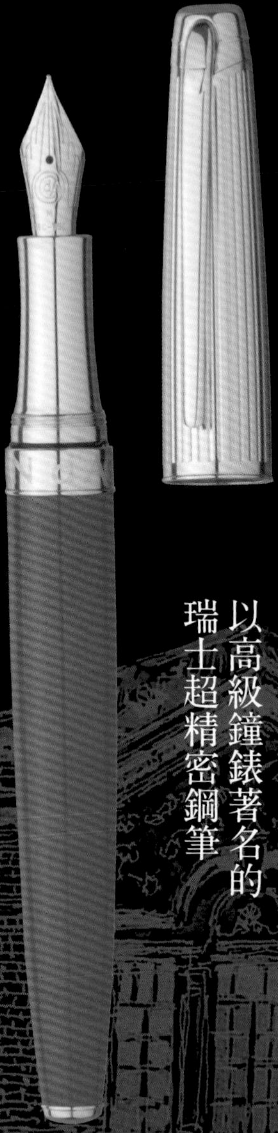

CARAN d'ACHE
Leman Collection Bicolor Saffron

FURUYAMA'S COMMENT

一如其工業製品般地優秀，稱之為超精密貴重金屬亦不為過。書寫觸感因經過精密控制，安定性極佳。筆蓋也以毫克為單位，落實完美的密合感。不愧是瑞士製的鋼筆。

PLATINUM
3776 Century

FURUYAMA'S COMMENT

最大的魅力在於加入彈簧結構的氣密式筆蓋。即使放置1年，打開筆蓋後即可順暢書寫。筆觸極易上手，價格也很實惠。各方面皆無可挑剔。

即使放置一年仍能直接書寫的驚人構造

SHEAFFER
Legacy

FURUYAMA'S COMMENT

想要體驗嵌入式的硬筆尖，傳統式的超粗筆身必為首選。因為筆尖較硬，筆壓強的人也能感受其魅力。擁有許多死忠筆迷的SHEAFFER王道筆款。

適合筆壓強的使用者，SHEAFFER的王道筆款

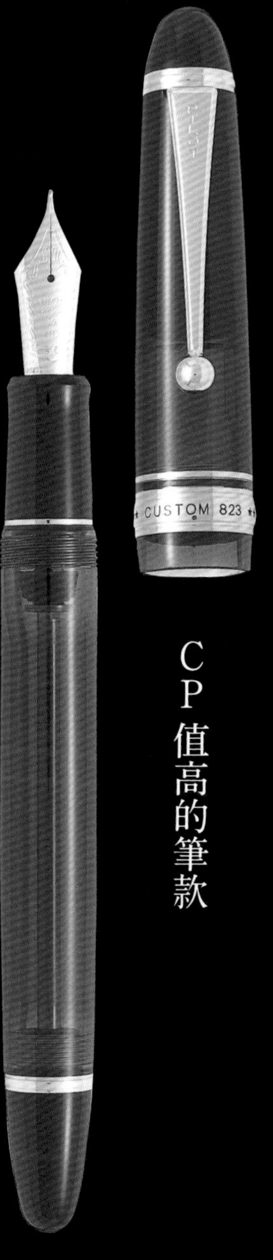

CP值高的筆款

PILOT
Custom 823

FURUYAMA'S COMMENT

擁有世界最高精密度的負壓上墨系統及難以置信的儲墨量。平衡感也很好，CP值極高。

PELIKAN
Souverän M101

FURUYAMA'S COMMENT

裝飾豐富的、短小的，可愛感的鋼筆。受鋼筆狂熱者好評不斷的一支鋼筆。筆身以賽璐璐重疊製成，非常漂亮喔！

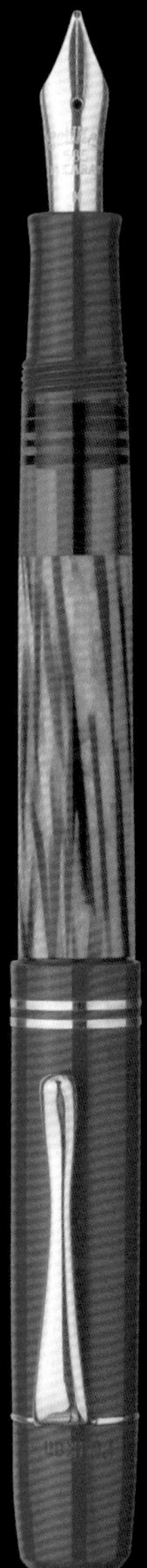

裝飾豐富、筆身短小，受狂熱者好評盛讚的一支筆

中屋鋼筆
作家筆款 長筆身 漆赤

FURUYAMA'S COMMENT

筆身是由筆身職人松原先生，以車床一支一支拋磨製成。掌控握感、平衡或粗細等細節的純熟技術相當高超。音樂尖能呈現出豐富的書寫個性，特別值得推薦。
※下圖的筆尖為中字。

平滑的書寫觸感一如義大利女性的柔韌

將一流的技術光芒內斂於筆尖和筆身

OMAS
Arte Italiana Arco 賽璐璐筆身

FURUYAMA'S COMMENT

OMAS早期以柔軟兼具彈性的筆尖，被視為義大利女性柔韌特質的體現。賽璐璐製的筆身使運筆感極佳，外觀也很漂亮。

懷抱著熱情與各種因緣際會 開啟鋼筆畫家生涯

以鋼筆持續地表現出獨特世界的畫家，古山浩一先生。與被他稱為人生夥伴的鋼筆的相遇，是在中學一年級。

「定期訂購雜誌《中一時代》附贈的鋼筆，是我的第一支鋼筆。廠牌已經不記得了，但特別難寫！因此成為高中生之後，就試著以自己的儲蓄買了更高價的鋼筆——PILOT的Custom。那是非常容易書寫的筆款。成為大學生之後，因為需要寫論文，所以在折扣時也陸續以便宜的價格購入鋼筆。那時期大約擁有10支的鋼筆。」

古山先生日常使用的鋼筆，只是為了書寫文字。至於以鋼筆進行繪畫的契機又是起自何時呢？

「早期使用的是染料墨水。即使以鋼筆作畫，不管怎麼處理，顏色都無法保存。大約30年前（1985年），PLATINUM的Carbon Ink登場，改變了這個狀況。因為顏料墨水具有耐水性、耐久性的優點，而使鋼筆繪畫變得可行。同時我也發現ROTRING針筆難以畫出0.13mm的線條，鋼筆卻可以。之後輾轉委託各種廠牌和商店製作繪圖筆，在被以『沒有畫圖用的鋼筆』為由不斷遭拒時，鳥取的鋼筆博士職人，田中先生給了肯定的回覆。他以原有的筆尖為基礎，作出了極細的筆尖。」

以鋼筆畫家起步的古山先生，在

插畫工作中與某位人物命運的相遇。對方就是筆尖之神——已故的長原宣義先生。

「長原先生是以巡迴全國的筆尖醫生聞名的鋼筆職人。傳聞他是開發出約7mm線條筆幅的創始者，因此我寫信給他說想要製作筆尖。但是第一次的委託只收到『無法幫沒有見過面的人製作』的回覆而被拒絕了。」

與SAILOR的筆尖職人——長原先生的相遇

一度被拒絕的古山先生，因為懷著無論如何也想以長原先生製作的筆尖進行繪畫的熱情，前往長原先生出巡至日本橋三越進行筆尖保養的鋼筆診所會場。

「和長原先生會面之後，『這個，請幫我製作成畫圖的筆尖！』咚一聲，就將鋼筆遞了過去。我起先預估研發費約10萬日圓，但『成交』的實際定價是20萬日圓。雖然驚訝，卻因為太想要長原先生研發的筆尖，最後還是買了下來。」

這幅畫是古山先生的鋼筆畫作之一。以鋼筆柔軟的筆觸和精細的線條，創作出獨特的世界。

懷抱著熱情與各種因緣際會，開啟鋼筆畫家生涯

之後，長原先生每次為了鋼筆診所到訪東京時，共為古山先生作出了哪些容易使用的嶄新筆尖呢？

「長原先生回應我的期望，設計出繪畫用的新筆尖。並因為我傳達了這樣的需求，每次來訪東京時都會帶來新的製作，之後再由我實際使用後給予持續的回饋。如此往復來回的互動，最終產生出超極細的Concord。Concord即使以高速拉出細線，筆尖也不會散開，下彎的筆尖非常耐壓。更令人讚嘆的是——藉由翻轉筆尖，還能畫出粗線條。這真是堪稱天才的傑作！」

除了與開發各種SAILOR筆尖的長原宣義先生來往，與其同為鋼筆職人的兒子，長原幸夫也有深交。

「（長原）幸夫每年都會製作Fude DE Mannen給我。每次也必定會有進化，非常令人感動。」

深愛鋼筆，也欣賞對鋼筆注入熱情的職人們的古山先生，請再次告訴我們鋼筆之於你的魅力為何。

「既是代表自我風格的極致工具，也具有社交的功能。我所使用的鋼筆，都存在著這樣的意義。」

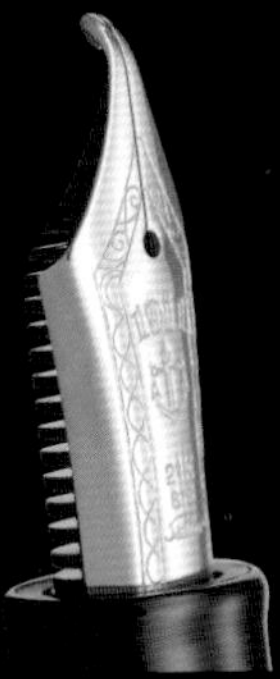

▲回應古山先生的需求而誕生的筆尖Concord。

訪問長原幸夫的鋼筆診所，試寫鋼筆觸感的古山先生。

世界級
卓越筆尖職人
長原幸夫專訪
（SAILOR鋼筆）

深入瞭解筆尖

鋼筆的筆尖從素材到形狀有很多種類。
根據不同的筆尖，可以全然變化線條的粗細和書寫感。
本篇將針對鋼筆的靈魂——筆尖，
由當代最頂尖的筆尖研究職人・長原幸夫為你詳細解說。

採訪協力／SAILOR鋼筆、丸善・日本橋店

可以拉長線，也可以頓筆書寫是優秀筆尖的基準

「筆尖是將墨水遞送給紙張的最終零件。其作用，就好像手足一樣重要不是嗎？」

就像長原幸夫將筆尖喻為手足，作為唯一會接觸到紙張的零件，筆尖是鋼筆非常重要的部分。筆尖將影響筆觸和出墨的流暢性，是在鋼筆款式的開發中具有決定性因素的靈魂組件。無論如何都需要事先建立概念，首先就從素材開始。

「雖然根據廠牌的不同會有一些差異，最終還是以14K等金尖佔有一定的比例。SAILOR產有21K尖。另外也有鈀、銅、黃銅等其他合金，不鏽鋼的製品也有喔！」

「金」柔軟又具有彈力的特性非常適合製作筆尖，因此以其製作筆尖的筆款眾多。

「金尖就好像車子的懸掛系統。接觸紙張時，金尖可以減輕細微的振盪。」

接著談到筆尖的粗細。寫在手帳裡的小字、寫在明信片上較粗大的文字，根據不同的需求，變化挑選合適的筆尖。

「細字、中字、粗字，為基本的筆尖。比起基本筆尖，略粗的有BB、3B，略細的有極細，也有更細的規格。」

從材質和粗細兩方面進行變化組合，就能延生出豐富多元的筆尖類型。幸夫先生認為哪一種筆尖比較好呢？

「從任何方向都能書寫的筆尖吧！有人習慣拉筆書寫，也有人以頓筆書寫阿拉伯語。不能頓筆書寫的筆尖，拉筆書寫時也會有些微的頓澀感。有些左撇子的使用者會說鋼筆很難使用，但實際並非如此。擁有優秀筆尖的鋼筆，不論是右撇子或左撇子，都能流暢的書寫。」

最後，請針對鋼筆初學者的筆尖選擇，給大家一些建議。

「首先，不要覺得筆尖很複雜，根據感覺選擇就可以了！如果想要更細字的筆尖，之後再陸續添購即可。不管什麼筆尖，只要適合自己就最好的。拿起鋼筆開始試寫吧！」

筆尖的名稱和刻文標示

筆尖，一言以蔽之：
凝聚名匠們世代相傳的工藝的心血結晶，
也藏有攸關鋼筆書寫感的重要情報。

SAILOR

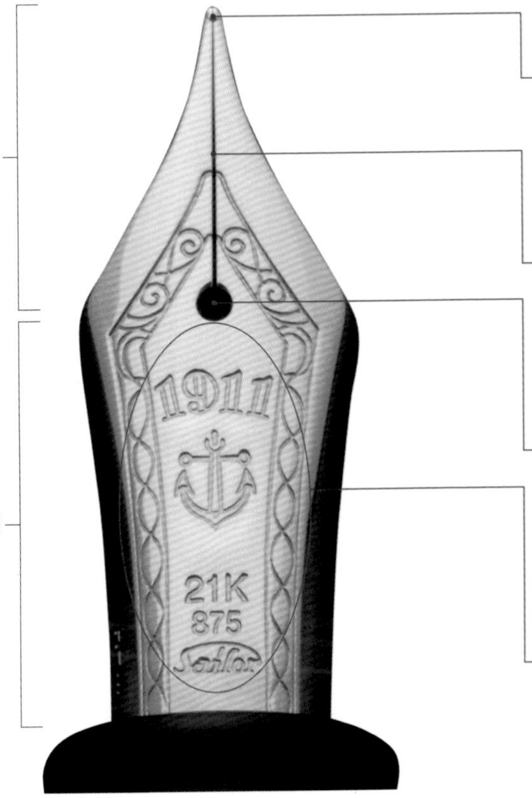

彈力區間

固定區間

◄ 銥點

寫字時接觸紙張的部分。為了避免「金」等柔軟素材的前端磨損，使用「銥」等耐磨的合金製作。

◄ 中縫

引流墨水之處。藉由毛細作用（在細窄的空間內滲透液體），使墨水往筆尖移動。也會調節筆尖彈力的效果。

◄ 通氣孔

形狀、大小、位置，皆因筆尖的彈力而不同。形狀有圓形、心形等，根據筆款有各種設計。開孔位置愈靠近銥點，筆尖愈硬。

◄ 筆標

為了辨別筆尖和鋼筆是哪一個廠牌的製品、筆尖以何種素材製作，而雕刻的標示。

各廠牌的筆尖

FABER-CASTELL　CROSS　PELIKAN　STAEDTLER　MONTBLANC

筆尖的種類 & 特色

名稱	色調	素材	特色
金尖	金色或銀色	14金（K）	使用金（Au）為素材，特色為具有彈性。抗鏽力也很強，主要用於高價筆款。金的純度愈高，筆尖的柔軟度愈高。
		18金（K）	
		21金（K）	
鋼尖	銀色或金色	特殊不鏽鋼	與金相比，基本上比較硬，常用於便宜價格的筆款。
		21K 鍍金	
		特殊合金	

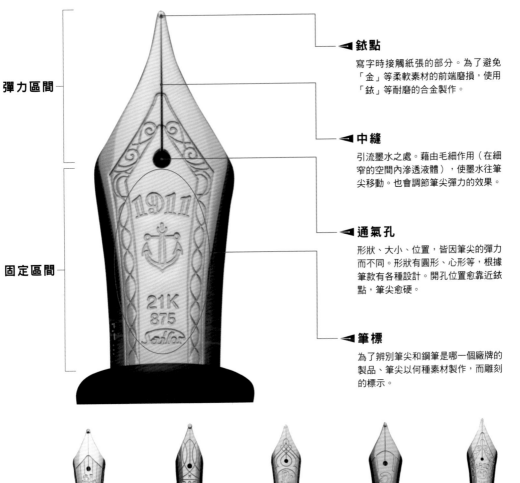

基本的筆尖

就筆尖粗細即可分為很多種類，在此將解說一般常見且實用的筆尖。
各規格適合的用途不同，建議決定書寫的目的之後再參考選擇。
歐美製的筆尖即使標示為同尺寸，與日系同樣的筆尖相比，仍會作得稍粗一些。

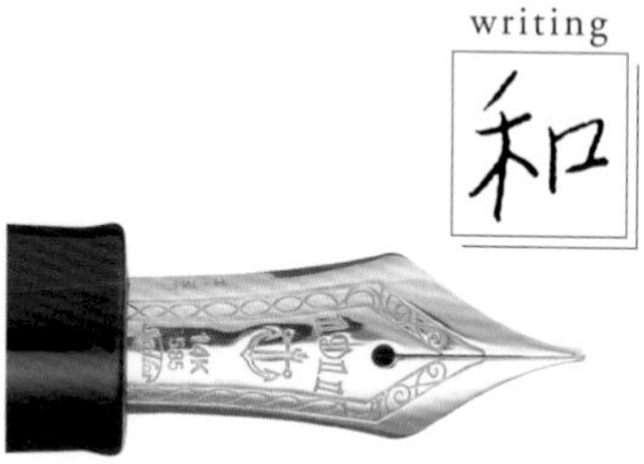

中細（MF）

介於細字和中字間的粗細。因為可以表現出不會過粗或過細，且方便閱讀的線條，用於信紙或日記等的書寫最為適合。屬於用途廣泛的筆尖款式。

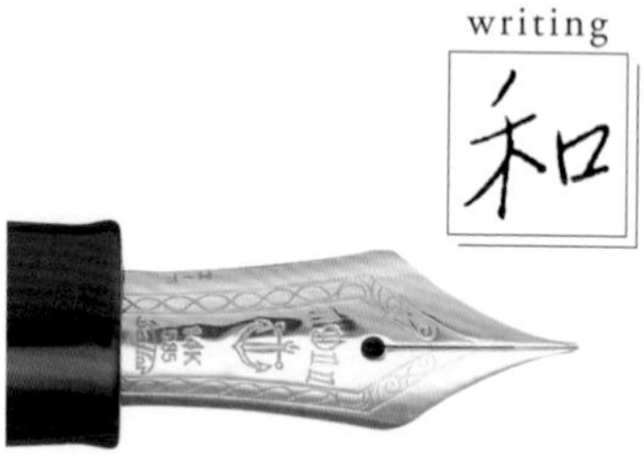

細字（F）

將上課的內容寫成筆記，或撰寫履歷等需要適中的筆畫粗細時，非細字莫屬。特別是鋼筆初學者因為筆壓感還不強，使用細字筆尖為佳。

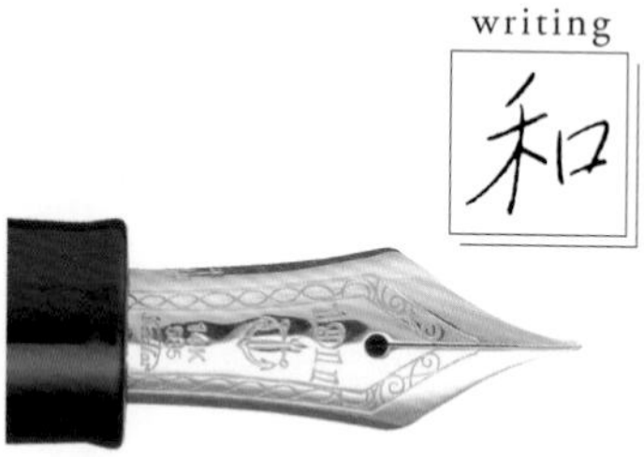

極細（EF）

如果要寫出纖細的線條，首選極細字的筆尖。在筆記簿上以小字進行數字記帳時、在手帳中有限的空間內寫字時，更能感受到極細字的重要性。即使是書寫筆畫很多的漢字，線條也不會重疊。

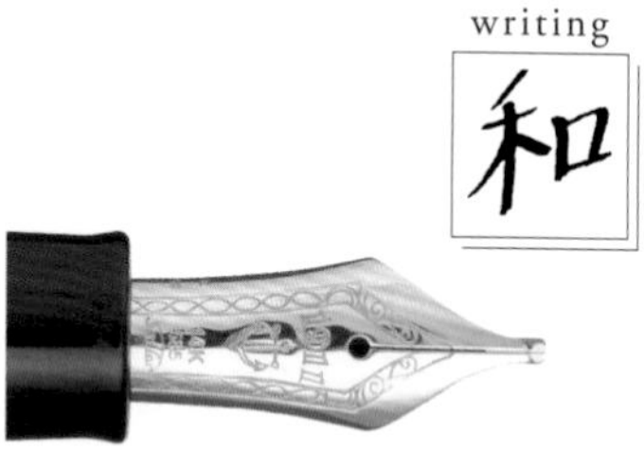

Music（音樂尖）（MS）

Music，是根據本來的用途為書寫樂譜而得名。最近則廣泛地被運用在美術文字的書寫。

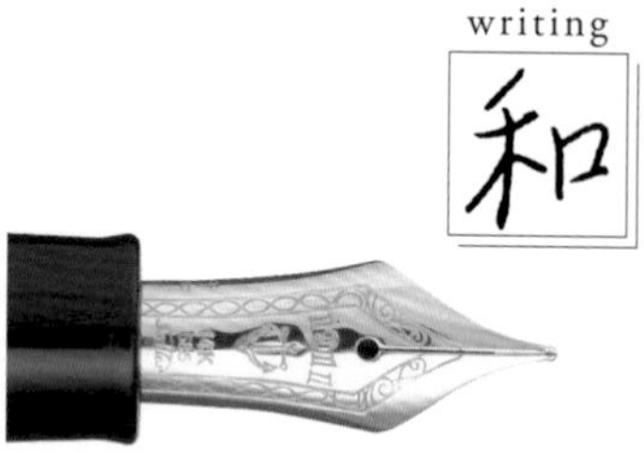

太字（B）

線條粗、主張強的粗字款。在明信片上署名或書寫特別重要的訊息時等，最適用於寫出醒目的文字。用來簽名也很不錯。

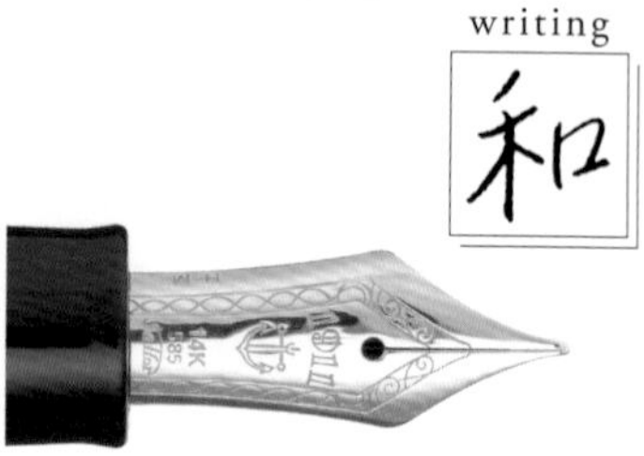

中字（M）

一般的中字款式。適當的粗細既方便使用，也可以創造出各種變化。如果覺得有筆尖的選擇困難，選擇中字筆尖就萬無一失！

SAILOR 的筆尖

SAILOR 因兩位筆尖達人持續注入熱情和技術，得以生產出獨有的筆尖。
其一是被鋼筆粉絲譽為筆尖之神的已故名匠・長原宣義先生，
另外一位則是其長子兼弟子的長原幸夫先生。
以下為 SAILOR 鋼筆的代表性筆尖款式。

King Cobra

享受墨水豐沛、潤澤毛筆的書寫觸感。

King Eagle

寫直劃時略細，橫劃時略粗。

Emperop

最適合和紙等滲透性高的紙張。

長刀 Fude DE Mannen

不論是細字或粗字，皆以毛筆的感覺書寫文字

CROSS POINT

墨水豐沛，可以以潤澤舒適的筆觸寫出極粗的字幅。

Cross Music

寫直劃時略細，橫劃時略粗，疊有兩片筆尖。

長刀 Concord

享受銳利的運筆感和極粗的文字。

長刀研

可變換筆的角度書寫出粗線或細線。

長原幸夫（SAILOR鋼筆）

身為SAILOR鋼筆引以為傲的筆尖職人，
長原幸夫先生一邊做著技術工作，
一邊來往於日本&海外開設為使用者保養筆尖的鋼筆診所。
擁有被國外的鋼筆迷讚譽如「魔法」般的技術，是第一流的鋼筆醫生，
此篇為長原幸夫先生談論鋼筆和筆尖的珍貴訪談。

PROFILE

長原幸夫　1960年出生於廣島縣吳市。1981年進入SAILOR鋼筆株式會社，起初被編配至天應工廠的製造部門任職。2002年起正式成為該工廠的製造人員。將熱情全部注入筆尖的研發，以高超的技術獲得世界第一筆尖職人的肯定。父親為已故的筆尖之神・長原宣義先生。

小時候對鋼筆完全沒有興趣

SAILOR鋼筆的長原幸夫先生，如今已被視為當代最厲害的筆尖職人而備受尊重。或許有人以為他是受其父親，已故的筆尖之神・長原宣義影響，從少年時代開始就對鋼筆和筆尖產生興趣，但實際上卻非如此。

「印象中家父是典型的專業人士，經常窩在家中鑽研筆尖，完全沒有休閒娛樂。因此小時候我是不喜歡鋼筆的，甚至會將筆尖串上烤雞肉，朝向牆壁玩丟擲的遊戲。現在想起來，還真恐怖呢！」

對於鋼筆完全沒有興趣的幸夫先生，高中畢業後首先進入器材公司工作，因腰痛辭職後，才以中途招募方式進入SAILOR鋼筆。但是最初擔任的工作，不是技術職，而是營業職。

「擔任營業時，曾有顧客問我：『是SAILOR的長原先生嗎？』當我回答那是我的父親後，得到『為什麼要做販售工作，快點去研修鋼筆』的回應。當時我沒來由地受到了刺激。家父不只是了解筆尖，更是全盤地理解這整個筆尖製作的工作。之後我開始拜託家父教導我，也成為了我對鋼筆產生興趣的契機。最初只是當成興趣，但是在兩年之間每天接受指導，也漸漸覺得有趣了起來。我開始思考自己想要呈現的筆尖形狀。」

以愛用的放大鏡，確認著筆尖的每一個細節的幸夫先生。在平日溫和的面孔上，露出了名匠職人的認真表情。

隨著修理筆尖的過程 客人的嘴角也漸漸上揚

仰望著身為父親的師傅並持續鑽研積累，幸夫先生的技術漸漸地臻至純熟。

「看過我製作的筆尖的諸前輩寫信給前社長，推薦我試著轉任筆尖職人。當時在寫樂中並沒有繼承家父技術的專業人士，因此我就此認真地專心致力於此。」

以筆尖研發職人起步的幸夫先生，在鋼筆診所和顧客接觸後，體認到了成為技術者的喜悅。

「來鋼筆診所的客人，大多都困擾於不好書寫的鋼筆而面有難色。但是，在我修理筆尖的期間，他們的嘴角會漸漸上揚喔！眼看著不好書寫的筆尖慢慢變得可以運作，驚訝地說：『不會吧！』的人也不在少數，其中還有人會喜極而泣呢！」

長原幸夫製作的筆尖

經過長年研究，幸夫先生開發出許多筆尖。在此從兼具機能＆美麗的筆尖中，選出人氣最高的兩款介紹，並附上幸夫先生的評論。

細美研

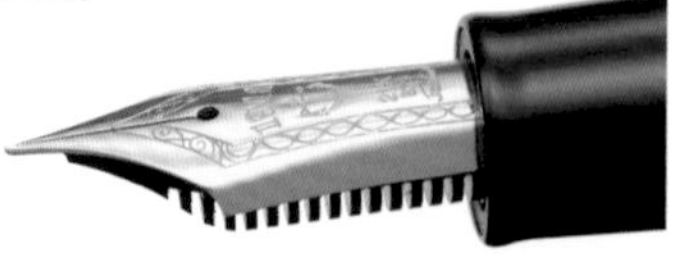

以細幅、美麗的字跡為目標研製而成。「學校的老師特別喜歡這款筆尖。在通知表訊息欄上書寫密密麻麻的文字時，細字筆尖最好用了！」（幸夫先生）

Cross Concord

筆尖前端為雙層重疊，前彎形狀的筆尖。「因為以前曾從看過Concord的人口中得知筆尖會往下彎曲，而研發製作出不彎曲的Concord。」（幸夫先生）

以高速旋轉的滾輪研磨筆尖。高度的集中力和精確的技術，使許多的鋼筆愛好者重展笑顏。

看到開心的表情當然相當愉快。對我來說，這也是一件充滿樂趣的事情。面對面地傾聽顧客的訴求，思考如何盡量調整至最好的形狀；換句話說，就像解謎或製作模型時的感覺。因此每個月一次的鋼筆診所，我都相當地樂在其中。」

鋼筆的世界廣大如樹海 即使迷失其中仍是樂趣無窮

長原先生不僅只修理筆尖，也不斷地推出各種新款作品。今後還想試著製作什麼樣的筆尖呢？

「時至20世紀，筆尖的研發已相當豐富完善。雖然家父已因彎曲筆尖的劃時代革新而被尊稱為『神』，但在另一個層面上我仍有可以投入努力的空間。如：復興過去的技術，以繼承的意念製作筆尖。以過去的人使用的鋼筆書寫，再現經典魅力的筆尖不是很好嗎？」

在採訪的最後，請以現代第一的筆尖職人闡述鋼筆的魅力吧！

「鋼筆是成熟人士隨身的得意助手。緊急的時候，鋼筆可以立刻作為書寫工具上場。成熟人士喜好如鐘錶或皮件等，都是非常高價格的物件，鋼筆卻僅需相當這些高價商品消費稅的金額即可購得，這也是另一個魅力吧！此外，作為任何人皆可使用的工具這點也很有趣。鋼筆的選擇多且深奧，是完全可以想像成樹海的等級。但在樹海中迷路也是很有趣的事情。各位，請帶著笑容來玩吧（笑）！」

Let's Know About Ink

瞭解墨水

Kingdom Note

東京都新宿区西新宿 1-12-5 ぷらしぇビル 6F
TEL：03-3342-7911
營業時間：10:30 ～ 20:30　全年無休

鋼筆的醍醐味之一，即為選擇墨水。從平價的墨水入門，進入這個世界，也是一門深奧的學問。本單元專門請教備有數百種瓶裝墨水以供試寫的高級文具專門店Kingdom Note，彙整出挑選墨水的重點精要。

Let's Know About Ink

「使用用途」&「紙張」是選擇墨水的重點

各國廠牌發表販售的墨水可謂琳琅滿目。初學者該以什麼標準來選擇呢？先聽聽任職於日本以頂級品自豪的鋼筆・文具專門店Kingdom Note的三浦真弓的意見。

「舉例來說，單就基本的黑色系，現在店裡可以找到的墨水就有47種。想要帶有亮澤感的、偏灰的或純黑的都有，就連粒子的粗細也有不同的選擇。即使是同色系，也擁有不同的種類。」

選擇墨水的時候，需要特別重視的是什麼？

「最重要的是『用途』。如果是工作需要頻繁地作筆記，選擇熱銷、便宜、容易使用，且正統的知名品牌墨水為佳。顏色也是建議選擇黑色或藍黑色系，才能更好地使用於書寫公文文件。相反地，如果是使用在信紙最後的祝賀語，可根據季節選擇的顏色品項就相常豐富。」

此外，也有根據使用的鋼筆筆尖字幅，隨之變換顏色的墨水選擇方式嗎？

「舉例來說，即使是需要在工作中頻繁書寫，若能使用粗筆尖配上藍黑色墨水，比起使用黑色更能直接體會鋼筆特有的濃淡變化的樂趣。粗筆尖搭配正黑色的墨水就略顯可惜了！」

購入墨水的時候，需要特別注意各廠牌或品牌不同的粒子粗細嗎？

「鋼筆的ink flow（墨水的流動）是配合各自品牌的墨水粒子製作而成。因此，以**PELIKAN**最細的筆尖**EF**為例，裝入其他品牌粒子較細的墨水時，墨水的流動就會改變，字幅會變得稍微粗一點。」

鋼筆以使用純正的鋼筆墨水為基本原則，若想要試用其他墨水則無法保證後果，但只要確實地保養鋼筆，就能享受變換顏色的樂趣。此外，購入後墨水的變質也要特別注意。未開封可存放兩年，請依此基準自行判斷瓶裝墨水的耐用時間。

「接觸空氣後就會更加速變質，請儘早使用完畢。剛入門時，試著購入小瓶裝也是方法之一。」

若沒有實際使用墨水試寫，是無法體會微妙的顏色差異與濃淡的。

「根據使用的紙張，光澤的呈現也會有所變化。想要細看發色變化等，許多細微的呈現是無法透過電腦螢幕瞭解的，所以來店裡實際試寫的客人很多喔！」

如果可能，請帶著自己的筆記本或便條本，到專門店親自試寫吧！

除了鋼筆墨水的經典顏色：黑色和藍黑色之外，還有許多令人驚豔的顏色。

瞭解墨水的種類

熱愛墨水的達人——三浦先生，從超過1000種的墨水中，嚴選出適合初學者的墨水。以經典商品為主，在此分類介紹人氣墨水。

PELIKAN
PELIKAN 瓶裝墨水 4001／76

Comment＞PELIKAN現行的筆款因為良好的握感適合所有人，是現今賣得最好的鋼筆。該品牌的正統派鋼筆墨水也是長銷的人氣商品。

藍黑 ¥900＋稅

WATERMAN
WATERMAN 瓶裝墨水

Comment＞墨水變少後，可以傾斜瓶子吸墨的瓶身設計非常優秀。留下空瓶子裝入別種墨水的使用者也很多。平價的價格，作為消耗品相當實惠。

寧靜藍 ¥1,200＋稅

SAILOR
SAILOR 鋼筆 瓶裝墨水
Jentle 四季彩

Comment＞SAILOR的墨水粒子細，可以混合。瓶內附有集墨器以備吸墨，瓶口附近的小容器構造，使得最後殘留的墨水也可以完全使用。

蒼天 ¥1,000＋稅

J.HERBIN
J.HERBIN 瓶裝墨水

Comment＞上部設有筆槽，配有鋼筆擺放位置的設計非常貼心。此廠牌以黑色系和藍色系的顏色為主打，顏色選擇多樣。藍色系的發色尤其漂亮。

藍寶石 ¥1,200＋稅

GRAF VON FABER-CASTELL
GRAF VON FABER-CASTELL 瓶裝墨水

Comment＞不只是瓶身，蓋子的設計也很時髦。以藍色和黑色兩個色系為主，共延伸出六個顏色。發色漂亮且實用的顏色很多為其特色。

Cobalt Blue ¥3,600＋稅

J.HERBIN
J.HERBIN 瓶裝墨水

Comment＞J.HERBIN是法國的老字號廠牌。羽毛筆或封蠟章等文具也很有名。綜合瓶身造型和標籤的插畫設計來看，合理的價格也是其魅力。

午夜藍 ¥1,200＋稅

MONTBLANC
MONTBLANC 瓶裝墨水

Comment＞鋼筆之王MONTBLANC的墨水，展現老字號沉穩的顏色。如鞋子般時髦的瓶身，可將變少的墨水集中於鞋根處。

深藍 ¥1,800＋稅

PELIKAN
PELIKAN 瓶裝墨水
Edelstein 逸彩系列

Comment＞品名的Edelstein在德語中意指「寶石」。價格比一般的墨水高，以寶石的色彩定製顏色並以其命名，厚底的優雅瓶身很受女性歡迎。

坦桑石藍 ¥2,400＋稅

PILOT

色彩雫
孔雀（全24色）¥1,500＋稅

DIAMINE

Anniversary Collection 1864
藍黑（全8色）各¥1,850＋稅

LAMY

Neon Coral ¥1,300＋稅

其他 推薦的墨水！

PILOT的色彩雫「孔雀」、「月夜」等純和風的顏色名稱，也在國外造成話題。蛋糕型的Diamine Anniversary Collection，或瓶身和墨水擦拭紙一體成型的Lamy Neon Coral也很有人氣。

Kingdom Note

店家限定
原創墨水

SAILOR 瓶裝墨水 Kingdon Note 訂作款

（日本生物系列）
「昆蟲」Rosalia batesi 天牛

和SAILOR鋼筆共同開發的原創商品第一彈，昆蟲系列的人氣顏色。以昆蟲背部會根據光的強弱呈現出不同的色澤為題，並以鮮豔的琉璃色為意象。

（全5色）¥2,000+稅

（日本生物系列 第二彈）
「野鳥」

系列的第二彈為捕捉雉雞、朱鷺、鴛鴦、琉球松鴉、游隼等棲息於日本的野鳥們的特色，誕生出纖細美麗的顏色。

（全5色）¥2,000+稅

（日本生物系列 第三彈）
「菇類」

系列的第三彈以菇類為主題，櫻花蘑菇、毒蠅傘、變藍粉褶菌等菇類的顏色登場！以輕柔的高雅顏色居多。

（全5色）¥2,000+稅

推薦第二瓶
特殊墨水

DIAMINE
瓶裝墨水

Comment＞顏色特別豐富。現有超過100種的顏色。常見以80ml的瓶裝墨水為主，這裡介紹的是可以隨意試寫各種顏色30ml款。

Red Dragon　¥600＋稅

RUBINATO
瓶裝墨水 275

Comment＞義大利品牌，罕見的銀色墨水。因為粒子很粗，不推薦日系的細字筆款使用。

銀（蓮花香味）¥2,300＋稅

HAKASE 鋼筆博士 瓶裝墨水 イカ墨 SEPIA

Comment＞SEPIA是更黑的黑色。國外的SEPIA是紅咖啡色，是根據「以照片的SEPIA顏色」為意象製作。

Dark　¥7,000＋稅

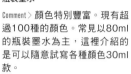

暢銷商品 Best 5

1. SAILOR
日本生物系列「昆蟲」Rosalia batesi 天牛
2. SAILOR
日本生物系列「菇類」櫻花蘑菇
3. PERIKAN
瓶裝墨水4001／76 藍黑
4. WATERMAN
瓶裝墨水 寧靜藍
5. DIAMINE
瓶裝墨水 藍黑

Let's Know About Ink

欣賞瓶身的設計也是樂趣之一

該店最新暢銷商品排行榜發表！

第五名，老字號廠牌DIAMINE紀念150週年的原創瓶。

「瓶子的造型很有人氣。集齊8色經典墨水，就能拼出一個蛋糕形狀。」

第四名為WATERMAN經典的寧靜藍。

「雖然紙質也會有影響，但相較太過明亮的土耳其藍，寧靜藍因為乾燥後會漸變成微綠的藍色，相當地有人氣。」

堂堂拿下第三名的則是PELIKAN標準款。

「目前最暢銷的鋼筆品牌自家推出的經典墨水，低價格為其魅力。」

第一名和第二名，前兩名皆由日系廠牌SAILOR和Kingdom Note共同開發的原創系列一舉拿下。

「SAILOR專屬的頂尖墨水調製家・石丸治先生以日本生物為靈感主題調和出特別的顏色，果不其然地聚集了其他顏色難以匹敵的人氣。最暢銷的兩色為日常實用性高的淡藍色和粉紅色。」

即使如此，這些墨水的價格差異，是從哪裡產生的呢？

「雖然素材或生產數量等多少會有影響，最重要的差異還是瓶子的設計。舉例來說，PELIKAN的Edelstein價格比較高，但是可以擺放在桌上裝飾欣賞的樂趣，也是選擇該墨水的魅力之一。能將瓶子的設計也包含在選擇墨水的考量中，是很令人開心的一件事。」

一期一會的相遇，經過歲月沉澱的手感……具有新筆款沒有的趣味，不斷地魅惑人心的懷舊鋼筆。雖然有些筆款的門檻比較高，但若能試著親自尋訪一趟專門店，你就會發現除了超高級品，也有各種價位、種類的古董筆款。在此，就從這些古董筆款中，精選出10支鋼筆詳加介紹。

典藏魅惑人心的古董鋼筆

談到喜愛的鋼筆，就不能忽略來自「古董鋼筆」的誘惑力。

「採用賽璐璐、硬橡膠、酪蛋白等，現今已不太使用的素材，是古董鋼筆最大的魅力。柔軟筆尖的書寫觸感，和極致作工的設計，都是古董鋼筆的獨特之處。但以現今要求筆款耐久性的觀點來看，似乎已難以實現了！」

上述論述來自網羅大量懷舊鋼筆的鋼筆店「PENCLUSTER」的經營者・當間清孝先生。除了主要從國外收購古董鋼筆回來販售，在販售前也會保養、修理購入的鋼筆，遇到需要改變筆尖的粗細等的簡單調整，也能親自為客人處理。

「畢竟是數十年前的商品，或許會因『損壞』等問題而引起糾紛。因此，選擇有提供售後維修的店面，並確認商品記載的情況再購入為佳，務必多加留意。」

古董鋼筆的世界真是如深淵般地探索不盡。希望你能以此篇專訪為契機，試著走進去看看吧！

採訪協力
PENCLUSTER

座落於銀座的一個角落，低調經營的鋼筆店。有許多MONTBLANC或PELIKAN等罕見的古董鋼筆。

TEL：03-3564-6331

※標示價格為2015年3月PENCLUSTER店中的售價。

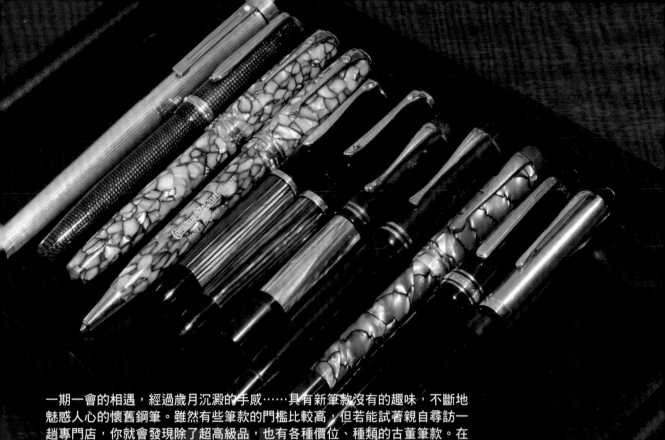

第1支古董鋼筆的入門首選

Pelikan

140 Black/Green Stripe

製造於1953至1995年間。廉價版為14K筆尖，是兼具1.44cc高儲墨量的實用筆款。賽璐璐筆身的條紋非常優美，筆夾頭的PELIKAN標誌雕刻也很精巧。筆尖具有一定程度的彈性，可以藉由筆壓施力寫出略粗的字幅。價格也很好入手，推薦給剛開始接觸古董鋼筆的人。

¥27,778 +稅

無法複製第二支
前衛的賽璐璐鋼筆

Soennecken

222 Extra Red Lizard

製造於1952年，為1967年破產的SOENNECKEN公司222系列的EXTRA筆款。筆身為作出如蜥蜴般的紋路，將紅色珍珠方塊以規則方正的排列方式鋪滿筆身，放大細看時，立方體就像是漂浮於其中一般。為了方便檢視墨水，將筆尖附近改變顏色等，四處皆可看見講究的細節。

¥109,260+稅

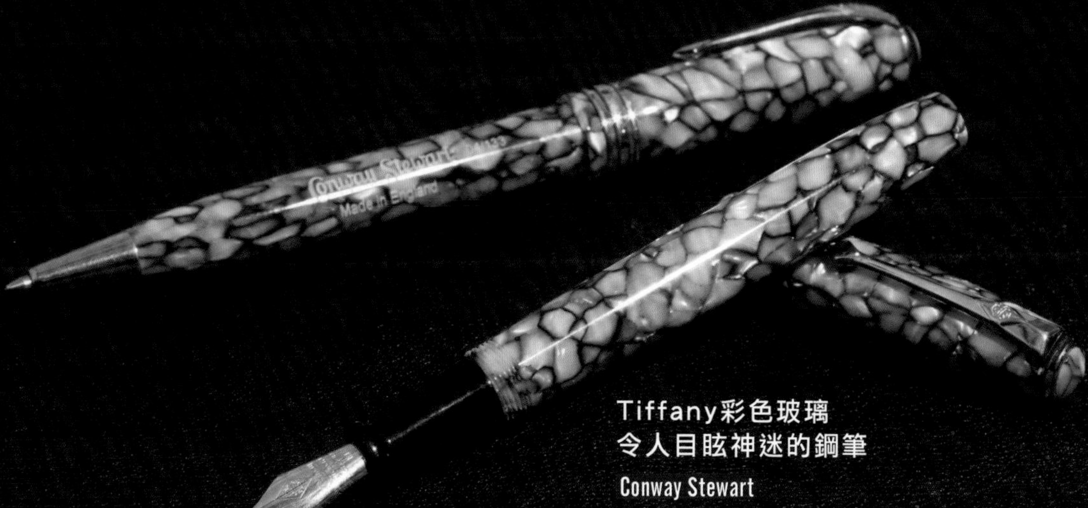

Tiffany彩色玻璃
令人目眩神迷的鋼筆

Conway Stewart

58 Yellow Tiffany

CONWAY STEWART於1998年發表販售，全世界限定300支的鋼筆逸品。手工拋磨酪蛋白製成的筆身，以黃色和淡紫色的珍珠色為主，隨著角度變化而有不同的表情。作品名稱的Tiffany是彩繪玻璃設計的一種方式，這款筆身即以Tiffany為視覺形象製作而成。筆尖很平順，具有CONWAY獨特的柔滑筆觸。

¥24,0741+稅

※PENCLUSTER 店中僅與上圖後方的原子筆（CONWAY STEWART No.58 Yellow Tiffany Ball Point）成套販售。

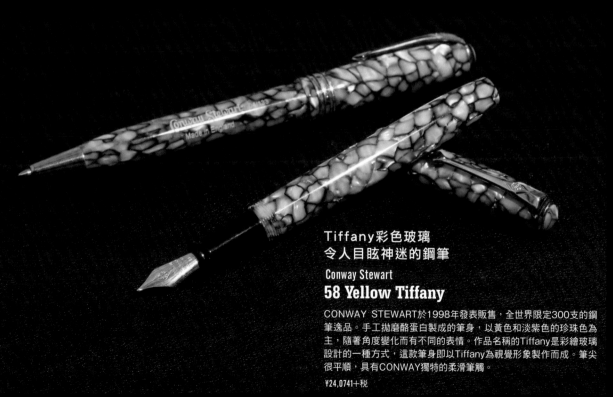

複寫OK！MONTBLANC的特製筆款

Montblanc

442 Multi Purpose Nib

製造於1952至1954年。在MONTBLANC的筆款中，以不同於常的概念製作而成的鋼筆，筆款名稱會以「4」開頭名命。這款442也不例外。被稱為Multi Purpose Nib特別版的筆尖，銥點以球狀製成、中縫裁切得較短，通氣孔的位置也比較靠前。因為要用在複寫紙上，筆尖比較硬。可以用於複寫為其特色。

¥50,000＋稅

超長規格的硬像膠鋼筆

Montblanc

224 Black

製造於1935至1939年。戰前MONTBLANC的Second Line，採用按壓式的「MEISTERSTUCK專用吸墨裝置」為其特色。此裝置在吸入墨水時，筆身的旋鈕會鬆弛，按壓旋鈕就能吸入墨水。在開頭為「22」的系列筆款中，這款224為戰前款，尺寸更大，筆身整體如棒狀。

¥57,408＋稅

在白蝶貝上施以閃電般「漆藝」的一支鋼筆

Montblanc **322 Pearl Black Marbled**

製造於1935至1938年。非常珍貴的戰前賽璐璐製鋼筆。在高價商品都因為不景氣而賣不出去的1930年代，MONTBLANC經濟線的3XX系列生產了許多彩色的賽璐璐筆款。全筆身如螺鈿的珍珠＆黑大理石般，很像日本的漆藝不是嗎？筆蓋的圈環為罕見的雙數。

¥111,112 ＋稅

銀無垢筆身與「鑲嵌筆尖」的耀眼設計

Sheaffer

Targa 1028 Imperial Silver
（USA Model No.1004）

1976年發表販售即創下銷售熱潮的紀錄，更是持續銷售22年直到96年的SHEAFFER TARGA筆款。摩登的風格令人無法想像是30年前的設計，尤以這款銀無垢的筆款特別受到喜愛。該公司傳統的鑲嵌筆尖（與筆身一體化的筆尖）相當優美，筆尖則稍微偏硬。

¥27.778＋税

極美的流線筆身＆玳瑁紋

Pelikan

400NN Brown/Tortoise

製造於1956至1965年。50年代時，400系列筆款從400、400N、400NN，被反覆改版製作；之後， PALIKAN的關係公司MERTZ&KRELL於70年代生產400NN、80年代則誕生出M400等相關的筆款。賽璐璐製的玳瑁紋相當美麗，筆尖為一貫PELIKAN風格的柔軟極細字。即使是初學者也能安心使用的古董鋼筆。

¥46,297＋税

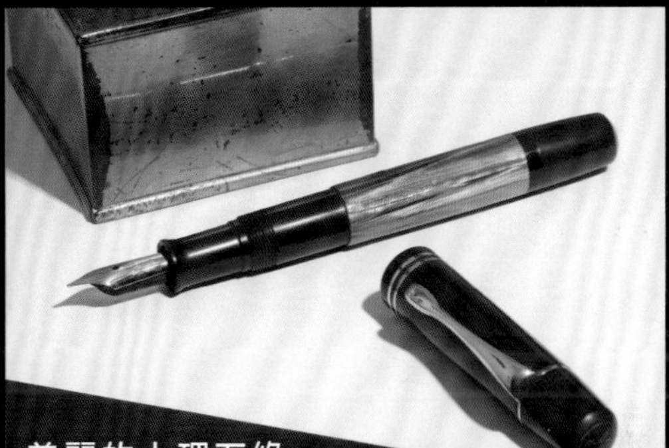

美麗的大理石綠
硬橡膠筆蓋的鋼筆

Pelikan **100N Black/Green MBL**

製造於1937至1942年，筆蓋、握位、筆尾皆是以現在已經非常稀少的硬橡膠製作而成，大理石綠的部分則為賽璐璐製。筆蓋刻有Pelikan PATENT GERMANIA的字樣，代表為義大利製作。觀墨窗是迷人的咖啡色，筆尖為稍微硬一點的細字。適合搭配手帳隨身攜帶。

¥62,037＋税

古董鋼筆迷必備
MEISTERSTUCK

Montblanc

146 Meisterstück 50s Black

製造於1949至1960年，筆身全部以賽璐璐製作，觀墨窗為美麗的淺咖啡色。墨水的吸入方法和現在的MEISTERSTUCK沒有太大的差異，為了得知開始吸墨和終止的時間點，採用空轉旋鈕的伸縮望遠鏡吸墨式為其特色。筆尖除了「M」標誌，一如該品牌的風格，周圍沒有多餘的設計。

¥143,519＋税

以鋼筆書寫藝術花體字 Calligraphy

以獨特的運筆書寫英文字的技術，即為藝術花體字。曾經想以鋼筆寫出華麗花體字的人應該很多吧？本書作者之一的K，代替各位讀者，率先進入藝術花體字學校體驗學習，在此傳授基礎的第一步！

題標&範本／松井康子(日本Calligraphy School講師)

◀婚禮卡片或餐廳的菜單等，在許多場合都可以看到藝術花體字。真想寫出這樣時髦的字體啊！左圖為高木直美老師的作品。

最基本的字體——學習歐文斜體字

「雖然是手寫的文字卻如同帶有呼吸的律動般，透過書法說不定也可以體會這種感覺。這種深奧的體會實在是一言難盡啊！」

投入藝術花體字領域超過15年的日本Calligraphy School講師，高木直美老師如此這般地談論著這種感覺的魅力。日本在25年前開始正式地推廣花體字，近年來人氣不斷提高。但作者K是徹頭徹尾的初學者，完全不了解藝術花體字是怎麼一回事；因此這一次，從基礎的第一步開始，接受了仔細的教導。

最初的學習，是從最基本的「歐文斜體字體」開始。

首先，不使用鋼筆，而是以藝術花體字專用的筆

Calligraphy 1 從專用筆瞭解藝術花體字的基本

以鋼筆書寫之前，先以藝術花體字專用筆練習！

— 1 —

歐文斜體字專用的藝術花體字專用筆。筆尖為3mm，特色為能寫出比鋼筆更寬的字。

— 2 —

將筆尖傾斜45度書寫為基本握筆姿勢。此基礎和鋼筆的使用方法為相同的要領。

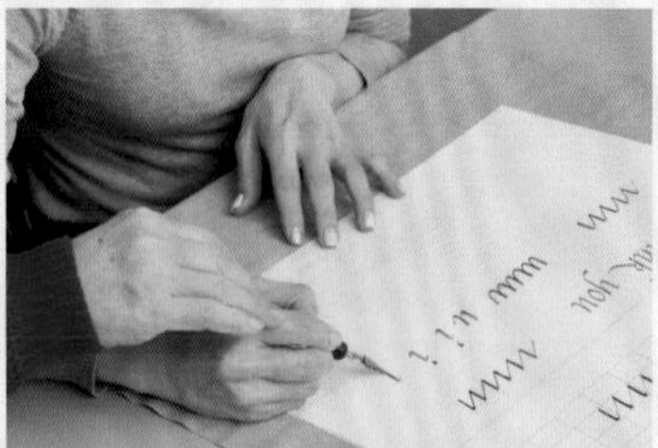

— 3 —

老師的手放入微妙力量的手感。首先，練習「直劃粗一點，橫劃（斜）細一點」。

— 4 —

一邊確實地看著老師的範本，一邊挑戰書寫，仔細地模仿。

Calligraphy 2 以鋼筆挑戰藝術花體字

學會基本筆法之後，以愛用的鋼筆正式上場！

使用PILOT的藝術花體字專用鋼筆Prera（綠字）和PELIKAN的M400（黑字）。

老師以鋼筆書寫的文字。因為字體的改變，與一般的印象完全不同。

若以鋼筆書寫，較適合Copperplate這種細一點的字體。

身和筆尖來學習。歐文斜體字是屬於比較大的字體，因此建議使用粗一點的筆尖。除了微妙的施力手感和角度差異，根據書寫速度的不同，也會變化出不同的文字表情，這種深奧使人感動！如果稍微技巧地振動，畫出對比明顯的粗線和細線變化時，就能得到難以言喻的充實感。

以鋼筆挑戰 Copperplate 字體

第二步，向華麗的Copperplate字體發出挑戰！從此即開始改以鋼筆書寫。高級的邀請卡等經常可以看到這種字體，和歐文斜體字體的粗線條相比，纖細的線條為其特色。另外順道一提，柔軟的筆尖在沒有放入太多力量時，更容易呈現出粗細的對比，會比較容易書寫。以鋼筆表現出專用筆程度的文字表情雖然比較難，但看著範例字帖的文字，就會令人產生希望總有一天能寫出這樣高雅字體的期盼。鋼筆以粗筆尖較為適合書寫藝術花體字，此外也有專用的鋼筆，不妨選擇你方便順手的筆來試寫看看吧！

老師叮嚀著：「消除雜念，集中精神。」而實際書寫時也必是如此。一小時的時間轉眼即逝，但看見自己也能寫出優美的文字，真是大滿足啊！短時間就能品味藝術花體字的魅力喔！你也試著挑戰看看吧？

協力／日本 Calligraphy School

Calligraphy Life Association株式會社經營的藝術花體字專門學校。系統化的課程，初次入學的人即使不會也能繼續學習為其特色。普通課程或專業課程都有。

〒104-0061
東京都中央區銀座 1-9-6 銀緑館 7 樓
TEL.03-6228-6272 ／ FAX.03-6228-6274
HP http://www.calligraphy.co.jp/school/

Calligraphy 3 以鋼筆書寫 Copperplate 字體風格的英文字母

請務必臨摹此字體範本，以鋼筆試著寫寫看喔！

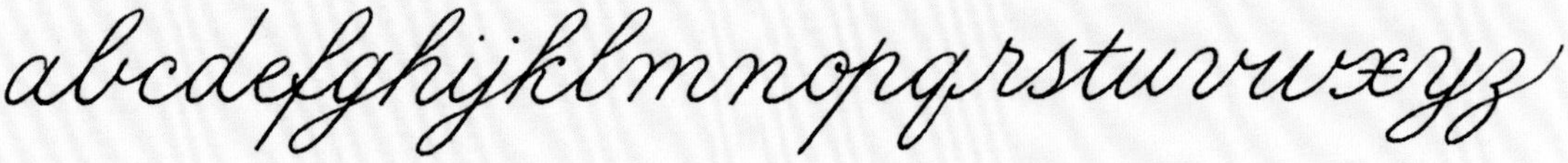

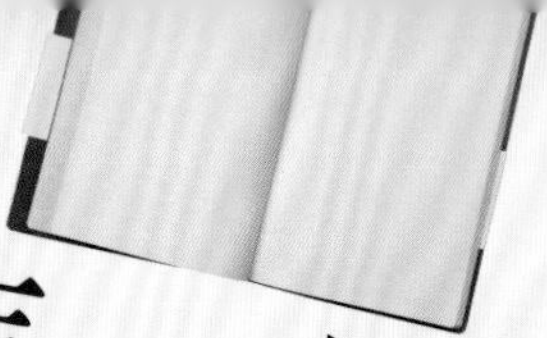

適合鋼筆的紙張一覽

LET'S KNOW ABOUT PAPER

鋼筆使用者的必要用品——什麼樣的「紙張」書寫感覺會比較好呢？墨水的滲透、與筆尖的關係、書寫觸感、暈開的狀態……不管是「紙張達人」或初學者，關於紙張的各種疑問，皆在此清楚地公開解說。

從普通城市的文具店 轉型成鋼筆用紙專門店

在此訪問的是都內的鋼筆、紙、文具的專門店「ASAHIYA紙文具店」。店長荻原先生在店內引進滿壽屋的原稿用紙，是對於經營城市文具店的紙專門店充滿熱情之人。

「販售JAPONICA學習簿，已經創業80年的城市文具店。2008年起，轉型成紙張為主的商店。」

身為鋼筆愛好者的一員，因為對紙張有獨到的見解，而受到注目。

「使用鋼筆的人，多半也會對紙張有興趣。因鋼筆的墨水為水性染料系，不易滲透、不易暈染的紙張最受歡迎。但是現今已是原子筆與印刷物的全盛時代，適合鋼筆的紙張變得相當地少。」

這間店的滿壽屋原稿用紙特別講究。

「其他也有幾間製作原稿用紙的公司，但是滿壽屋是最好的。原稿用紙共有30個種類，全國只有敝店買得到。滿壽屋原稿紙是特製的，並且只使用自己公司的原創紙張，並且會進行墨水測試——這就是它令人愛不釋手的地方。若想買便條紙或筆記本等，店內也有其他廠牌的優質產品喔！」

ASAHIYA 紙文具店

地址：東京都大田區久が原 3-37-2
TEL：03-3751-2021
營業時間：12:00 ～ 19:00（週六、國定假日營業至晚上 6 點）
公休日：週三、週日
http://www.asahiyakami.co.jp/

LET'S KNOW ABOUT PAPER

原稿用紙

以滿足筆尖的平滑筆觸進行開發思考。適合鋼筆的紙張，果然還是首選原稿用紙！

PAPER 03

滿壽屋 原稿用紙 No.113

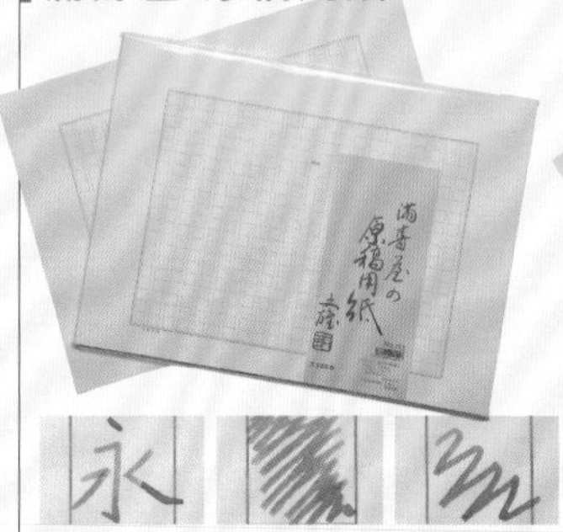

B4 尺寸，格線為棕褐色，放入假名的書寫行間為其特色。「本款與 No.115 具有相差無幾的高人氣，可以客製印上名字。」
B4 尺寸 100 張／ ¥900 ＋稅

PAPER 02

滿壽屋 原稿用紙 No.12

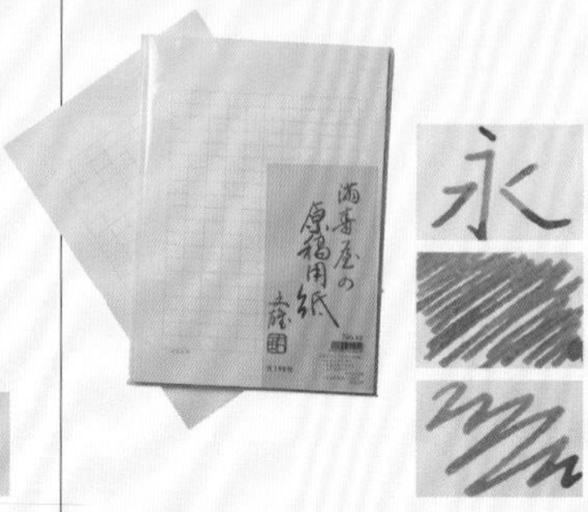

「取美濃尺寸的一半大小，B5 尺寸。以此尺寸生產出反應良好的 No.12」。是容易流暢書寫的款式。
B5 大尺寸 100 張／ ¥550 ＋稅

PAPER 01

滿壽屋 原稿用紙 No.115

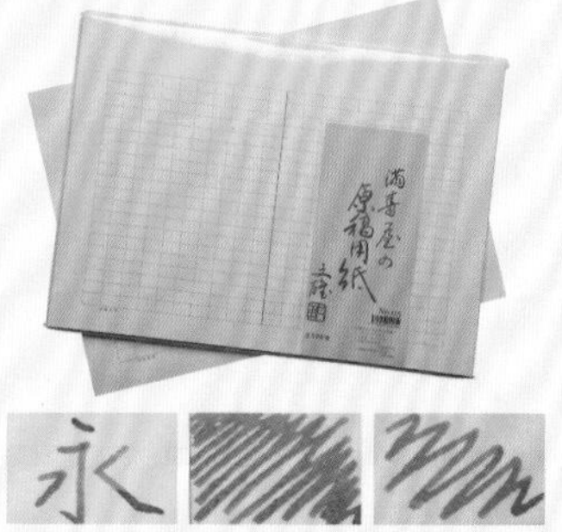

「經典款。B4 尺寸的 400 字直書。顏色為奶油色和 Deluxe（白色），方格。根據格線顏色不同，商品號碼也跟著改變。」B4 尺寸 100 張／ ¥900 ＋稅

便條紙・筆記本・日記本

在此介紹日常方便使用的便條紙、適合鋼筆書寫的筆記本與日記本。

PAPER 06

LIFE WRITING PAPER T25

以回收紙製作而成的西式便條紙。為舊式的紙張尺寸。附有可以輕按吸墨的紙張，使用時很方便。100 張／ ¥1,500 ＋稅

PAPER 05

優雅箋 直向・粗線

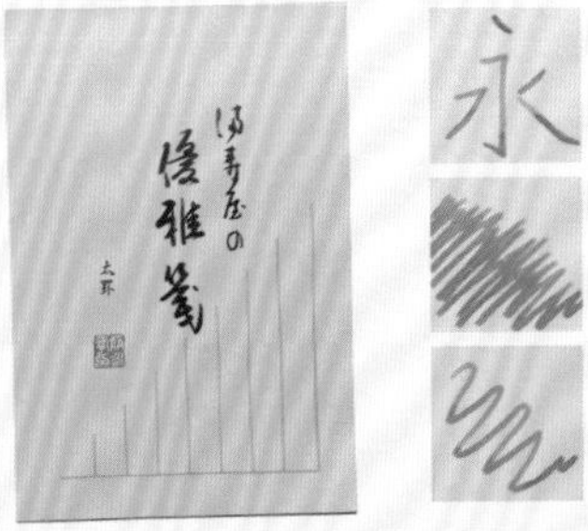

紙質良好，價格也很便宜的經典商品。寬鬆感的格線被稱為 Yoro 線。也有橫線款與空白款。40 張／ ¥400＋稅

PAPER 04

YUGA YB2 信紙本

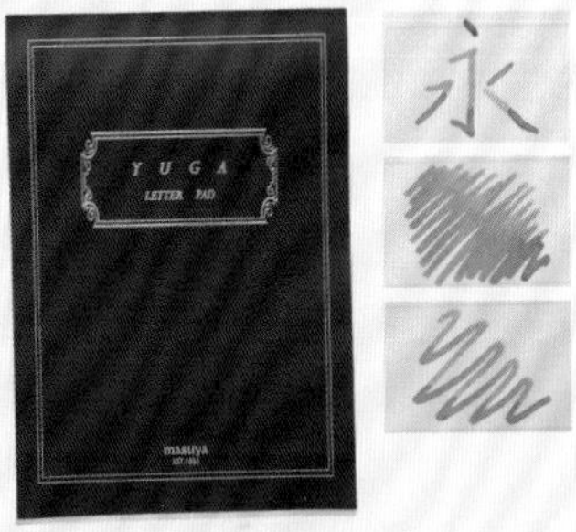

使用與原稿用紙相同的紙張，為橫書式便條紙。2010 年起發表販售的新商品。其流行度在年輕人和女性中具有一定的人氣。50 張／ ¥600 ＋稅

PAPER 09

LIFE NOBLE NOTE 系列

從 2008 年開始發表販售至今，仍極具人氣的經典商品。以特製的奶油色大頁書寫紙（foolscap paper）製作而成的筆記本。有多種尺寸。A4 尺寸 100 張／ ¥1,500 ＋稅

PAPER 08

滿壽屋 MONOKAKI 系列

使用和滿壽屋的原稿用紙同樣的奶油紙，書寫筆觸極佳的的筆記本。封面用紙使用的是越前和紙・羽二重紙。A5 尺寸 160 張／ ¥1,050 ＋稅

PAPER 07

ORIGINAL CROWN MILL

比利時的信紙，特色為表面的紅色的線條。也有 100％棉製的款式。A5 尺寸 50 張／ ¥1,200 ＋稅

PAPER 12

石原10年日記

可以使用 10 年的日記本。「不僅書寫方便，也容易查閱的設計。想要保留的文字筆記薦議使用藍黑色系的墨水。」¥4,800 ＋稅

PAPER 11

QUILL NOTE MARBLE

使用滿壽屋的原稿用紙，由 ASAHIYA 紙文具店訂製的原創筆記本。封面紙為 Marble paper。將紙張分成一份一份再裝訂，可以減少攤開時的落差。A5 尺寸／ ¥7,000 ＋稅

PAPER 10

DRESSCO 筆記本

竹尾紙商社製作的筆記本。封面用紙為里紙，內頁使用 Sun Valley Onion 紙。也有珍貴的紙張系列。
L ／ ¥1,500＋稅　S ／ ¥1,400 ＋稅

DESKTOP ITEMS

豐富書桌的文具單品

由ASAHIYA紙文具店的荻原店長推薦，以豐富書桌的文具單品為主題，
介紹筆盒等鋼筆相關的物件。藉此為鋼筆日常增色添趣吧！

DESKTOP ITEMS 1

PILOT×SOMES

筆盒

日系鋼筆廠牌 PILOT 和日本唯一的馬具廠牌 SOMES 的合作品項。以皮革為素材，呈現出高雅的品味。共可放入 5 支鋼筆，同時擁有數支鋼筆的人會很方便使用。¥27,000 ＋税

DESKTOP ITEMS 2

El Casco

釘書機 銀色

西班牙EL CASCO的鑄物廠牌商品。大型的高級質感釘書機。這是一個「特別喜愛文具的人會想要更深入地瞭解，並因此感到快樂」的單品。¥12,000＋税

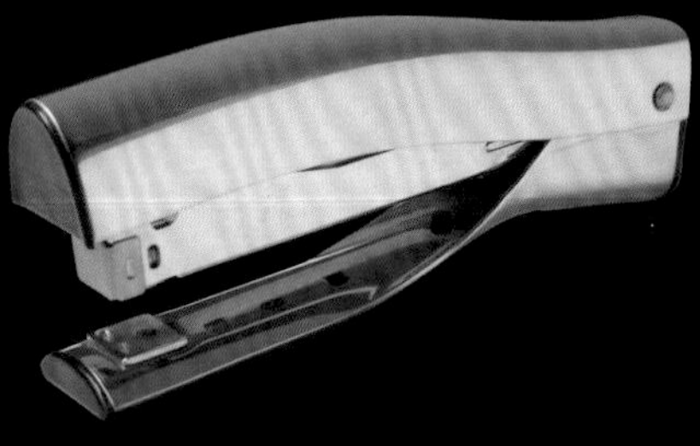

DESKTOP ITEMS 3

Rapid

釘書機

瑞典 RAPID 廠牌製作的不鏽鋼製訂書機，也可以填裝日本訂書針。放在書桌上，就是一個與眾不同的單品。¥4,300 ＋税

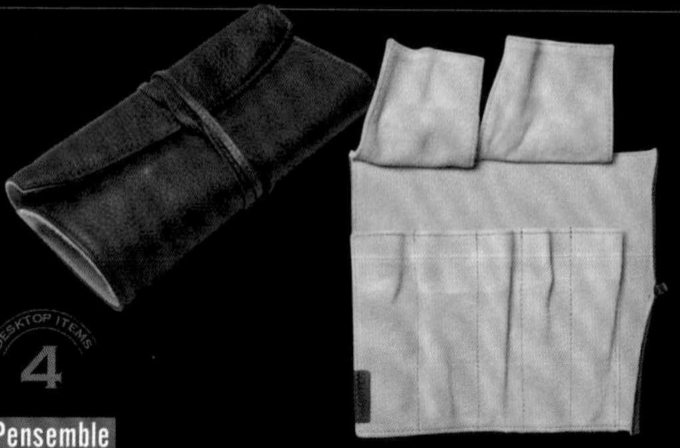

DESKTOP ITEMS 4

Pensemble

皇家筆袋 5支入

是很多人在購買鋼筆時會一同購入的品項。可以插入多枝筆的設計，鋼筆不會互相碰撞，使用起來很令人安心。顏色有深咖啡與黑色兩種。¥7,000 ＋税

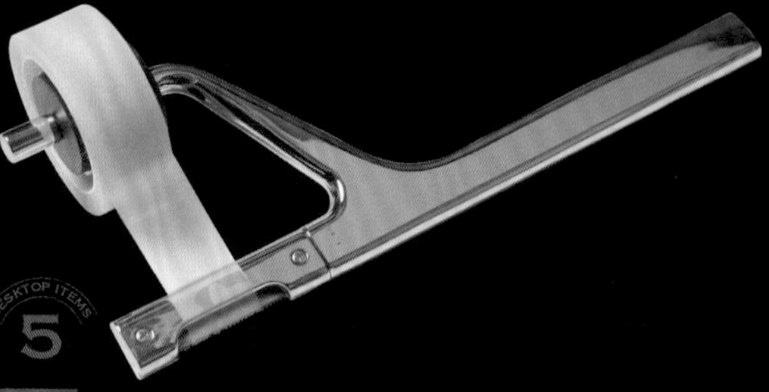

DESKTOP ITEMS 5

TROIKA

ABROLLDING膠台

設計性獨特出色的德國製膠台。不使用時可以立著放入筆筒。替換膠帶使用一般常見的日本製膠帶也 OK。¥5,400 ＋税

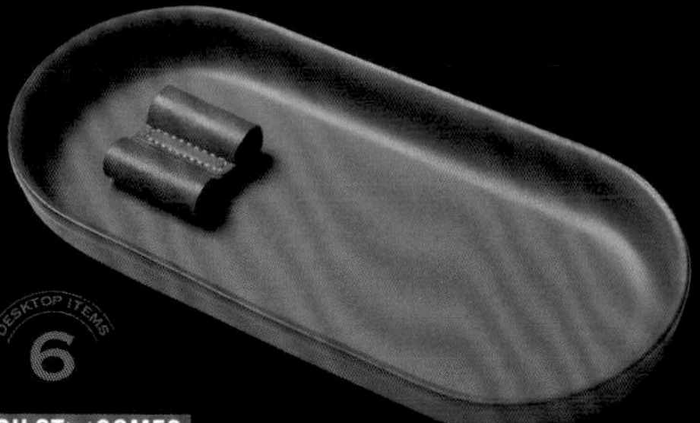

DESKTOP ITEMS 6

PILOT×SOMES

筆托盤

PILOT和SOMES的合作商品。筆可以平枕著放置，兼具機能性與厚重感的托盤。在書房中擺上一個，會很方便喔！值得一提的是，SOMES的馬具可是宮內廳御用的商品。¥8,100＋税

Part 4

深入瞭解鋼筆

從頭開始閱讀至本單元的你，一定會想要更深入地瞭解鋼筆吧！從鋼筆的歷史、日本大廠PILOT的工廠觀摩，到文豪等名人雅士愛用的逸品等，請一起深入探究鋼筆世界吧！

鋼筆&文豪

耳熟能詳「知名人士」愛用的鋼筆，和其背景故事介紹。
找出和憧憬的人物相同的筆款，試著模仿也是一種樂趣。

Favorite 作家愛用的一支鋼筆

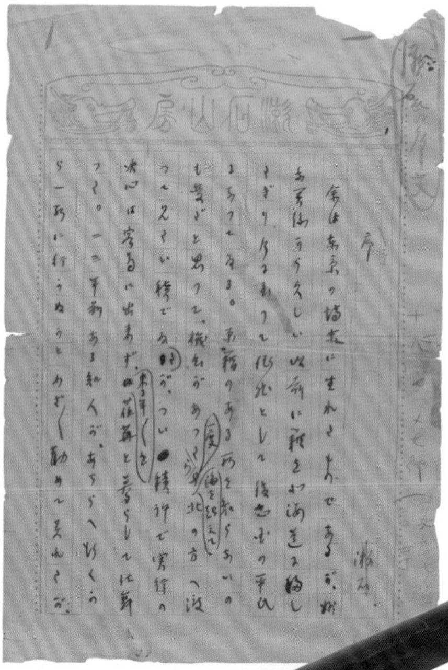

▲《極北日本 樺太踏查日錄》刊載的草稿。

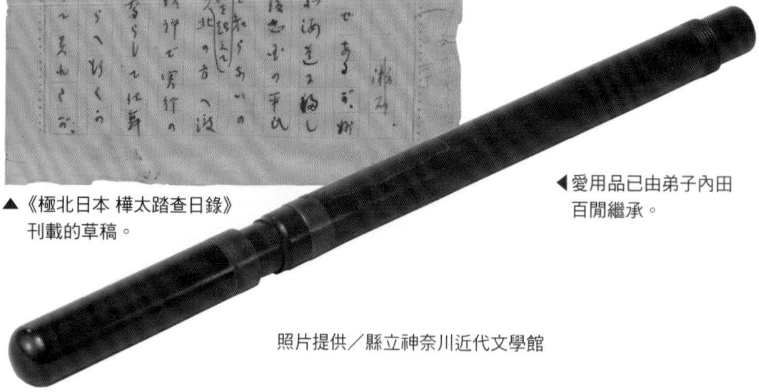

◀愛用品已由弟子內田百閒繼承。

照片提供／縣立神奈川近代文學館

漱石愛用英國DE LA RUE公司製的鋼筆・ONOTO。據說漱石從鋼筆代理店・丸善創業初期購入這支鋼筆後，就一直持續使用。他非常喜歡ONOTO的鋼筆，並曾經在他的隨筆《我和鋼筆》中提到對這支鋼筆的好評：「使用這支鋼筆讓我可以流暢地書寫，很愉快」。順帶一提，ONOTO不只夏目漱石愛用，北原白秋等明治、大正時代的代表性文豪也是眾多愛用者之一。

SOSEKI NATSUME

夏目漱石 × Onoto (De La Rue)

Profile＞**夏目漱石**　1867（慶應3）年出生。自東京帝國大學英文科畢業後，曾擔任學校教師，之後前往英國公費留學。回國後，從事東大講師等的教職，並同時發表小說《我是貓》。其後辭去教職，成為朝日新聞社的簽約作家，專心致力於作家工作。代表作為《三四郎》、《虞美人草》等。

夏目漱石著
《我和鋼筆》

「當時沒有任何鋼筆經驗的我，從丸善隨手買來兩支稱為Pelican的鋼筆，之後就一直使用它們。不過很不幸地，我對於Pelican的感想沒有很好。（中略）厭倦藍色、黑色的我買了Sepia色的墨水，毫無顧忌地扳開Pelican鋼筆的開口強迫它吞下去。當時沒有任何經驗的我，對於該如何使用Pelican鋼筆沒有任何的頭緒。」

「只擁有過Pelican就覺得鋼筆不好使用的我或許會被取笑說沒有這樣的事情，我為了不被取笑，試試其他的鋼筆是必要的。實際上現在這份原稿就是使用魯庵說：「拿去用用看吧！」贈送給我的ONOTO鋼筆。使用這支鋼筆時，我終於體會到書寫流暢的愉快心情。擺脫了Pelican後，我迎來了ONOTO新鋼筆，並將其視為接續Pelican的姊妹筆，就算是聊表一些我對鋼筆的贖罪吧！」（摘錄自《我和鋼筆》）

※Pelican為英國DE LA RUE公司製的Pelican／筆（Pelican Pen）。

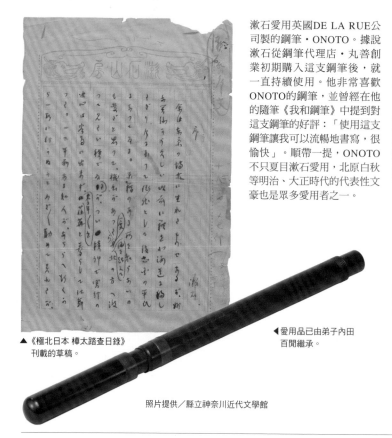

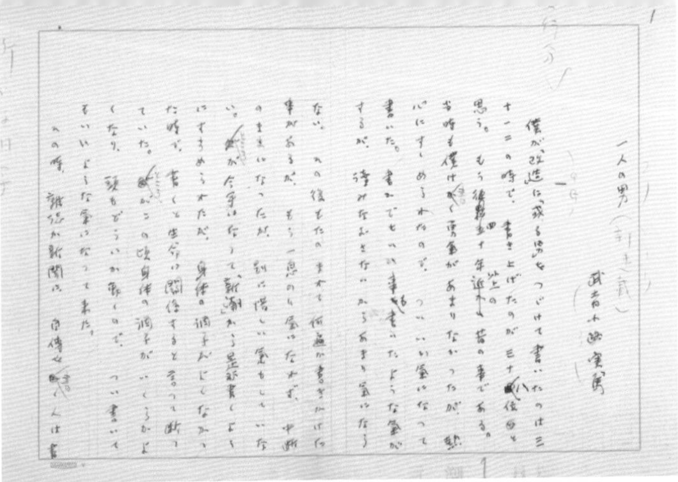

▲後半生撰寫的自傳小說《一個人的男人》草稿

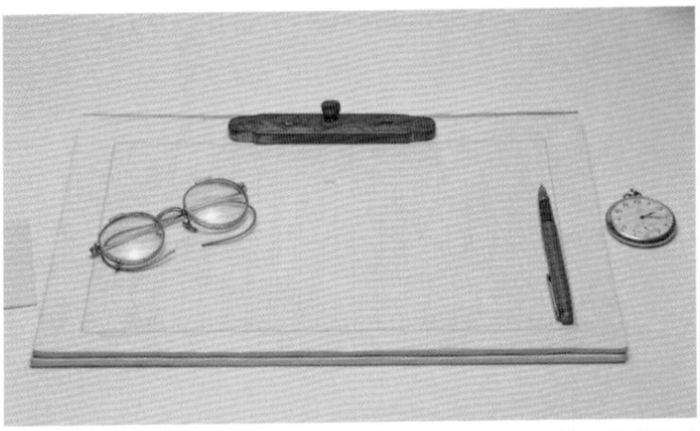

▲愛用的鋼筆，紙鎮、眼鏡、鐘錶等，皆由調布市武者小路實篤紀念館展示。

實篤執筆時，使用的是PARKER的鋼筆。「筆尖彎曲不好書寫」從實篤的日記《気まぐれ日記》中這樣的小線索可知，當時他已大量使用鋼筆書寫了。但是，實篤自己在開發中的日向（宮崎縣）「新村」生活以及搬至東京之後，那時使用的文具，常常在途中變換墨水的顏色，也有以毛筆書寫的部分。

SANEATSU MUSHANOKOJI

武者小路實篤 × Parker 75 (PARKER)

Profile> **武者小路實篤**　1885（明治43）年出生。1910（明治43）年和友人志賀直哉創辦雜誌《白樺》。發表有小說《友情》、《愛和死》及戲曲《他的妹妹》、《一個青年的夢》等作品，從事文學活動。除了文學之外，生涯中也數度活躍於戲劇、思想、美術等各個領域，留下傲人的事蹟。

照片提供／調布市武者小路實篤紀念館

太宰治 OSAMU DAZAI × Doric (WAHL EVERSHARP)

Profile> **太宰治**　1909（明治42）年，出生於青森縣北津輕郡金木村（現在的五所川原市）。本名為津島修治。進入東京帝國大學文學部文學科就讀後，以成為小說家為目標，師從小說家井伏鱒二。1933（昭和8）年發表《列車》，開啟以太宰治為名的作家人生，《人間失格》、《跑吧！美樂斯》、《御伽草紙》等代表作也相繼問世。與坂口安吾被稱為「無賴派」作家。

▲這一支鋼筆持續使用了約10年的時間。

對於對文具沒有特別的講究，且生活風格簡樸的太宰而言，美國的WAHL EVERSHARP鋼筆是他少數的愛用品之一。原先僅是夫人美知子從美國帶回來的的紀念品，但不知不覺地就成了太宰常用的鋼筆。之後雖然持續使用到透明筆身受損，需要十分辛苦地一點一點填入墨水書寫，但是太宰依然愉快地以同一支筆書寫文字。從1939（昭和14）年至最後期，仍是以此鋼筆持續執筆寫作。

照片提供／青森縣近代文學館

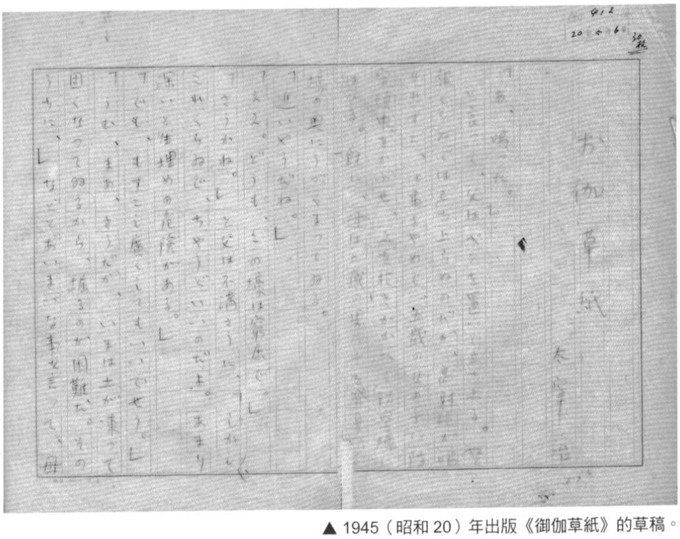

▲1945（昭和20）年出版《御伽草紙》的草稿。

▲從大震災到現代，以獨特的文體撰寫動盪的東京自傳作品《荻窪風土記》草稿。

MASUJI IBUSE

井伏鱒二 × PERIKAN 500NN (Pelikan)

Profile> **井伏鱒二** 1898（明治 31）年出生。曾經以畫家為志向，後進入早稻田文學部法國文學科就讀。代表作為《山椒魚》、《朽助のいる谷間》、《黑雨》等。獲得直木賞等無數的文學獎，1966（昭和 4）年更獲頒文化勳章。

井伏愛用的鋼筆是朋友贈送的PELIKAN「500NN」。除了基本咖啡色筆桿款，還有黑色筆桿的筆款。以容易出墨的角度書寫時很普通，但他將鋼筆直立90度書寫，成為個人獨特的使用方法。在以原爆為主題的小說《黑雨》中：「如鋼筆般粗棒狀的雨。」（直接引用原文）這樣的譬喻被大家視為井伏與鋼筆相關的小故事之一而廣為人知。

協力／杉並區鄉土博物館
照片提供／福山文學館

大佛次郎 JIRO OSARAGI × Meisterstück 74 (MONTBLANC)

Profile> **大佛次郎** 1897（明治 30）年，出生於橫濱市英町（現在的橫濱市中區）。本名為野尻清彥。東京帝國大學法科大學政治學科畢業後，受外交部條約局的請託擔任女校教師。1924（大正 13）年，以大佛次郎的名義發表小說《隼的源次》，之後廣泛地在小說、童話、非小說等各個領域發表作品。以時代小說《鞍馬天狗》系列而廣為人知。

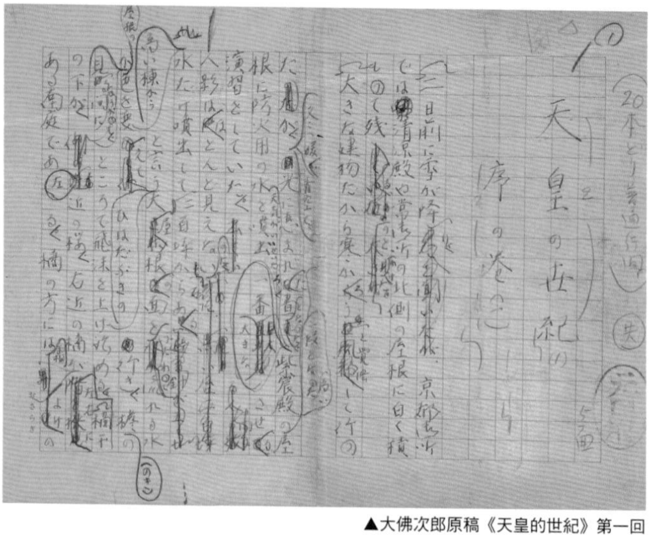

▲大佛次郎原稿《天皇的世紀》第一回

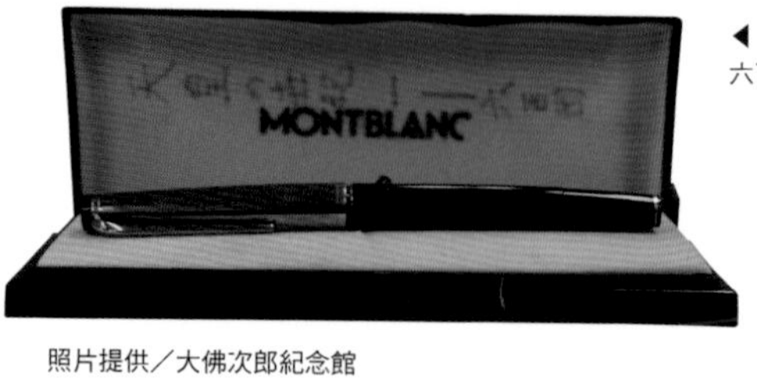

◀《天皇的世紀》第一至六百回的執筆鋼筆

不僅著有被當成代表作的時代小說《鞍馬天狗》，也持續發表童話或非小說等各類型作品。他所有作品的文稿，都是以專用鋼筆進行撰寫。在朝日新聞連載的作品《天皇的世紀》，第一至六百回皆以鋼筆書寫，是相當著名的鋼筆軼事之一。而作品在本人生病後中斷連載，終成遺作。

照片提供／大佛次郎紀念館

如果覺得筆尖狀況不佳就會直接替換，對於強烈講究書寫觸感的清張來說，MONTBLANC的鋼筆擁有夢一般的理想品項。此外，在松本清張紀念館每年以中高學生為對象開辦的讀書感想比賽中，「MEISTERSTUCK 149」是頒贈予優秀賞獲獎者的特別獎品。

▼清張講究書寫觸感，手邊備有數支 MONTBLANC 以供書寫。

照片提供／北九州市立松本清張紀念館

SEICHO MATSUMOTO

松本清張 × Meisterstück 149 (MONTBLANC)

Profile> **松本清張**　1909（明治42）年，出生於福岡縣小倉市（現在的北九州市小倉北區）。40歲之後開始從事作家工作，1953（昭和28）年的短篇小說《某「小倉日記」傳》獲頒芥川賞。從歷史小說、現代小說的短篇作品，到《點和線》、《砂之器》等推理小說，在評論、古代史或現代史等多元領域活躍地展開創作活動。

Episode 名人的鋼筆軼事

田次郎 JIRO ASADA

以《鐵道員》等著作作者聞名的淺田次郎也是親筆派。《淺田次郎ルリ色人生講座 淺田次郎物語》裡有提到，「以前諾貝爾文學獎作家川端康成使用『桝屋』的原稿用紙——黃色紙張上畫有紅線的原稿用紙，以愛用的鋼筆一筆一劃書寫。」這樣講究的敘述。

北方謙三 KENZO KITAKATA

冷硬派小說的名人，知名歷史小說家北方謙三。其愛用的鋼筆超過100支。將自己使用的鋼筆，取名為《頑童歷險記》的Huck或《水滸傳》的登場人物「黑旋風李逵」等。

池波正太郎 SHOTARO IKENAMI

在小說作品中，透過「細節」的安排，闡述獨特論點的池波正太郎。曾以《男的作法》這個作品談及鋼筆。「擁有高級的鋼筆也很好。相當於男人的武器。如配刀般，商業人士必備。因為這是展示財力最有品味的作法。」

星新一 SHINICHI HOSHI

擁有「短篇小說之神」的名號，以SF作家號稱高人氣的星新一。散文《気まぐれ博物誌》中曾有這樣的論述：「在以快樂的感覺謄寫的途中，因為需要更換墨水導致思緒中斷會使心情急轉直下，因此愛用可以瞭解餘墨量，擁有『觀墨窗』的MONTBLANC鋼筆。」

開高健 TAKESHI KAIKO

在論文《當成生物的靜物》中：「這樣成年累月一起生活，變得很可愛。比起可愛，更像是另一隻手。」將鋼筆當成戀人或自己的孩子的開高健這麼說。此外，在同一份原稿中，也曾提到在寫作途中從MONTBLANC替換成PELIKAN的片段。

宮本輝 TERU MIYAMOTO

以鋼筆作寫時，會根據當時的氣氛從Sepia、Green、BlueBlack三個墨水顏色中挑選使用。據傳，曾有鳥取縣的鋼筆職人根據宮本輝的運筆方式，如振動或筆壓等持筆習慣為其量身打造鋼筆，令其因為非常稱手而陸續訂製了10支鋼筆。

向田邦子 KUNIKO MUKODA

以鋼筆愛好者廣為人知的向田邦子。在論文《無名坂名人名簿》中，將愛用的3支鋼筆依序以「本妻、2號、3號」為名使用。據說這些鋼筆都是本人從各處索要來的。右圖的WATERMAN鋼筆，原先也是弟弟保雄氏使用的鋼筆，圓順的筆尖，令她一見就忍不住想要占為己有。

照片提供：實踐女子大學圖書館

Great Characters

GREAT CHARACTERS

向為藝術、文化、政治、科學等人類的歷史建構出新的基準，替人們的世界觀帶來巨大改變的全世界偉人們致敬！MONTBLANC為了盛讚在歷史潮流中引發改革變化的偉人們的功績，發表由職人手工製作的GREAT CHARACTERS限定筆款。在此將為大家介紹這些以偉人為主題，充滿魅力的鋼筆！

輝煌的MONTBLANC偉人系列

以人物或歷史為主題，由MontBlanc限量推出的致敬筆款。偉人系列是鋼筆愛好者夢想中的逸品！

盛讚創造革新績業的偉人們……

John F Kennedy

約翰．甘迺迪

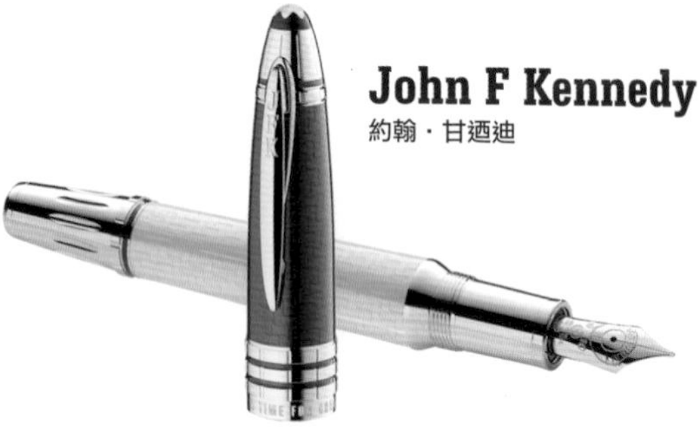

鋼筆的每一個細節都遍佈著象徵John F Kennedy的人生或視野的設計。GREAT CHARACTERS・John F Kennedy Limited Edition 1917。¥381,000＋稅／2014年發表販售・限量1917支

▲對西德的艾德諾首相說：「請用我的筆」，並遞出鋼筆的甘迺迪。
照片提供／Richemont Japan

Alfred Hitchcock

艾佛列．希區考克

一如他被稱為懸疑小說之神的氛圍，刀形的筆夾、令人目眩的表面效果，都使人印象深刻。GREAT CHARACTERS・Alfred Hitchcock。¥2,949,000＋稅／2012年發表販售・限量80支（完售）

Leonardo da Vinci

達文西

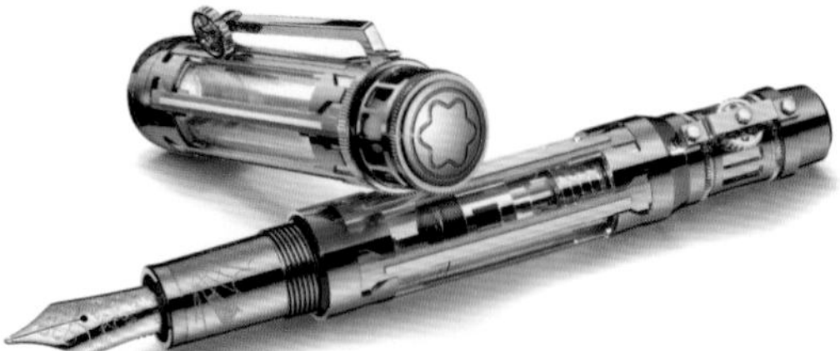

以da Vinci繪製的飛行裝置與機械裝置原創草圖為發想的動態設計。GREAT CHARACTERS・Limited Edition LEONARDO 74。¥3,626,000＋稅／2014年發表販售・限量74支（完售）

Albert Einstein

愛因斯坦

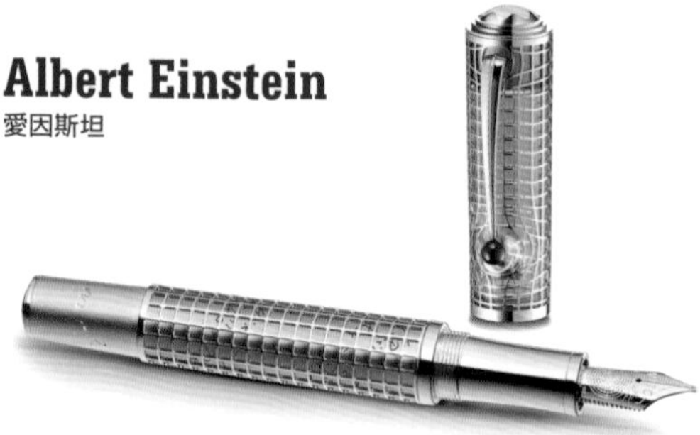

白金製的筆身和透明筆蓋，詮釋出壯闊的宇宙美。GREAT CHARACTERS・Albert Einstein ® RLimited Edition 99。¥3,141,000＋稅／2013年發表販售・限量99支

文學家系列

自1992年起，每年持續發表冠上文豪之名的MONTBLANC特別限定筆款「文學家系列」。至今已推出無數的名作向作家們表示敬意，是設計或精密細節皆極其講究的筆款，也是人氣非常高的收藏筆。在此，就從「文學家系列」中再一次為大家選出知名的作家筆款。

Ernest Hemingway
厄尼斯特・海明威

以手工作業裁切的18K鍍銠筆尖，刻有藝術性的主題雕花。筆蓋也有作家的簽名。文學家系列・Hemingway，¥86,000＋稅／1992年發表販售・限量20000支（完售）

Franz Kafka
弗蘭茨・卡夫卡

筆形為從角形到圓形的變化，筆尖刻有昆蟲的插畫，以此表現他的代表作《變身》。文學家系列・Franz Kafka，¥122,000＋稅／2004年發表販售・限量14000支（完售）

Daniel Defoe
丹尼爾・狄福

使人聯想到竹筏木槳的輪廓、羽毛形狀的筆夾等，皆取材自冒險小說《魯賓遜漂流記》的設計。文學家系列・Daniel Defoe，¥120,000＋稅／2014年發表販售・限量12000支

Agatha Christie
阿嘉莎・克莉絲蒂

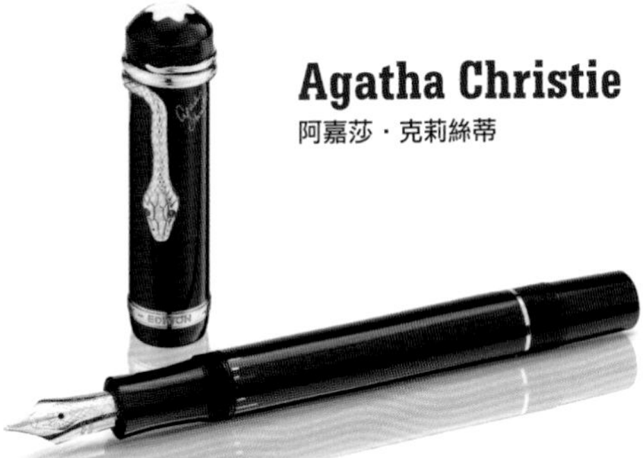

以古典風格為基調，將小說中散發的緊張感以蛇形筆夾作出呈現的嶄新筆款。文學家系列・Agatha Christie，¥120,000＋稅／1993年發表販售・限量23000支（完售）

Edgar Allan Poe
艾德嘉・愛倫波

勾引出神話般的氛圍，深藍色大理石紋的筆蓋和筆身令人一見難忘。文學家系列・Edgar Allan Poe，¥120,000＋稅／1998年發表販售・限量14000支（完售）

Carlo Collodi
卡洛・柯洛迪

從本體到筆蓋，將鋼筆整體以「皮諾丘」的奇幻世界為發想作出獨特的設計。文學家系列・Carlo Collodi，¥120,000＋稅／2011年發表販售・限量12000支

講究文豪誕生之
時代背景與氛圍的
鋼筆逸品

在 PILOT PEN STATION MUSEUM 學習

鋼筆的歷史

既是隨身文具，也是品味收藏。鋼筆歷經多年方才發展至今時的型態，其間的演化軌跡又是如何呢？

HISTORY

of Fountain Pen

瞭解初期的鋼筆

從 19 世界初，歐洲自羽毛筆開始轉變成以鋼筆為文具的主流，到 20 世紀鋼筆構造逐步進化，本單元將以時間為脈絡進行鋼筆演進的解說。

Origin 鋼筆的起源

筆尖的開發

1780年

Samuel Harison（英），將薄鐵板做成筒狀，再切開對齊接合處，製作出最早的鋼鐵筆。

1795年

Fellows改良Harison的筆。切割之後，放入製作的鋼鐵筆。

1804年

Tennant（英）發現鋼筆的筆尖不可或缺的素材「鉢」。

構造的開發

1809年

Folch（英），設計出透過空氣交換，將墨水儲藏在筆桿內的筆，並取得專利。Bramah（英）取得可以墨水將儲藏在筆桿內的書寫工具的專利，命名為「Fountain Pen」。

19世紀首度誕生的儲墨式筆

鋼筆的起源為1809年被設計出的儲墨式書寫工具。在經過筆尖持續進化開發的歷程後，此時終於確立了儲墨系統的構造。因為墨水的流動就像噴泉一樣，故以Fountain Pen（噴泉筆）為名。

之後再進化至Stylographic Pen（針先泉筆）——尖端為中空細針狀，接觸紙張時會導出墨水的構造。這就是鋼筆的雛形。

Waterman WATERMAN 的成就

實用鋼筆的始祖 WATERMAN

創辦者Luis Edson Waterman

照片提供／Newell Rubbermaid Japan

若說鋼筆的歷史是以WATERMAN分界為前期、後期，也不為過。1884年WATERMAN公司開發THE REGULAR，即被稱為實用鋼筆的始祖。應用毛細作用（P.12）開闢劃時代的技術，既可防止墨水漏墨，也能順暢地輸出墨水。

之後，WATERMAN公司也持續引領鋼筆的技術革新。發明附有筆夾的筆蓋、卡水式墨水或墨水防漏裝置等，不勝枚舉。使鋼筆成為隨身物品的普及推廣，以金、銀、貝類、寶石等，裝飾筆身使鋼筆邁入工藝化，就連首次發售彩色筆身的鋼筆也是該公司的創舉。

應用毛細作用的鋼筆，THE REGULAR示意圖（上）。1907年發表販售的SAFETY PEN（旋轉式）（左）。

Progress 鋼筆構造的進化＆歷史

1884
WATERMAN公司發表應用毛細作用的鋼筆THE REGULAR。由Bansutain商會進口鋼筆，在東京日本橋的丸善等處販售。

1898
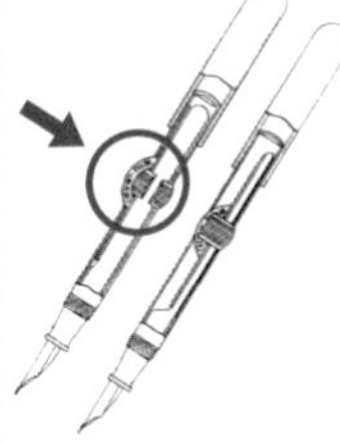

CONKLIN

取得新月上墨的專利

按壓新月形的金屬（新月填充片），內部的橡膠製墨囊會像滴管般吸入墨水的裝置。

1899
WATERMAN公司發明引導墨水流動，湯匙形狀的凹槽的設計，製作出防止漏墨的劃時代筆芯Spoon type ink feed bar。

1903
WATERMAN導入幫浦式系統。徹底解決該公司一直以來以針筒注入墨水（Eyedropper式）的不便。

1906
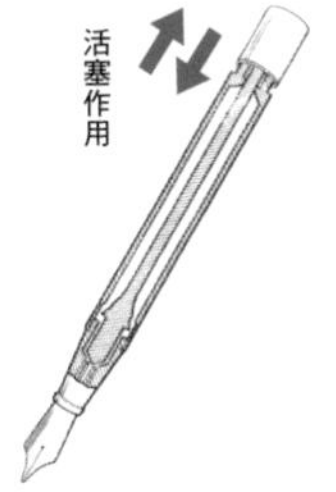

DE LA RUE

採用活塞式吸入方式（ONOTO式）

利用活塞系統使筆桿形成真空狀態，吸入墨水的方法。因為是應用於DE LA RUE的ONOTO鋼筆，也被稱為ONOTO式。

1907
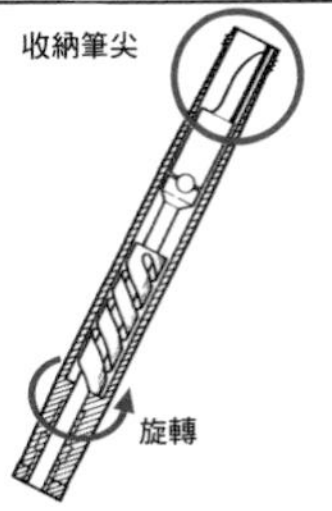

WATERMAN

發表販售SAFETY PEN（旋轉伸縮式）

旋轉筆尾轉出筆尖的款式。將筆尖收納在筆桿內，再蓋上筆蓋，不使用時可防止漏墨。

1912
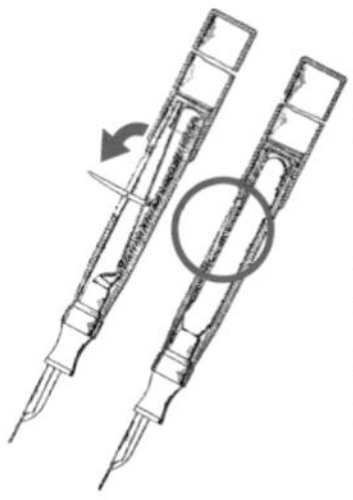

SHEAFFER

取得槓桿式自動吸墨鋼筆的專利

以操縱片的起伏，壓縮內部的橡膠製墨囊，藉由橡皮的彈力，如滴管般吸入墨水。別名為拉桿上墨式。

1916
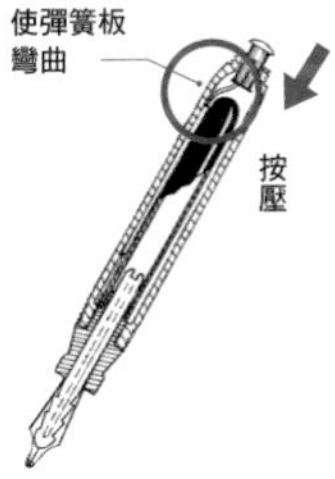

PARKER

取得按鈕上墨的專利

按壓筆尾的按鈕，筆桿內的彈簧板會彎曲，並壓縮橡膠製的墨囊。放開按鈕時會像滴管一樣，吸入墨水。

1921
PARKER發表販售旗艦筆款「DUOFOLD」。

1922
PILOT發表販售N式（旋轉筆頭止流墨水式）星合わせ萬年筆。

1924
MONTBLANC發表販售暢銷筆款「MEISTERSTUCK」。

1925
PELIKAN公司取得活塞吸墨裝置的專利。現今仍採用此吸入式系統。

1933
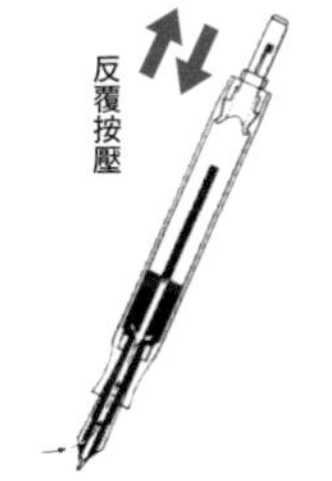

PARKER

發表販售Vacumatic（真空吸入式）

初期的PARKER51採用此新裝置的吸入方式。藉由重複按壓按鈕，使筆桿形成真空狀態，以吸入比較多的墨水。

1952

HEAFFER 公司

發表潛艇（Snorkel）吸墨系統

藉由旋轉筆栓伸縮內藏的吸入墨水的呼吸管，再經抽拉尾桿吸入墨水的特殊裝置。最大的優點是不會弄髒筆尖。

1957
PLATINUM公司發表HONEST 60，採用卡水式換墨。

受到注目的是SHEAFFER在1921年取得專利的槓桿式裝置。此設計超越了以滴管式、旋轉伸縮式為主的WATERMAN，取得第一名的寶座。在日本，1992年PILOT（當時的並木製作所）發表販售的N式造成大暢銷，以1日圓50錢至2日圓的低廉售價抓住大眾的心。

日系鋼筆的演進

以PILOT Corporation（以下簡稱PILOT）、SAILOR鋼筆、PLATINUM鋼筆為中心，可以窺見日本的鋼筆歷史。

照片／SAILOR鋼筆提供

【1911（明治44）年】SAILOR鋼筆創業時的工廠照片。中間偏右戴著鴨舌帽的男性即為創辦者阪田久五郎。

照片／PLATINUM鋼筆提供

1919（大正8）年／PLATINUM鋼筆（當時的中屋製作所）創立於東京・上野。創辦者為來自岡山縣的中田俊一。

1908（明治41）年／SWAN公司的鋼筆。此非英國MABIE TODD的SWAN。

1907（明治40）年／丸善開始進口販售英國DE LA RUE公司的ONOTO。當時價格為6日圓。

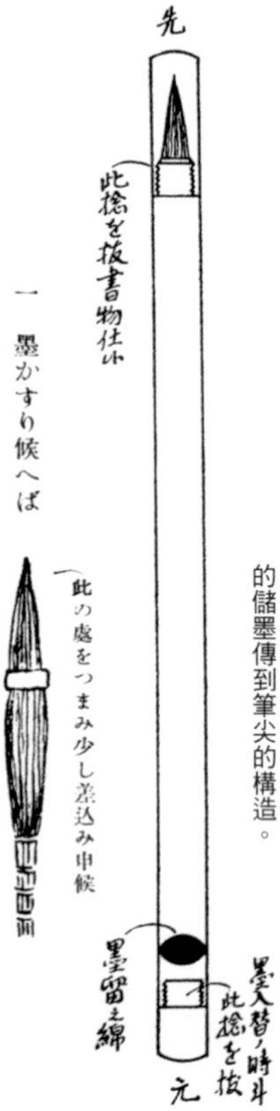

1828（文政11）年／接近鋼筆概念的「懷中筆」。將筆身內的儲墨傳到筆尖的構造。

1919（大正8）年／確立日本筆尖製造技術的PILOT（當時的並木製作所）的懸掛廣告。

1918（大正7）年／開始以硬橡膠為筆桿素材，自行開發生產的PILOT鋼筆。

神似鋼筆？江戸時代的攜帶文具

組合毛筆和墨壺而成的「矢志」，是江戶時代庶民經常使用的攜帶文具。構造原理和鋼筆不同，但以「可以隨身攜帶的書寫工具」為出發點的理念是一樣的。

歷經約25年的發展 日系鋼筆已占世界鋼筆總產量的半數

距離歐美廠牌的初期約遲了20年後，1911（大正8）年左右，支持現今日系鋼筆的日本三大廠牌終於出現。1911（明治44）年，阪田久五郎在廣島縣吳市創立工廠，即為SAILOR鋼筆的前身。1918（大正7）年，並木良輔在東京巢鴨設立並木製作所（之後的PILOT Corporation）。1919（大正8）年，中田俊一在東京上野創辦中屋製作所（之後的PLATINUM）。

在正統的日系鋼筆興盛之前，丸善即已開始進口販售英國DE LA RUE的ONOTO，並累積了極高的人氣。在米一斗（14.3kg）約等於1日圓30錢的時代，一支ONOTO要價6日圓，雖屬高級品，但廣受夏目漱石、菊池寬等作家的愛用。

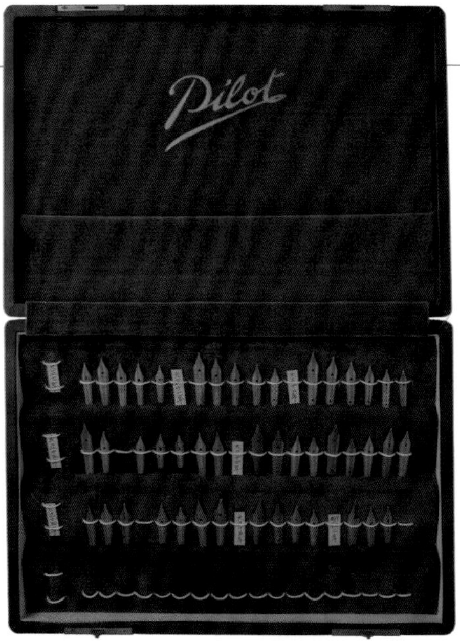

1918（大正7）年至1927（昭和2）年／身為當時少數能自行生產鈦點的廠牌，PILOT的筆尖更能顯示出品牌的歷史感。

1920（大正9）年／S・S・S（Sun-esu）公司的鋼筆。外型很像ONOTO鋼筆。

1925（大正14）年／PILOT公司的蒔繪鋼筆獲得各國的好評。右圖筆款為「錦雞鳥和花」。

1927（昭和2）年／彩色筆身的先驅，PILOT的翡翠色賽璐璐筆身鋼筆。

【昭和初期】SAILOR鋼筆的卜派形象陳列。

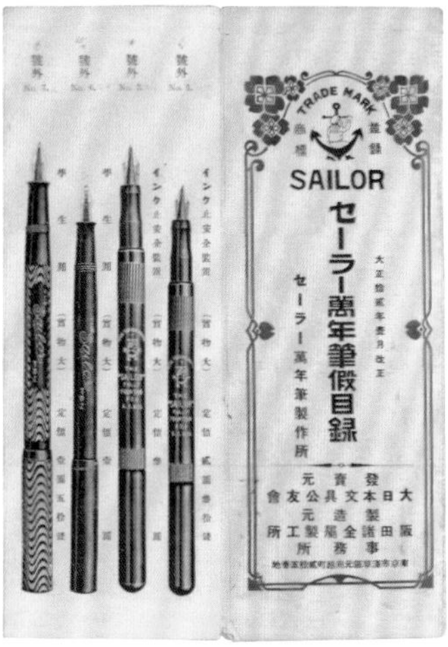

【昭和初期】SAILOR鋼筆目錄。可以看到以錨和海軍為主題的標誌。

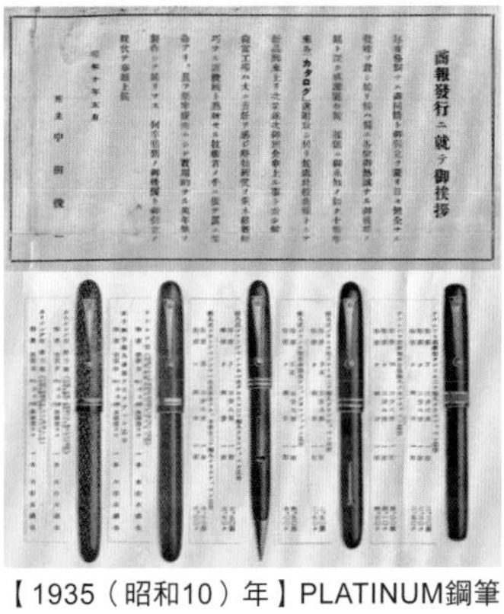

【1935（昭和10）年】PLATINUM鋼筆利用目錄以郵購販賣的方式獲得成功。

照片提供／上・中 SAILOR鋼筆提供・下 PLATINUM鋼筆

從明治後期到大正時期，SWAN、OLIVER、SUN-S等時至今已經很少看到的日系廠牌興起。但是這些廠牌皆使用進口的筆尖，如果要談純正的日系鋼筆，還是得等到三大廠牌登場。

之後，日系鋼筆的快速發展令人瞠目結舌。大正後期，開始發售低價格筆款並持續推動鋼筆的普及；直到昭和初期，更是蓬勃發展進步。曾經高達半數的世界鋼筆產量都來是自日本，從大正到戰前，可以說是日系鋼筆發展的黃金期。

然而1939（昭和14）年頒布金的全面使用禁止令，隔年又加入實施奢侈品等製造販售的限制規定，因此無法再製作高級鋼筆。1941（昭和16）年，PARKER以Parker 51造成世界的轟動，更使日本鋼筆陷入苦戰。

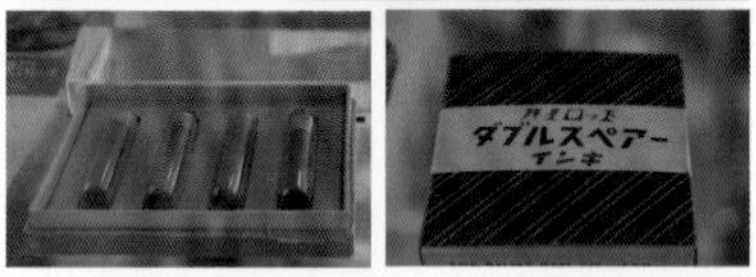

（上）昭和初期的墨水瓶。（下）需溶於水中使用的固體墨水和其包裝。此為戰時使用的設計。

Pilot

PILOT

1955（昭和30）年／以嶄新設計風靡一世的PILOT SUPER鋼筆。

1963（昭和38）年／發表販售世界首款的無筆蓋鋼筆。上為旋轉式，下為按壓式。

1968（昭和43）年／出現於大橋巨泉はっぱふみふみ CM中的Elite S。

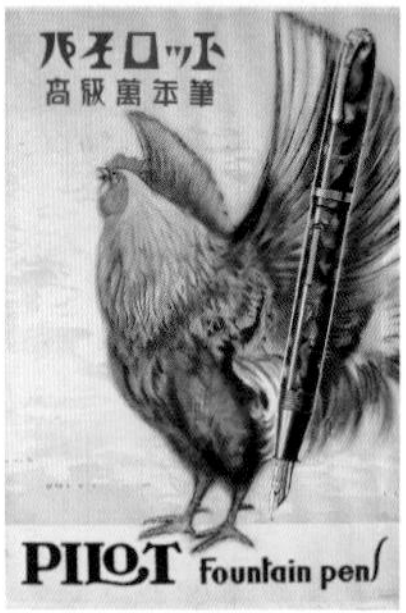

1951（昭和26）年／四處可見以鳥為主題的品牌宣傳海報。

1948（昭和23）年／賽璐璐筆身SUPER鋼筆發表販售時的DM。

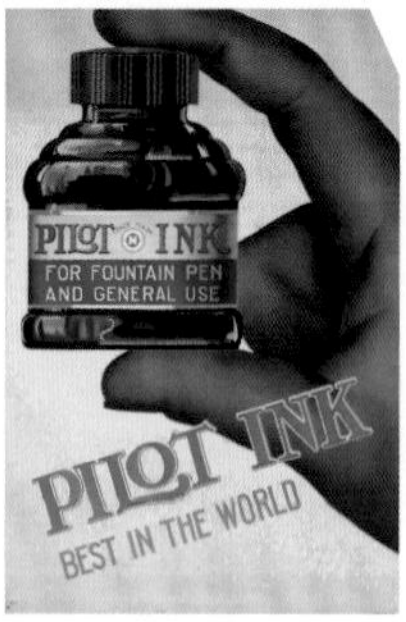

1940（昭和15）年／太平洋戰爭開戰前，出現英語海報。

1926（大正15）年／為開拓歐美市場、國外進出口等，發展設計的形象視覺DM。

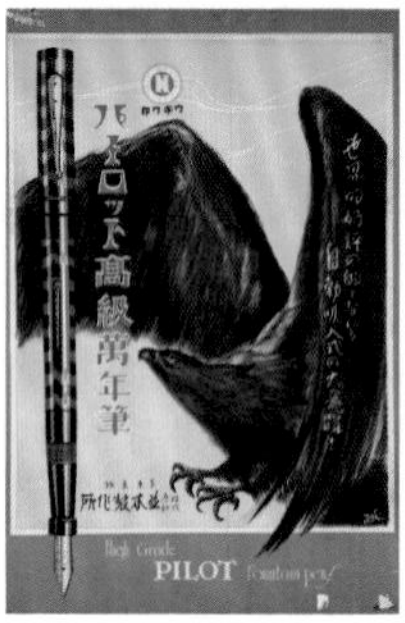

1921（大正10）年／「世界好評的自動吸入式」廣告文案。

Platinum

プラチナ

照片／全部由PLATINUM鋼筆提供

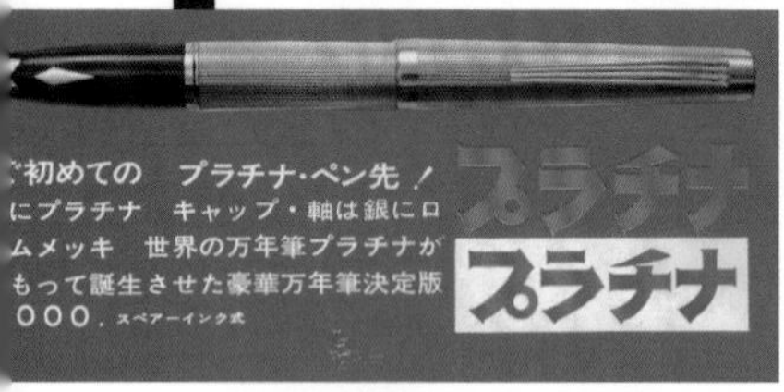

1967（昭和42）年／世界首次採用PLATINUM・PLATINUM鉑金筆尖。

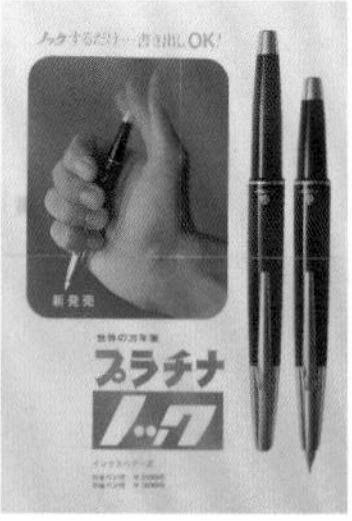

1965（昭和40）年／onetouch按壓式鋼筆Platinum Knock。

1962（昭和37）年／18K筆尖的Platinum 18問世，成為引領18K筆尖時代的開端。

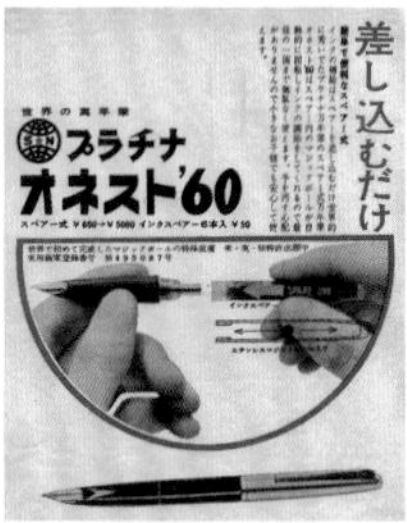

1957（昭和32）年／正式落實卡水式換墨的HONEST 60。

無蓋式設計與女用鋼筆的熱潮

因戰後物資不足，便宜價格的文具興起，日系鋼筆業界就此迎向試煉期。其中崛地而起，引發熱潮的是PILOT公司。

首先，1955（昭和30）年發表的PILOT SUPER鋼筆，採用廉價填充筆舌和墨囊式，兩個新機能。

前者為在筆舌背面挖出大洞，使墨水的吸入量大幅增加。後者為以金屬製的筒狀覆蓋墨水囊以防止熱膨脹，使漏墨的風險得以顯著減少。這個新機能受到使用者的喜受，並急速地被廣泛應用。

接著，1963（昭和38）年，無筆蓋鋼筆再度造成大熱潮，更加助長了該公司的氣勢。

此外，劃時代的裝置——卡水式的登場也不容忽視。

歷史中的鋼筆

如同1905年樸次茅斯條約的簽約儀式使用了WATERMAN公司製造的鋼筆，許多歷史性的場合也都會強調鋼筆的存在感。使用自己國家廠牌的鋼筆，也是向全球發聲的絕佳機會。日本PILOT公司製品也曾經幾度出現於歷史中。

使用鋼筆的歷史事件

1905 樸次茅斯條約簽約儀式（WATERMAN）
1919 凡爾賽條約簽約儀式（WATERMAN）
1930 倫敦軍縮會議（PILOT）
1945 第二次世界大戰終結（PARKER）
1951 舊金山條約簽約儀式（SHEAFFER）
1965 日韓條約簽約儀式（PILOT）
1971 沖繩返還協定（PILOT）
1972 日中外交回復（PILOT）

Sailor

SAILOR

照片／全部由SAILOR鋼筆提供

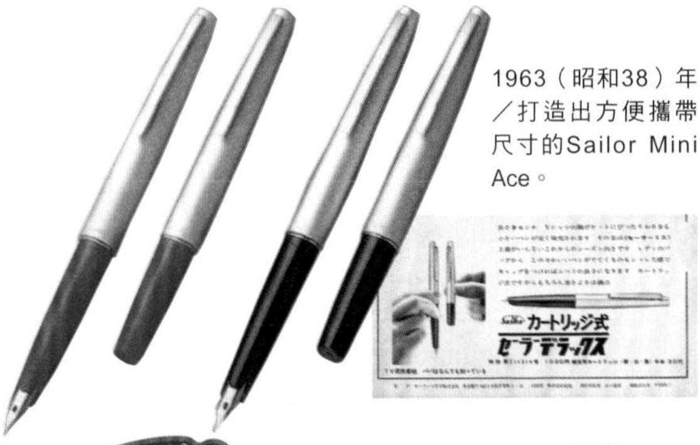

1963（昭和38）年／打造出方便攜帶尺寸的Sailor Mini Ace。

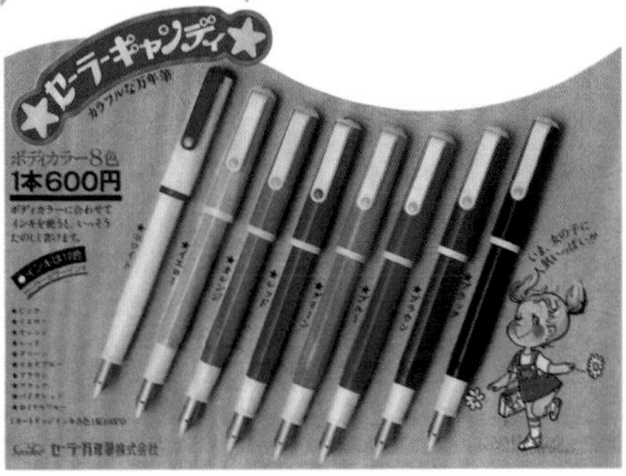

1976（昭和51）年／以流行色彩設計的CANDY造成女性為主的熱潮。

1979（昭和54）年／筆桿直徑9mm，是當時世界第一細筆桿的鋼筆Chalana。

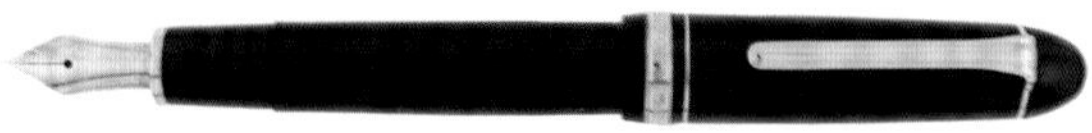

1981（昭和56）年／之後系列化發展，成為該公司的旗艦筆款的「Profit」。

在美國WATERMAN公司或美國SHEAFFER公司採用卡水式的隔年，PLATINUM在1957（昭和32）年發表販售卡水式鋼筆HONEST 60。

在追求攜帶性與機能性的製品不斷增加的競爭中，SAILOR在1976（昭和51）年發表販售的CANDY以設計風靡一時。流行的設計在年輕女性之間大受歡迎，也拓展了嶄新的鋼筆市場。

1

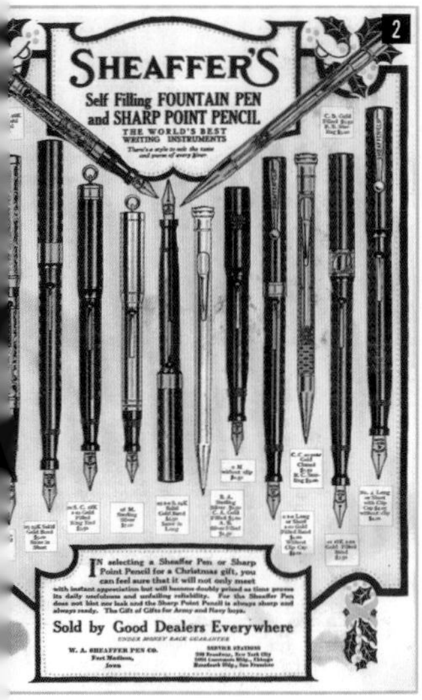

2

3

Vintage Advertisement of Fountain Pens 古董鋼筆的經典廣告

1HEAFFER公司50年代初期的廣告。 2SHEAFFER公司的鋼筆，1910年代時的售價在2.5美元～7美元之間不等。 3同為SHEAFFER公司1920年代的刊物 4WATERMAN公司1972年的廣告。 5FABER CASTELL公司1936年的廣告。 6OMAS公司Arte Italiana的舊式廣告。 7CROSS公司在1900年左右的Peerless宣傳廣告。 8德國SIMPLO FILLER公司（後來的MONTBLANC公司）的目錄。 9S.T.DUPONT公司1970年代的廣告。

鋼筆從1884年誕生至今，全世界的廠牌皆極力宣傳自己公司的製品，製作廣告或目錄。本單元收錄當時極為珍貴的鋼筆廣告，請務必細細品味且深入發覺蘊藏其中的時代氛圍！

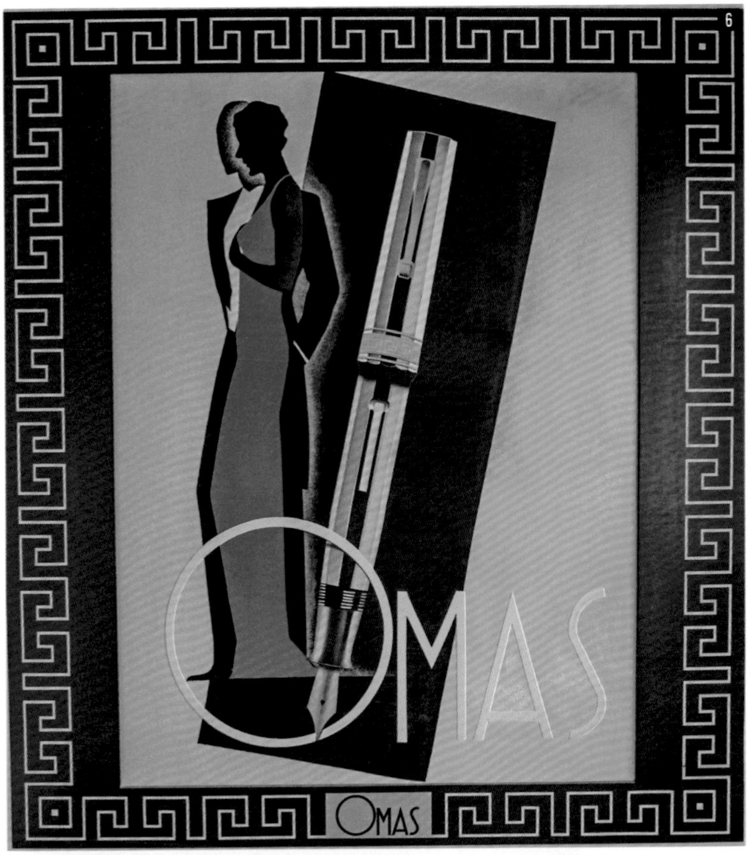
6
OMAS
OMAS

4
Lindbergh dans sa magnifique envolée, avait emporté son fidèle Waterman
Porte-Plume
Ideal
Waterman

5
A.W.FABER
CASTELL

9
Tout bien réfléchi, je signe avec Dupont.
S.T. Dupont
PARIS

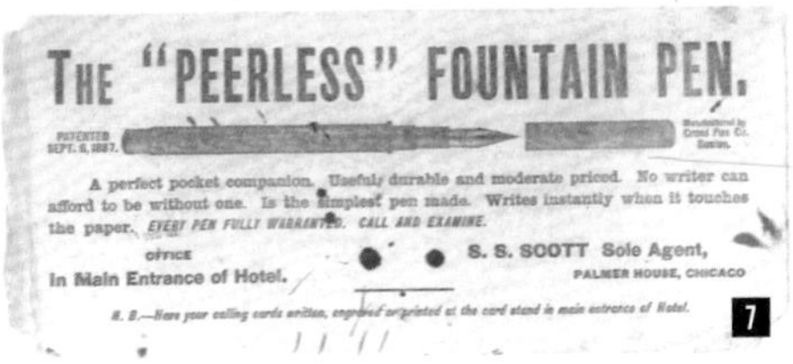
THE "PEERLESS" FOUNTAIN PEN.
PATENTED SEPT. 6, 1887.
A perfect pocket companion. Useful, durable and moderate priced. No writer can afford to be without one. Is the simplest pen made. Writes instantly when it touches the paper. EVERY PEN FULLY WARRANTED. CALL AND EXAMINE.
OFFICE
In Main Entrance of Hotel.
S. S. SCOTT Sole Agent,
PALMER HOUSE, CHICAGO
7

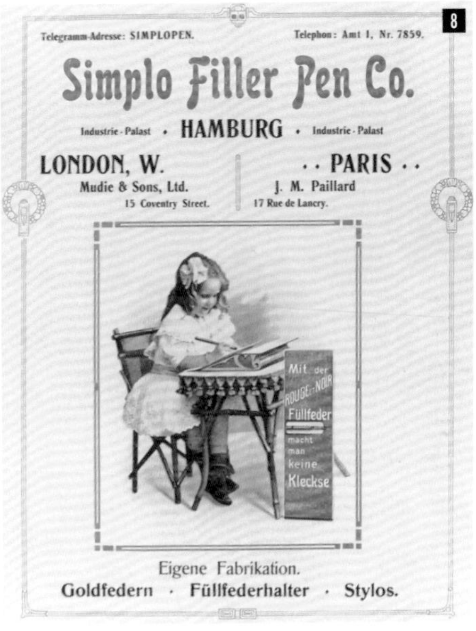
8
Telegramm-Adresse: SIMPLOPEN.
Telephon: Amt 1, Nr. 7859.
Simplo Filler Pen Co.
Industrie-Palast · HAMBURG · Industrie-Palast
LONDON, W.
Mudie & Sons, Ltd.
15 Coventry Street.
· · PARIS · ·
J. M. Paillard
17 Rue de Lancry.
Mit der ROUGE-NOIR Füllfeder macht man keine Kleckse
Eigene Fabrikation.
Goldfedern · Füllfederhalter · Stylos.

照片提供／1 2 3 4 7 Cross of Japan 4 Newell Rubbermaid Japan 5 DKSH Japan 6 Intercontinental 商事 8 Richemont Japan 9 S.T.Dupont Japan

Pilot Factory Tour

書寫筆觸的探索與誕生

PILOT 工廠觀摩

鋼筆是如何製作而成的呢？為了解答這個簡單的疑問，這一次我們將在此公開部分 PILOT Corporation 平塚事業所每天進行的鋼筆製造過程。

以熟練的技術&精密的檢查生產高品質的產品

鋼筆由筆尖、筆舌、握位、筆蓋、筆桿和上墨系統，共6個部分組合構成。

其中以筆尖尤為重要。被稱為鋼筆的命脈，左右著書寫筆觸的筆尖，其製作過程非常嚴謹。所有工序皆以手工完成，每一個細節都需由經驗豐富的職人嚴格檢查、再次確認。是由熟練的技術力支援，徹底手工作業的傑作。在PILOT的平塚事業所中，製作一支鋼筆最多需要投入100個人的心力去完成。

製作的大致流程以左圖為例，其中需要特別留意的是：就連銥點也是由自家工廠製作。該公司文具製造課的小池先生說：「我們的品牌精神講究自給自足」。這樣的廠牌在世界上是非常罕見的。

為降低人事成本而將生產據點移到國外的企業很多，但日本製、平塚製的堅持是PILOT的品質保證。接下來將為大家繼續介紹更加詳細的工序。從中不僅可以看到工序流程，也隨處可見PILOT引以為傲的品質講究。

鋼筆的完整製程

筆尖

01 合金鑄造・壓延
↓
02 沖壓加工
↓
03 焊接銥點
↓
04 刻印・成型
↓
05 切割加工
↓
06 縮距・檢查
↓
07 組裝

銥點（03 焊接銥點）
1 將銥磨成粉
2 製成球狀

筆桿・筆蓋（07 組裝）
1 射出成型
2 表面處理等

筆夾（07 組裝）
1 沖壓
2 彎曲・刻印
3 加上球珠
4 熱處理
5 研磨・電鍍

合金鑄造 ・ 壓延～焊接鈦點

首先，挑選最適合筆尖硬度的合金，以壓延機碾壓 50 次以上，壓至 0.5mm 的薄度。對準板金的正確位置進行沖壓，檢查 2、3 片之後，接著焊接鈦點。將以其他工序製作而成的鈦球（成為鈦點的球）一個一個地以電氣焊接。

01 合金鑄造 ・ 壓延

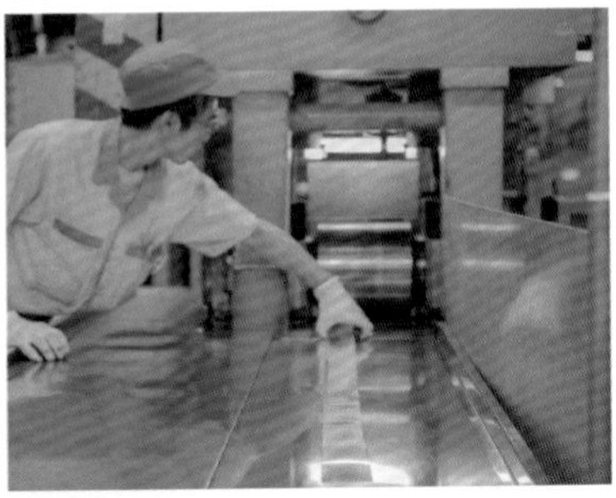

▶熔解金屬鑄成合金，再經過無數次的壓延加工，直至形成約0.5mm厚的薄片。為了調整成均一的厚度，經驗豐富的職人手工尤為至關重要。

◀以18K為例，壓延前重量2.5kg。這一塊可以製作出1000至1500支的筆尖。

02 沖壓加工

◀將壓延完成的板金沖壓出筆尖的形狀。這項僅以眼力估算位置進行沖壓的技術需要相當高度的集中力。

▲沖壓後的厚度測定。為了不影響書寫筆觸，即使是0.3至0.5mm的誤差也不容放過。

◀筆尖的原型完成。之後將進行鈦點的焊接工序。右圖為Coustom（5號筆）的筆尖。

03 焊接鈦點

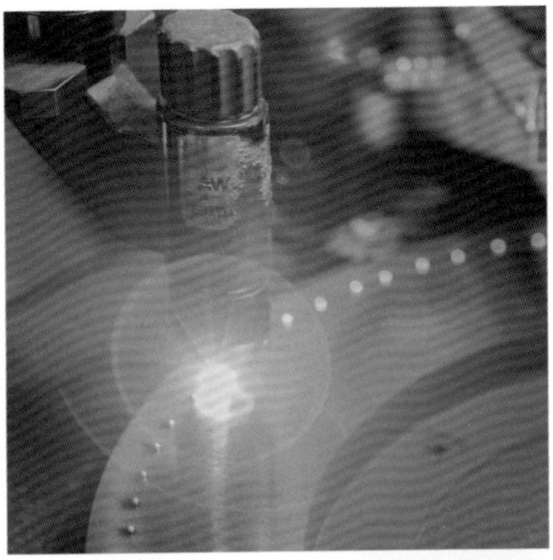

◀將鈦粉末瞬間加熱，運用表面張力製成球狀。這個球即為鈦點。

▶製作完成的鈦球，憑藉眼力一個一個地挑選。

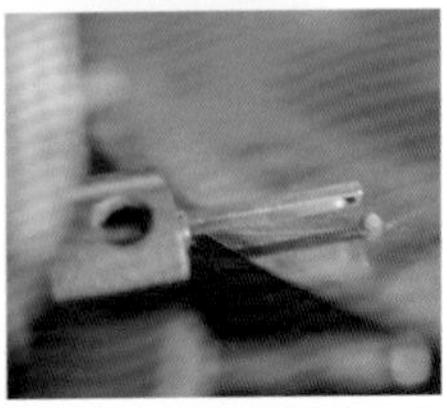

▲製成球之前的粉末。主成分為鈦或鋨。

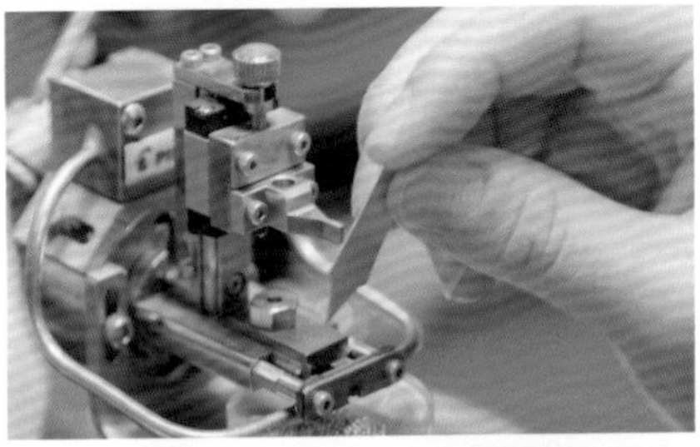

◀以電阻焊接鈦球與筆尖的機器。

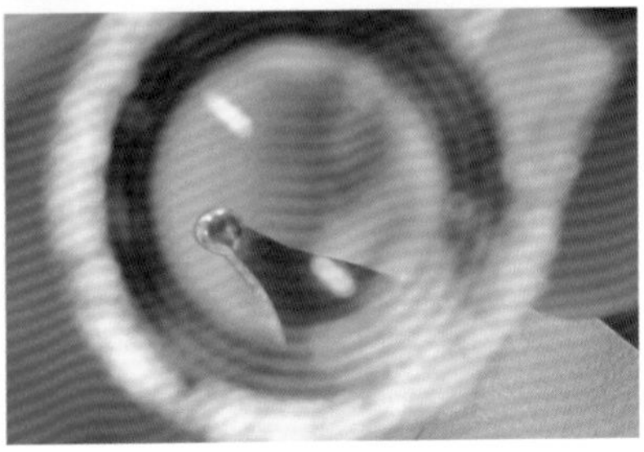

▶將焊接後的形狀逐一以放大鏡確認。職人的經驗也是完成這項作業的要素之一。

Pilot Factory Tour

刻印・成型～縮距・檢查

筆尖

04 刻印・成型

完成焊接鉢點的筆尖，經過刻印、成形，再切割加工。「切割」為切出約 0.15mm 讓墨水可以通過的溝槽（中縫）。之後還需根據切割加工的狀況「縮距」，將溝槽修正至適當的寬度，這是左右墨水供墨量的重要工序。

◀雖然刻印和成型是一組的作業，但刻印與成型需個別使用不同壓力的壓力機。右圖為刻印用。

▼成型前（左）、成型後（右）。下圖為Elite的筆尖。

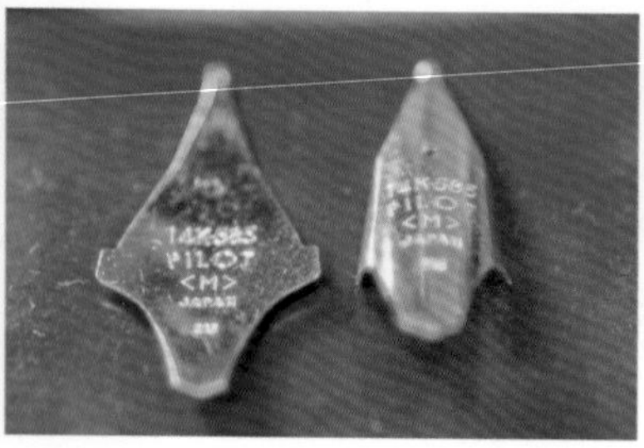

▲刻印的深度，是以成型施壓時刻痕仍可保持清晰為基準進行調整。

06 縮距・檢查

▲在檢查有無傷痕的同時，以手感施加精準的力量調整筆尖。

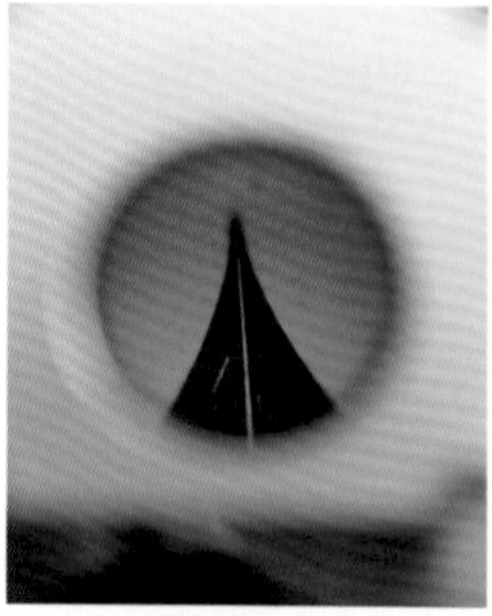

▲以放大鏡確認後進行「縮距」。根據素材不同，需改變施力的強弱。

05 切割加工

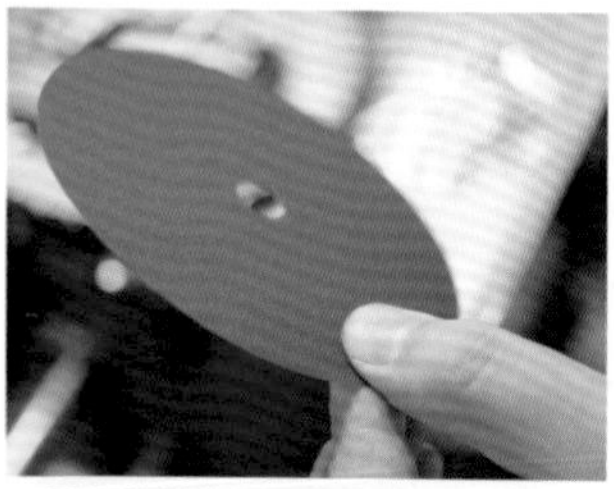

▲圓盤狀的裁切刀厚度為0.14mm。雖然很薄，磨耗力卻很強。

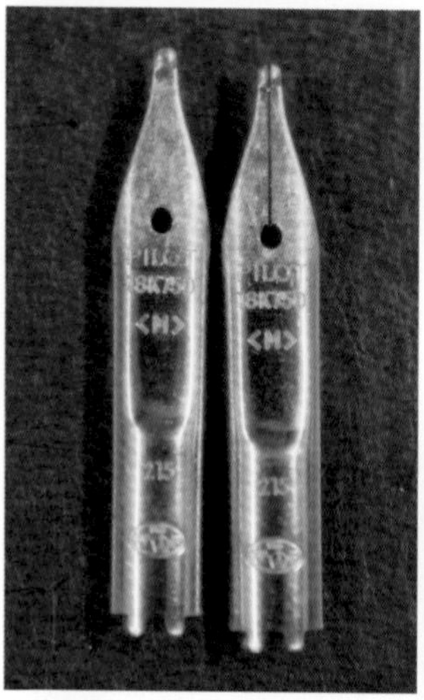

▲使溝槽的中縫線穿過氣孔的中心是必要條件。即使稍微偏離都會影響書寫筆觸，需要非常嚴謹地作業。

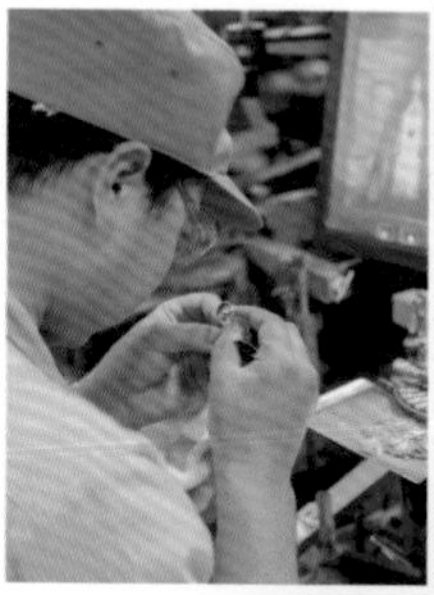

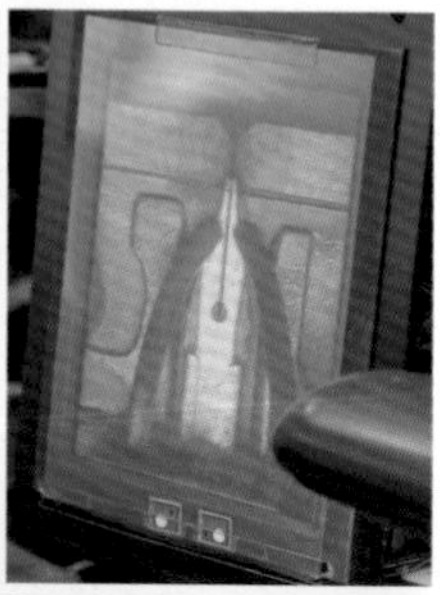

▲▶以螢幕放大確認切割的狀況，並同步進行切割。之後，需以放大鏡再次檢視確認。在工廠導入螢幕前，此工序只能仰賴職人的眼力把關。

◀切割前的筆尖朝向裁切刀輪轉移動。

07 組裝

最後，將完成的各個零件組裝起來即大功告成。各部件的製作工序都很講究細節。舉例來說，在進行左圖放入圈環射出成型的工序時，圈環刻印文字的中心務必確實地對齊筆夾。這些細節的講究與產出品質是密不可分的。

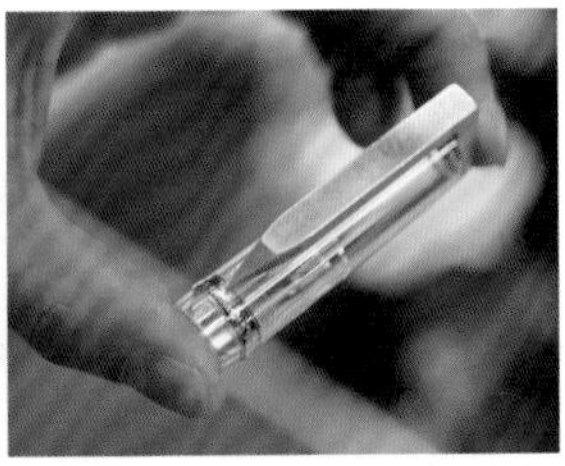

◀筆桿・筆蓋的射出成型。使圈環的刻印居中對齊，講究細部的嚴謹檢查實在令人驚訝。

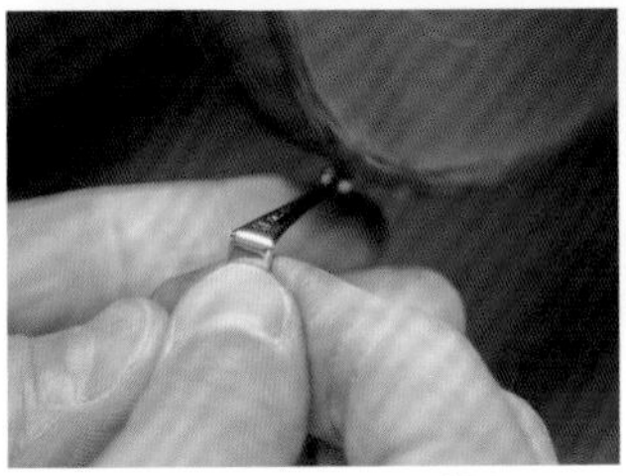

▲筆夾經過沖壓→彎曲・刻印→加上球珠→熱處理後，使用羽布以手工作業進行拋磨。

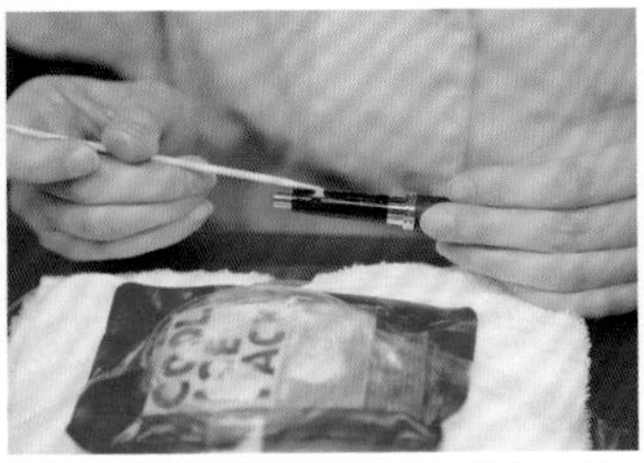

▲組合筆桿、握位、筆舌、筆尖、筆蓋。一邊冷卻一邊塗上接著劑為重點。

▲組裝時的場景。為了對齊金屬部分上下的木頭紋路，一支一支地進行確認（木製筆身的情況）。

工廠內也設有蒔繪工房

以人間國寶・松田權六氏為中心，成立蒔繪製作小組「國光會」的技藝傳承工作室。起初僅製作蒔繪鋼筆，現今設有展示人間國寶漆藝作品的博物館。

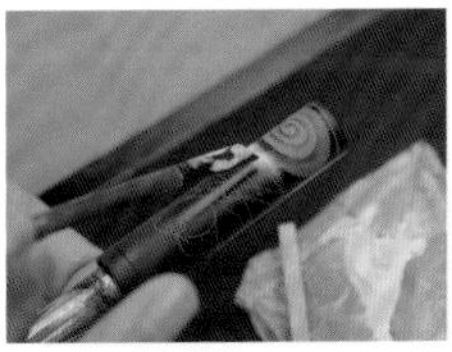

▶製作中的情景。這裡的藏筆都是世界上難得的逸品。

◀在漆塗的筆身上撒以金粉或銀粉，製作成蒔繪。

將海軍的火藥廠以紅磚瓦改裝砌成的建築物。博物館一般公開中（預約制・TEL:0463-35-7069）

▼以紙張實際試寫，檢查滑順度、是否有停滯感等的筆觸。

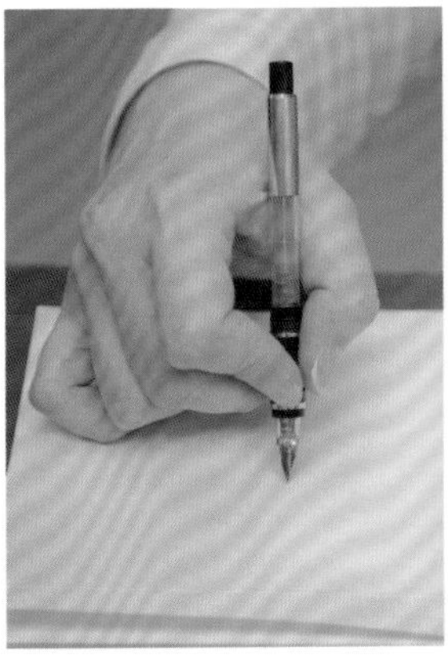

▲以橡膠砂輪細微地調整書寫筆觸。這是完全仰仗敏銳的手感進行的精細作業。

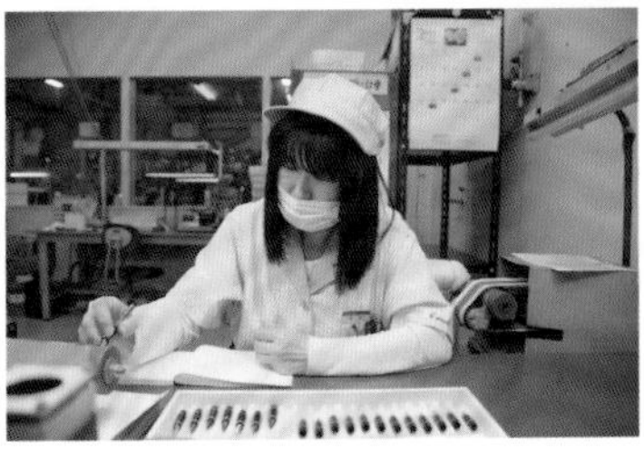

◀不論是書寫的聲響或指尖感受到的回饋振動，再細微的差異也難逃職人精湛的調整技術。

尋找自己由衷喜愛的一支鋼筆！

日本鋼筆商店指南

若你在讀完本書後開始認真考慮購入鋼筆，請務必親自到專門店挑筆！本篇介紹了日本各大都市的鋼筆專門店。品項雖多，但請慢慢地選出自己喜歡的鋼筆吧！

Tokyo Nihonbashi

丸善 日本橋店

日本首間販售鋼筆的專門店

丸善・日本橋店深受鋼筆使用者高度的信賴。創業於1869（明治2）年。因兼融書店與文具專門店的文化氣息，而深受文豪們的喜愛。夏目漱石晚年愛用的ONOTO鋼筆就是丸善總代理店從英國進口的商品。漱石使用的鋼筆，是內田魯庵在丸善任職時，邀請他撰寫PR文贈予的禮物。2007年重新開幕後，在約30坪的鋼筆賣場內陳列著700種的鋼筆和200種的墨水。從鋼筆廠牌協力、鋼筆診所，到手作鋼筆的實演販售，開辦了各種相關活動。每年3月舉行「世界鋼筆展」將展示精選名筆，喜歡鋼筆的你一定要去朝聖！

丸善　日本橋店

地址：東京都中央區日本橋 2-3-10 TEL：03-6214-2001
營業時間：09:30 ～ 20:30 公休日：1月1日
HP：https://www.junkudo.co.jp/mj/store/store_detail.php?store_id=5

K.ITOYA

常設鋼筆保養空間的專門店

2012年從銀座的伊東屋本店，將鋼筆樓層移動至舊號館，以K.ITTOYA重新開幕。以鋼筆為主題的招牌建立起專門店的深刻印象。展示櫥窗內涵括了日系、船來品約30個種類廠牌的商品。特別是根據1914年發表販售的原創鋼筆ROMEO的歷史，當成原創品牌的復刻現代版。店內也有Namiki和中屋鋼筆等的蒔繪鋼筆。2樓常設鋼筆維護的鋼筆保養空間，獲得愛好者極高的評價。

K.ITOYA

地址：東京都中央區銀座 2-7-15　TEL：03-3561-8311
營業時間：10:00 ～ 20:00（週一～週六）10:00 ～ 19:00（週日・國定假
公休日：無　HP：http://www.ito-ya.co.jp/

Tokyo Okachimachi

MARUI商店

全年折扣價的魅力

經年以折扣價格和限定鋼筆的品項聚集人氣的MARUI商店，是創業65年廣為人知的名店。常備有20至30種的品牌鋼筆與10種以上的墨水。在阿美橫丁有很多家鋼筆專門店，假日可以去看看喔！

Tokyo Ginza

EURO BOX

古董鋼筆的名店

「古董鋼筆使用起來令人安心」，EURO BOX以此概念開設專門店，座落於銀座。由店長藤井先生100%保證的古董鋼筆，共有2000支以的上品項可供選購。店內也有蒔繪鋼筆的販售與收購。

Hokkaido Sapporo

大丸藤井CENTRAL

道內唯一品項齊全的老店

札幌內最大規模的日本文具專門店——大丸藤井 CENTRAL，號稱創業 122 年，擁有超過 500 個種類的鋼筆品項。也定期開辦鋼筆診所、販售原創鋼筆等。想在道內尋找鋼筆，不妨來這裡看看喔！

大丸藤井CENTRAL

地址：北海道札幌市中央區南 1 條西 3-2 TEL：011-231-1131
營業時間：10:00 ～ 19:00 公休日：不定休（每月第 1 個或第 2 個星期一） HP：http://www.daimarufujii.co.jp/central/

Tokyo Kuramae

KAKIMORI

製作原創筆記本

以「快樂 · 書寫的人」為概念，協助顧客達到這個目標的特色店。可以自己挑選封面紙、內頁紙和圈環，自行設計原創筆記本，等待約 1 分鐘即可完成。店內也有很多入門等級的鋼筆很值得親自一探尋找書寫的樂趣喔！

KAKIMORI

地址：東京都台東區藏前 4-20-12 TEL：03-3864-3898
營業時間：12:00 ～ 19:00 公休日：週一（國定假日也有營業）
HP：http://www.kakimori.com/

Aichi Okazaki

Pens Alley TAKEUCHI

開辦以初學者為對象的講座

2 樓號稱 70 坪的占地面積，在東海地區擁有頂級鋼筆的 Pens Alley TAKEUCHI。售有原創墨水和筆記本。也投入許多心力舉辦專為初學者開設的講座、鋼筆診所等活動。

Aichi Nagoya

三光堂

代表名古屋鋼筆界的商店

1928（昭和 3）年創業。在約 80 坪的店內有提供試筆的桌子，搭配鋼筆的筆記本也一應俱全。鋼筆的品項廣泛，從初學者到高階者皆能滿足。此外，原創墨水「名古屋限定系列」，以名古屋的名勝景點為主題，匯聚了高度的人氣。

Webshop

Pen House

經營網購的文具網站

Pen House 為網路購物的鋼筆專門店。國內外品牌、墨水或筆盒等品項豐富。手作鋼筆與稀少限定品甚至引起文具狂熱者的熱烈討論。也提供刻字的服務，瑕疵品的退貨、更換、修理等售後服務也很周全。

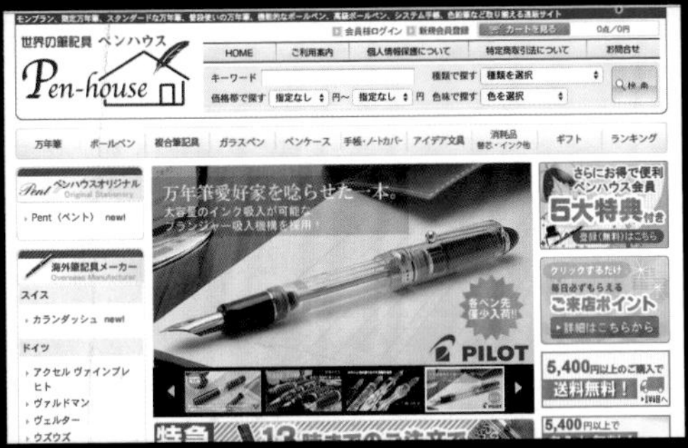

Pen House

TEL：06-6920-4351
HP：http://www.pen-house.net/

Osaka Umeda

阪神梅田本店

百貨公司嚴選的品項

2015 年 3 月重新改裝的阪神梅田本店。9 樓鋼筆賣場從國內外選出超過 30 種的品牌，以商品齊全獲得肯定。每個月 1 次的鋼筆診所、品牌新作發表等活動也滿足了愛好者的期待。

阪神梅田本店

地址：大阪府大阪市北區梅田 1-3-13 TEL：06-6345-1201
營業時間：10:00 ～ 20:00 公休日：不定休
HP：http://www.hanshin-dept.jp/

Fukuoka

TOHJI

具有歷史性的鋼筆專門店

1918（大正 7）年創業，擁有將近 100 年歷史的老字號文具店。店內可供選購的鋼筆、墨水廠牌約有 20 間，也有維護保養、鋼筆診所等服務。在本店可購買便條紙或手帳，姐妹店則有販售搭配鋼筆進口的 Juliet's Letters 的紙張，經營採購非常大膽。

TOHJI

地址：福岡縣福岡市中央區天神 1-11-17 福岡大樓 1 樓
TEL：092-721-1666 營業時間：10:30 ～ 19:30
公休日：1 月 1 日 HP：http://www.tohji.co.jp/

Osaka Abeno

Pellepenna

以視頻影片、SNS等新筆桿創造買氣

以鋼筆為主，位於大阪南部的 select shop Pellepenna。每個月一次，會在店鋪開辦鋼筆診所，此外，也有以初學者為目標的講座或視頻影片。在難波設有 2 號店，是以擴展鋼筆使用者為目標，新式的商店型態。

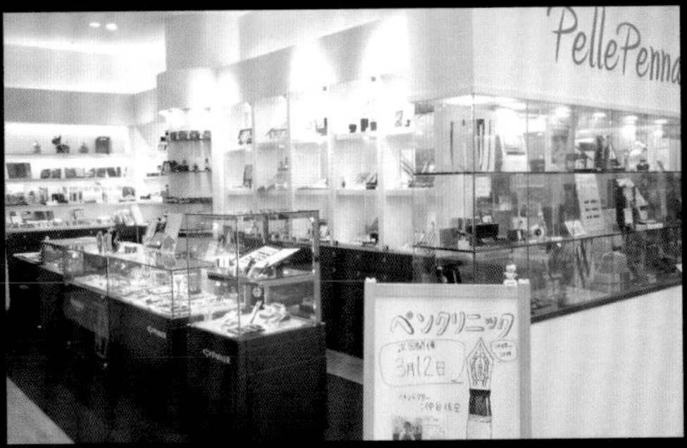

Pellepenna

地址：大阪府大阪市阿倍野區阿倍野筋 1-2-30 Hoop 4F
TEL：06-6626-2705 營業時間：11:00 ～ 21:00
公休日：1 月 1 日 HP：http://pellepenna.com/

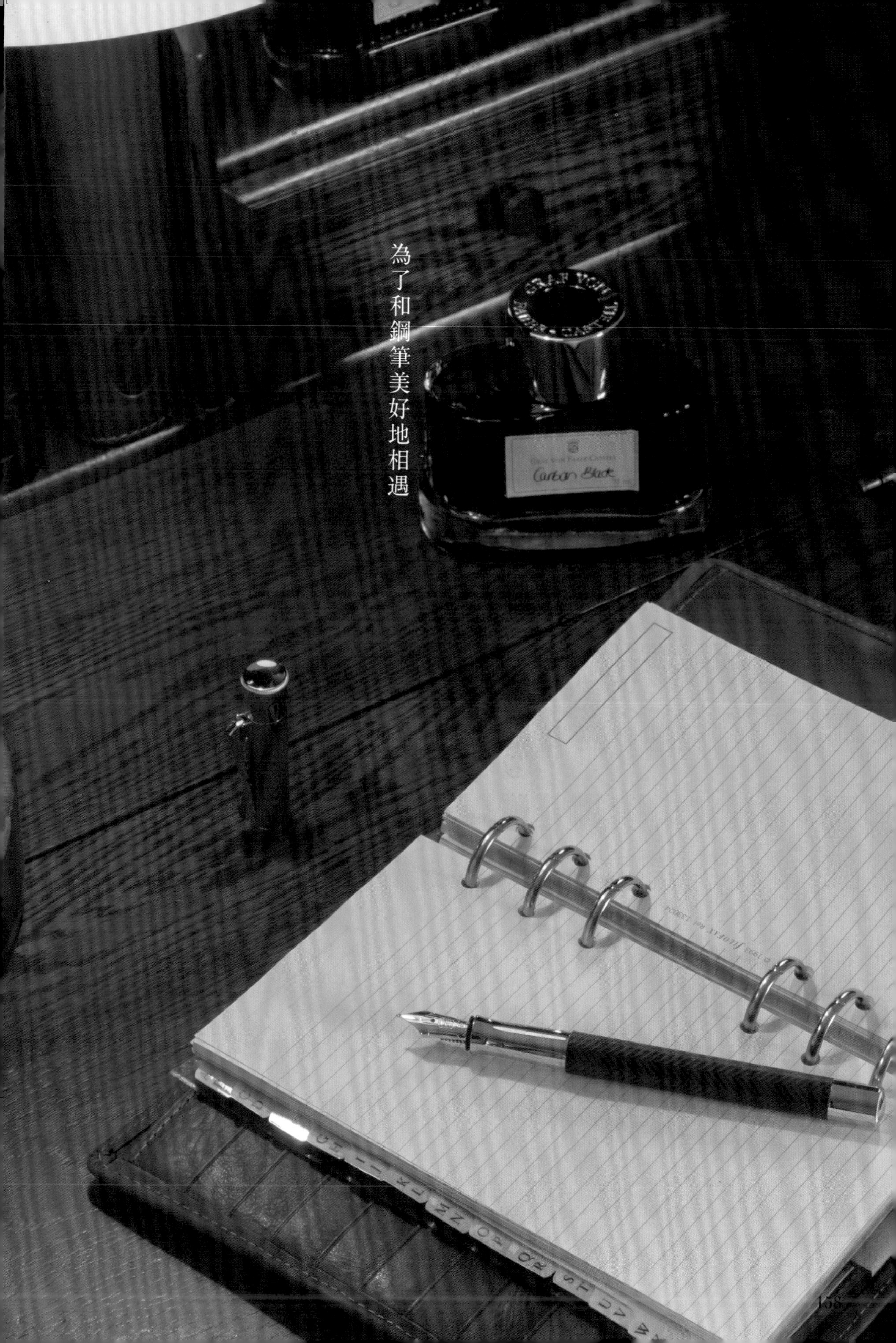

為了和鋼筆美好地相遇

洽詢方式

AURORA
株式會社 町山
HP http://www.aurorapen.jp/

WALDMANN
Preco 株式會社
HP http://preco.line-up.jp/

VISCONTI
EUROPASSION 株式會社

WATERMAN
Newell Rubbermaid Japan

S.T. DUPONT
銀座 boutique
HP http://www.st-dupont.com/

大橋堂

OHTO

ONOTO
丸善 日本橋店
※p56 刊載的 Magna Classic 為日本限定販售，現今想要入手或許較有難度。

OMAS
Intercontinental 商事株式會社
生活風格品牌事業部

KAWECO
Preco 株式會社
HP http://preco.line-up.jp/

CARAN d'ACHE
Caran d'Ache Japan 株式會社
HP http://www.carandache.co.jp/

CARTIER
Jp Cartier 顧客服務中心

CROSS
株式會社 Cross of Japan

SHEAFFER
株式會社 Cross of Japan

STIPULA
Diamond 株式會社
HP http://diamond.gr.jp/

STAEDTLER PREMIUM
STAEDTLER 日本株式會社

SAILOR 鋼筆

DAVIDOFF
DKSH Japan 株式會社

DELTA
DIAMOND 株式會社
HP http://diamond.gr.jp/

TRY-ANGLE 鋼筆
HP http://www.try-angle.cside.com/

TOMBOW 鉛筆

中屋鋼筆
HP http://www.nakaya.org/

Namiki
株式會社 PILOT corporation

PILOT corporation

PARKER
Newell Rubbermaid Japan

平井木工挽物所

FABER CASTELL
Faber Castell 東京 midtown

PLATINUM 鋼筆

PELIKAN
Pelikan 日本株式會社
HP http://www.pelikan.com/

PENT
HP http://www.pen-house.net/

PORSCHE DESIGN
PELIKAN 日本株式會社
HP http://www.pelikan.com/

BORGHINI
PRECO 株式會社
HP http://preco.line-up.jp/

丸善
丸善 日本橋店

鋼筆博士
HP http://www.fp-hakase.com/

山田鋼筆

MONTEGRAPPA
株式會社 日本鋼筆

MONTEVERDE
Diamond 株式會社
HP http://diamond.gr.jp/

MONTBLANC
MontBlanc Contact Center

LAMY
DKSH Japan 株式會社

RECIFE
銀座吉田
HP http://www.ginzayoshida.co.jp/

RETRO1951
PRECO 株式會社
HP http://preco.line-up.jp/

YARD-O-LED
株式會社 日本鋼筆

鋼筆俱樂部
〒 243-0405
神奈川縣海老名市國分南 1-6-30
中谷でべそ
fuente_pen@yahoo.co.jp
以信紙或 email 申請入會皆可。

※以上若無提供網址，為該廠牌無提供資訊，請讀者自行搜尋。造成不便，敬請見諒。

手作良品 53

世界鋼筆圖鑑（暢銷版）

品鑑45家鋼筆廠牌×人氣筆款×極致工藝・巡禮書寫世代の經典風華

作　　者／《万年筆の図鑑》編輯部
譯　　者／簡子傑
發 行 人／詹慶和
選 書 人／Eliza Elegant Zeal
審　　訂／小品雅集
執行編輯／陳姿伶
編　　輯／蔡毓玲・劉蕙寧・黃璟安
執行美編／陳麗娜
美術編輯／周盈汝・韓欣恬
出 版 者／良品文化館
發 行 者／雅書堂文化事業有限公司
郵撥帳號／18225950 戶名：雅書堂文化事業有限公司
地　　址／新北市板橋區板新路206號3樓
電　　話／(02)8952-4078
傳　　真／(02)8952-4084
網　　址／www.elegantbooks.com.tw
電子郵件／elegant.books@msa.hinet.net

2016年11月初版一刷
2021年 7 月二版一刷　定價 380元

經銷／易可數位行銷股份有限公司
地址／新北市新店區寶橋路235巷6弄3號5樓
電話／（02）8911-0825　傳真／（02）8911-0801

編著	《万年筆の図鑑》編輯部
編輯	藤本晃一（開発社） 大槻和洋（開発社） 川村彰（開発社）
編輯協力	松本祐貴 佐藤朋樹 須田奈津妃
執筆	山下達広（開発社） 新保裕之 清家茂樹 河辺さや香 相場龍児
設計	杉本龍一郎（開発社） 太田俊宏（開発社）
攝影	榎本壯三 都築大輔 生駒安志 加藤タケ美 Yellowj / Imasia（P.8） kai / Imasia（P.102） UYORI / Imasia（P.156）
插畫	ほんだあきと
校對	田中麻衣子
企劃	植木優帆（マイナビ出版）

參考文獻

《THE PEN CATALOGUE 2015》日本輸入筆記具協会
《世界の万年筆ブランド》枻出版社
《万年筆クロニクル》すなみまさみち／古山浩一著 枻出版社
《万年筆の教科書》玄光社
《モノ知り学ノススメ 第三巻》日刊工業新聞社

國家圖書館出版品預行編目(CIP)資料

世界鋼筆圖鑑：品鑑45家鋼筆廠牌×人氣筆款×極致工藝・巡禮書寫世代の經典風華 ／《万年筆の図鑑》編輯部著；簡子傑譯. – 二版. -- 新北市：良品文化館, 2021.07
面；　公分. -- (手作良品；53)
譯自：万年筆の図鑑：世界の万年筆45ブランド
ISBN 978-986-7627-37-7 (平裝)

1.鋼筆

479.96　　110008577

世界鋼筆
圖鑑

The World's Fountain Pens

質感生活計畫

令人心生嚮往的彩繪之美

手作良品24

日常の水彩教室：
清新溫暖的繪本時光

あべまりえ・Marie Abe◎著

定價：380元

手作良品34

溫柔の水彩教室：
品味日日美好的生活風插畫

あべまりえ◎著

定價：380元

手作良品39

花草繪：初學者輕鬆學水彩
植物畫的入門書

やまだえりこ（Yamada Eriko）◎著

定價：380元

手作良品40

8色就OK！
旅行中的水彩風景畫：
絕對不失敗的水彩技法教學

久山一枝◎著

定價：380元

手作良品43

川島詠子の花草圖案集105

川島詠子◎著

定價：480元

手作良品44

初學者也能輕鬆學會的
花草水彩畫

高橋京子◎著

定價：380元

手作良品47

從臨摹開始學畫畫！
景物速寫實例20堂課

野村重存◎著

定價：240元

手作良品49

從臨摹開始學畫畫！人物
素描實例22堂課（兒童篇）

野村重存◎著

定價：240元

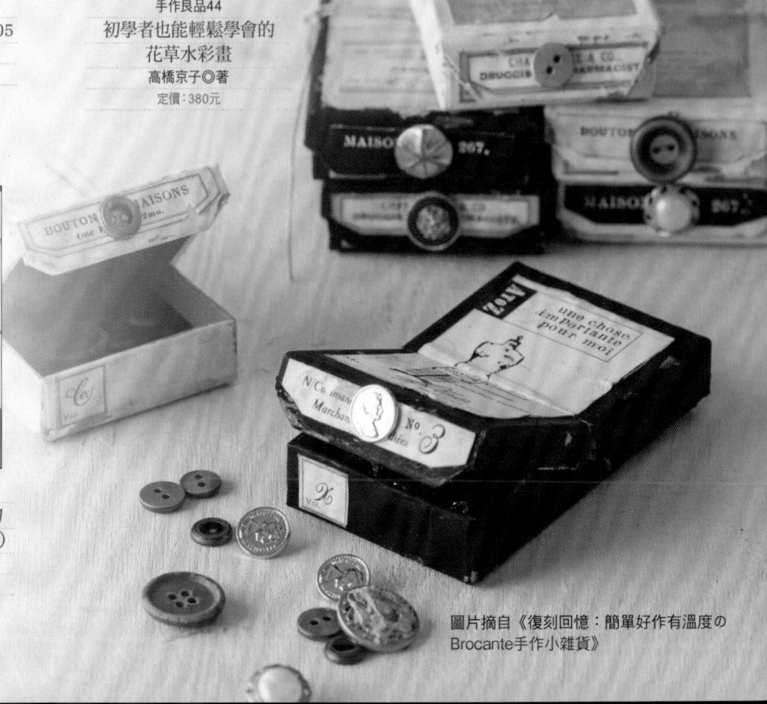

圖片摘自《復刻回憶：簡單好作有溫度の
Brocante手作小雜貨》

世界鋼筆圖鑑
The World's Fountain Pens